21世纪工程管理学系列教材

The Cost Management of Engineering

工程造价管理 （第三版）

主编 程鸿群 姬晓辉 陆菊春

WUHAN UNIVERSITY PRESS
武汉大学出版社

图书在版编目(CIP)数据

工程造价管理/程鸿群,姬晓辉,陆菊春主编.—3 版.—武汉:武汉大学出版社,2017.1(2019.2 重印)

21 世纪工程管理学系列教材

ISBN 978-7-307-18862-4

Ⅰ.工⋯　Ⅱ.①程⋯　②姬⋯　③陆⋯　Ⅲ.建筑造价管理—高等学校—教材　Ⅳ.TU723.3

中国版本图书馆 CIP 数据核字(2016)第 280206 号

责任编辑:范绪泉　　　责任校对:汪欣怡　　　版式设计:马　佳

出版发行: **武汉大学出版社**　(430072　武昌　珞珈山)

(电子邮件:cbs22@whu.edu.cn　网址:www.wdp.com.cn)

印刷:湖北睿智印务有限公司

开本:787×1092　1/16　印张:20.75　　字数:488 千字　　插页:1

版次:2004 年 4 月第 1 版　　2010 年 2 月第 2 版

　　　2017 年 1 月第 3 版　　2019 年 2 月第 3 版第 2 次印刷

ISBN 978-7-307-18862-4　　定价:38.00 元

总　　序

　　教育部于 1998 年将工程管理专业列入教育部本科专业目录，全国已有一百余所大学设置了该专业。武汉大学经济与管理学院管理科学与工程系组织教师编写了这套"21 世纪工程管理学系列教材"。这套教材参考了高等学校土建学科教学指导委员会工程管理专业指导委员会编制的工程管理专业本科教育培养目标和培养方案，以及该专业主干课程教学基本要求，并结合了教师们多年的教学和工程实践经验而编写。该系列教材系统性强，内容丰富，紧密联系工程管理事业的新发展，可供工程管理专业作为教材使用，也可供建造师和各类从事建设工程管理工作的工程技术人员参考。

　　工程管理专业设五个专业方向：

- 工程项目管理
- 房地产经营与管理
- 投资与造价管理
- 国际工程管理
- 物业管理

　　该系列教材包括工程管理专业的一些平台课程和一些方向课程的教学内容，如工程估价、工程造价管理、工程质量管理与系统控制、建设工程招投标及合同管理、国际工程承包以及房地产投资与管理等。

　　工程管理专业是一个新专业，其教材建设是一个长期的过程，祝愿武汉大学经济与管理学院管理科学与工程系教师们在教材建设过程中不断取得新的成绩，为工程管理专业的教学和工程管理事业的发展作出贡献。

英国皇家特许资深建造师
建设部高等院校工程管理专业评估委员会主任
建设部高等院校工程管理专业教育指导委员会副主任
建设部高等院校土建学科教育指导委员会委员
中国建筑学会工程管理分会理事长

第三版前言

2013 年 7 月 1 日，经过两次修改的《建设工程工程量清单计价规范》（GB50500—2013）（以下称《清单计价规范》）在我国广泛推广和应用。新《清单计价规范》不但从宏观上规范了政府造价管理行为，更重要的是从微观上规范了发、承包双方的工程造价计价行为，使中国工程造价进入了全过程精细化管理的新时代。在此基础上本书对《工程造价管理》教材第二版进行了修订。

结合第一版、第二版教材的使用情况和教师的研究工作，在保留了第一版、第二版的特色的基础上又在内容的广度和深度上作了充实。根据我国工程造价管理的最新发展，调整了建筑安装工程费用项目组成、对工程量清单计价进行了补充、修订了建设工程施工阶段和竣工阶段工程造价的确定与控制以满足广大读者的需求。

本书从理论与实际相结合的原则出发，结合我国目前工程造价管理体制的改革和计价、定价模式的变化，系统地介绍了工程造价管理的基本原理与方法，并应用案例教学巩固和实践理论知识。本书共分九章，其中，第二章、第三章、第六章由程鸿群、吴师为编写，第五章、第七章、第九章由姬晓辉、吴师为编写，第一章、第四章、第八章由陆菊春编写，全书的案例由吴师为编写。全书由程鸿群负责统编。在教材的编写过程中得到不少同行和朋友的支持和帮助，在此一并表示感谢！

由于编者水平有限，书中难免有不当和错误之处，恳请读者批评指正。

编　者
2017 年 1 月于武昌珞珈山

第二版前言

2003 年《建设工程工程量清单计价规范》（GB5055—2003）在我国的广泛推广和应用，标志着我国工程造价管理体制、计价定价模式已与国际惯例接轨。为推行工程量清单计价，使我国工程投资体制和建设管理体制适应改革，进一步深化我国工程造价管理，规范建设工程发承包双方的计价行为，维护建设市场秩序，建立市场形成工程造价的管理机制，2008 年按照工程造价管理改革的要求，又对《建设工程工程量清单计价规范》进行了修订。在此基础上本书对《工程造价管理》教材第一版进行了修订。

结合第一版教材的使用情况和教师的研究工作，在保留了第一版特色的基础上又在内容的广度和深度上作了充实。根据我国工程造价管理的最新发展，调整了建筑安装工程费用项目组成，对工程量清单计价进行了补充，修订了建设工程施工阶段工程造价的确定与控制，以满足广大读者的需求。

本书从理论与实际相结合的原则出发，结合我国目前工程造价管理体制的改革和计价定价模式的变化，系统地介绍了工程造价管理的基本原理与方法，并应用案例教学巩固和实践理论知识。本书共分 9 章，其中，第二章、第三章、第六章由程鸿群编写，第五章、第七章、第九章由姬晓辉编写，第一章、第四章、第八章由陆菊春编写。全书由程鸿群负责统编。在教材的编写过程中得到不少同行和朋友的支持和帮助，在此一并表示感谢！

由于编者水平有限，书中难免有不当和错误之处，恳请读者批评指正。

编　者

2009 年 9 月于武昌珞珈山

第一版前言

随着我国工程造价管理改革的不断深化和加入 WTO 对市场化的推进，我国工程造价管理体制、计价定价模式逐步与国际惯例接轨。在这一新的历史背景下，工程管理专业的教材体系和教材内容必须进行适当调整，这是历史的必然。编者根据新的历史条件下我国高等院校工程管理专业的培养目标和要求，并结合多年的教学经验与研究工作，编写了本书，旨在满足新形势下工程管理专业的教学需要。

本书在广度和深度两个层面上，系统地阐述了工程造价管理的理论与方法。

本书具有以下特点：

（1）内容新颖。工程量清单计价是改革和完善工程价格管理体制的一个重要组成部分，2003 年 7 月 1 日国家标准《建设工程工程量清单计价规范》（GB50500—2003）的颁布实施，标志着我国工程造价的计价方式由原来单一的政府制定定额计价转向与由企业根据工程量自主报价并存的两种计价模式。工程量清单计价也是国际上通行的一种计价方式。本书具体而详尽地介绍了工程量清单计价的方法，可以使读者尽快地了解和熟悉《建设工程工程量清单计价规范》（GB50500—2003）的具体应用。

（2）突出案例教学。案例教学贯穿全书，在每一章介绍了原理与方法后，都有一节的篇幅介绍案例。案例分析中，详细地分析了每一个案例的背景条件，强调了知识点，给出了较为客观的答案，目的是引导读者巩固所学知识，并能在实践中得到应用。本书在编写中既注重介绍工程造价管理的原理与方法，又着眼于现实的工程造价全过程动态管理。理论概念的阐述、实际操作的要点及工程案例的介绍，都尽量反映工程造价管理的新内容。

（3）内容广泛且全面。由于工程造价具有动态性，控制工程造价的合理实现也必须是全过程的。与同类教材相比，本书不局限于建设项目的某个具体阶段，而是从动态的角度出发，系统而全面地介绍了建设项目从可行性研究阶段工程造价的预测开始，到工程造价的确定和经济后评价为止的整个建设期间工程造价的控制管理。

本书可用做高等院校工程管理、土木工程等相关专业的教材，也可作为工程造价从业人员的参考书。

本书共分九章，其中，第二章、第三章、第六章由程鸿群编写，第五章、第九章由姬晓辉编写，第七章由王雪青编写，第一章、第四章、第八章由陆菊春编写。全书由程鸿群负责统编。在教材的编写过程中得到不少同行和朋友的支持和帮助，在此一并表示感谢！

由于编者水平有限，书中难免有不当和错误之处，恳请读者批评指正。

程鸿群

2003 年 7 月于武昌珞珈山

目　　录

第一章　工程造价管理概论

工程造价管理是运用科学、技术原理和方法，在统一目标、各负其责的原则下，为确保建设工程的经济效益和有关各方面的经济权益而对建筑工程造价管理及建安工程价格所进行的全过程、全方位的符合政策和客观规律的全部业务行为和组织活动。

建设项目的特点和建设程序，决定了工程造价特有的含义。要有效地进行工程造价管理，必须了解建设项目的建设程序、建设项目组成、工程造价含义、特点等基本内容。本章主要对工程造价管理的相关概念及理论进行阐述，为工程造价管理的学习奠定基础。

第一节　基本建设项目概述

一、基本建设项目程序

基本建设项目程序是指项目从设想、选择、评估、决策、设计、施工、竣工验收到投入生产整个建设过程中的各项工作过程及其先后次序。这个先后次序是人们在认识客观规律的基础上制定出来的，是建设项目科学决策和顺利进行的重要保证。按照建设项目发展的内在联系和发展过程，我国建设项目建设程序划分为以下阶段：

（一）项目建议书阶段

项目建议书是项目建设程序中最初阶段的工作，根据各部门规划要求，结合自然资源、生产力布局状况和市场预测，向国家提出要求建设某一具体项目的建议文件。项目建议书应论证拟建项目的必要性、条件的可行性和获利的可能性，供建设管理部门选择并确定是否进行下一步工作。

项目建议书一般包括以下几方面的内容：

1. 提出项目建设的必要性、可行性及建设依据；
2. 建设项目的用途，产品方案、拟建规模和建设地点的初步设想；
3. 项目所需资源情况、建设条件、协作关系的初步分析；
4. 投资估算和资金筹措；
5. 项目的进度安排并对建设期限进行估测；
6. 经济效益、社会效益、环境效益的初步估算。

根据国家有关文件规定，所有建设项目都有提出和审批项目建议书这一道程序，大中型项目或限额以上项目由行业归口主管部门初审后，由国家发展和改革委员会（简称发改委）审批，小型和限额以下项目，按投资隶属关系由部门或地方发改委审批。

（二）可行性研究报告阶段

建设项目的可行性研究就是在投资决策前对新建、改建、扩建项目进行调查、预测、分析、研究、评价等一系列工作，论证建设项目的必要性和技术上的先进性、经济上的合理性。可行性研究报告阶段大体上可以分为可行性研究、可行性研究报告编制、可行性研究报告审批三个方面。

1. 可行性研究

项目建议书一经批准，即可进行可行性研究。我国从20世纪80年代初将可行性研究正式纳入基本建设程序和前期工作计划，规定大中型项目、利用外资项目、引进技术和设备进口项目都要进行可行性研究，其他项目有条件的也要进行可行性研究。凡未经可行性研究确认的项目，不得编制向上报送的可行性研究报告和进行下一步工作。

2. 可行性研究报告编制

可行性研究报告是确定建设项目、编制设计文件的重要依据，是项目最终决策和进行初步设计的重要文件，因此必须有相当的深度和准确性。所有基本建设都要在可行性研究通过的基础上，选择经济效益最好的方案编制可行性研究报告。可行性研究包括很多内容，其中项目的财务评价和国民经济评价方法是可行性研究报告的核心。

3. 可行性研究报告审批

1988年我国对可行性研究报告的审批权限做了新的调整，属中央投资、中央和地方合资的大中型和限额以上（总投资2亿元以上）项目的可行性研究报告要送国家发改委审批，中央各部门所属小型和限额以下项目，由各部门审批。可行性研究报告批准后，不得随意修改和变更。如果在建设规模、产品方案、建设地区、主要协作关系等方面有变动以及突破投资控制数时，应经原批准机关同意。经批准的可行性研究报告，是确定建设项目、编制设计文件的依据。

（三）编制计划任务书和选择建设地点

1. 编制计划任务书

建设单位根据可行性研究报告的结论和报告中提出的内容，来编制计划任务书。计划任务书是确定建设项目和建设方案的基本文件，是对可行性研究所得到的最佳方案的确认，是编制设计文件的依据，是可行性研究报告的深化和细化，必须报上级主管部门。

2. 选择建设地点

建设地点选择前，应征得有关部门同意，选址时应考虑以下几方面：

（1）工程地质、水文地质等自然条件是否可靠；

（2）建设所需水、电、运输条件是否落实；

（3）投产后原材料、燃料等是否具备；

（4）是否满足环保要求；

（5）项目生产人员的生活条件、生产环境是否安全。

（四）设计工作阶段

设计是对拟建项目的实施在技术上和经济上所进行的全面而详尽的安排，是建设计划的具体化，是整个工程的决定性环节，是组织施工的依据，直接关系着工程质量和将来的使用效果。可行性研究报告经批准后的建设项目可通过招标投标选择设计单位，按照已批准的内容和要求进行设计，编制设计文件。设计文件包括文字规划和整个工程的图纸设计，一般建设项目分初步设计和施工图设计两个阶段，大型的或技术上复杂的项目分为初步设计、技术设计、施工图设计三个阶段。如果初步设计提出的总概算超过可行性研究报告确定的总投资估算 10%以上或其他主要指标需要变更时，要重新报批可行性研究报告。

（五）施工准备阶段

项目在开工建设之前要切实做好各项准备工作，主要内容有：

（1）组织图纸会审，协调解决图纸和技术资料的有关问题；

（2）征地、拆迁和施工现场的场地平整，领取"建设施工许可证"；

（3）完成施工用水、电、路等工程；

（4）组织设备、材料订货；

（5）组织招投标，择优选定施工单位；

（6）编制项目建设计划和年度建设投资计划。

项目在报批开工之前，应由审计机关对项目的有关内容进行审计证明。审计机关主要是对项目资金来源是否正当、落实，项目开工前的各项支出是否符合国家的有关规定、资金是否存入规定的银行等方面进行审计。

（六）施工阶段

建设项目经批准开工建设，项目即进入了施工阶段。项目开工是指建设项目设计文件中规定的任何一项永久性工程第一次破土、正式打桩，建设工期则是从开工时算起。施工阶段一般包括土建、装饰、给排水、采暖通风、电气照明、工业管道以及设备安装等工程项目。

（七）竣工验收阶段

当建设项目按设计文件规定内容，全部施工完成后，按照规定的竣工验收标准、工作内容、程序和组织的规定，经过各单项工程的验收，符合设计要求，并具备竣工图表、竣工决算、工程总结等必要文件资料，由项目主管部门或建设单位向可行性研究报告的审批单位提出竣工验收申请报告。竣工验收是全面考核建设成果、检验设计和工程质量的重要步骤，也是项目建设转入生产或使用的标志。

负责竣工验收的单位，根据工程规模和技术复杂程度，组成验收委员会或验收组。验收委员会或验收组应由银行、物资、环保、劳动、统计及其他有关部门的专家组成。政府相关部门、建设、勘察设计、监理、施工单位参加验收工作。

验收委员会或验收组负责审查工程建设的各个环节，审阅工程档案并实地查验建筑工程和设备安装工程质量，并对工程作出全面评价，不合格的工程不予验收。对遗留问题提出具体意见，限期落实完成。

竣工和投产或交付使用的日期是指经验收合格、达到竣工验收标准、正式移交生产或使用的时间。在正常情况下，建设项目投入使用的日期与竣工日期是一致的，但是实际上，有些项目的竣工日期往往迟于投产日期。这是因为建设项目的生产性工程全部建成，经试运转、验收鉴定合格、移交生产部门后，便可算为全部投产，而竣工则要求该项目的生产性、非生产性工程全部建成完工。

（八）项目后评价阶段

建设项目后评价是指项目竣工投产运营一段时间后，再对项目的立项决策、设计、施工、竣工投产、生产运营等全过程进行系统评价的一种技术经济活动，是固定资产投资管理的一项重要内容，也是固定资产投资管理的最后一个环节。通过建设项目后评价，可以达到肯定成绩，总结经验，研究问题，提出建议，改进工作，不断提高项目决策水平和达到投资效果的目的。

二、基本建设项目的分类

基本建设项目根据性质和经济用途的不同，可以分为不同的类型。

（一）按基本建设项目的性质分类

按基本建设项目的性质可分为新建项目、扩建项目、改建项目、迁建项目和恢复项目。

新建项目是从无到有、平地起家的建设项目；

扩建和改建项目是在原有企业、事业、行政单位的基础上，扩大产品的生产能力或增加新的产品生产能力，以及对原有设备和工程进行全面技术改造的项目；

迁建项目是原有企业、事业单位，由于各种原因，经有关部门批准搬迁到另地建设的项目；

恢复项目是对由于自然、战争或其他人为灾害等原因而遭到毁坏的固定资产进行重建的项目。

（二）按基本建设项目的经济用途分类

按基本建设的经济用途可分为生产性基本建设和非生产性基本建设。生产性基本建设是用于物质生产和直接为物质生产服务的项目的建设，包括工业建设、建筑业和地质资源勘探事业建设和农林水利建设。

非生产性基本建设是用于人民物质和文化生活项目的建设，包括住宅、学校、医院、托儿所、影剧院以及国家行政机关和金融保险业的建设等。

三、基本建设项目的组成

基本建设项目是指具有独立的行政组织机构并实行独立的经济核算，具有设计任务书，并按一个总体设计组织施工的一个或几个单项工程所组成的建设工程，建成后具有完整的系统，可以独立地形成生产能力或使用价值的建设工程。在我国，通常把建设一个企业、事业单位或一个独立工程项目作为一个建设项目。凡属于一个总体设计中分期分批建设的主体工程、水电气供应工程、配套或综合利用工程都应合归作为一个建设项目。分期建设的工程，如果分为几个总体设计，则就有几个建设项目。

建设项目的投资额巨大，建设周期较长。建设项目一般在行政上实行统一管理，在经济上实行统一核算。管理者有权统一管理总体设计所规定的各项工程。建设项目的工程量是指建设的全部工程量，其造价一般指投资估算、设计总概算和竣工总决算的造价。

一个建设项目由若干个单项工程、单位工程、分部工程、分项工程组成。工程量和造价是由一个局部到整体的分部组合计算的过程，认识建设项目的组成，对研究工程计量与工程造价的确定与控制具有重要作用。

（一）单项工程

单项工程是指具有独立的设计文件，竣工后能独立发挥生产能力或效益的工程。一个建设项目可由一个单项工程组成，也可以由若干个单项工程组成。单项工程中一般包括建筑工程和安装工程，例如工业建设中的一个车间或住宅区建设，是构成该建设项目的单项工程。单项工程的工程量与工程造价，分别由构成该单项工程的各单位工程的工程量与工程造价的总和组成。

（二）单位工程

单位工程是单项工程的组成部分。单位工程是单项工程中具有独立的设计图纸和施工条件，可以独立组织施工，但完工后不能独立发挥生产能力或效益的工程。任何一项单项工程都是由若干个不同专业的单位工程组成的，这些单位工程可以归纳为建筑工程和设备安装工程两大类。例如：车间的土建工程、电气工程、给排水工程、机械安装工程等。

（三）分部工程

分部工程是按照单位工程的不同部位、不同施工方式、不同材料和设备种类，从单位工程中划分出来的中间产品。土建工程的分部工程是按建筑工程的主要部位划分的，例如：基础工程、主体工程、装饰工程、防水工程等。安装工程的分部工程是按工程的种类和部位划分的，例如：管道工程、电气工程、通风工程以及设备安装工程等。

（四）分项工程

分项工程是指通过较为简单的施工过程就能产生出来的，并可以利用某种计量单位计算的最基本的中间产品。土建工程的分项工程是按建筑工程的主要工程划分的，例如：土石方工程、混凝土工程、抹灰工程等，安装工程的分项工程是按用途或输送不同介质、物料以及材料、设备的组别划分的，例如：安装管、安装线、安装设备、刷油漆面积等。

第二节　工程造价的相关概念

一、工程造价的含义

工程造价是指建设工程产品的建造价格，工程造价本质上属于价格范畴，在市场经济条件下，工程造价有两种含义，第一种含义是从投资者的角度来定义的，建设项目工程造价是指建设项目的建设成本，即预期开支或实际开支的项目的全部费用，包括建筑工程、安装工程、设备及相关费用；第二种含义是指建设工程的承包价格，即工程价格，是在建设某项工程，预计或实际在土地市场、设备市场、技术劳务市场、承包市场等交易活动中，所形成的工程承包合同价和建设工程总造价。

工程造价的第一种含义是针对投资方、业主、项目法人而言的，表明投资者选定一个投资项目，为了获得预期的效益，就要通过项目评估进行决策，然后进行设计招标、工程监理及施工招标，直至工程竣工验收，在整个过程中，要支付与工程建造有关的费用，因此工程造价就是工程投资费用。生产性建设项目的工程造价是项目固定资产投资和铺垫流动资金投资的总和，非生产性投资项目工程造价就是项目固定资产投资的总和。

工程造价的第二种含义是针对承包方、发包方而言的，是以市场经济为前提，以工程、设备、技术等特定商品作为交易对象，通过招标投标或其他交易方式，在各方进行反复测算的基础上，最终由市场形成的价格。各方交易的对象，可以是一个建设项目、一个单项工程，也可以是建设的某一个阶段，如可行性研究报告阶段、设计工作阶段等，还可以是某个建设阶段的一个或几个组成部分，如建设前期的土地开发工程、安装工程、装饰工程、配套设施工程等。在这种含义下，通常把工程造价认定为工程承发包价格，它是在建筑市场通过招标，由投资者和建设商共同认可的价格。

所谓工程造价的两种含义是以不同角度把握同一事物的本质。从建设工程的投资者来说，面对市场经济条件下的工程造价就是项目投资，是"购买"项目要付出的价格。对于承包商、供应商和规划、设计等机构来说，工程造价是他们作为市场供给主体，出售商品和劳务的价格的总和。

工程造价的两种含义既是一个统一体，又是相互区别的。它们主要的区别在于需求主体和供给主体，在市场中追求的经济利益不同。从管理性质看，前者属于投资管理范畴，后者属于价格管理范畴。从管理目标看，作为项目投资费用，投资者在进行项目决策和项目实施中，首先追求的是决策的正确性。项目决策中投资数额大小、功能和成本价格比，是投资决策的最重要的依据。投资者关注的是项目功能、工程质量、投资费用、能否按期或提前交付使用。作为工程价格，承包商所关注的是利润和成本，他追求的是较高的工程造价。投资者和承包商之间的矛盾正是市场的竞争机制和利益风险机制的必然反映。

二、工程造价的特点及职能

（一）工程造价特点

由于工程建设产品和施工的特点，工程造价具有以下特点：

1. 工程造价的大额性

任何一个建设项目或一个单项工程，不仅实物形体庞大，而且造价高昂，可以是数百万、数千万、数亿、数十亿，特大的工程项目造价可达百亿、千亿元人民币。由于工程造价的大额性，消耗的资源多，与各方面有很大的利益关系，同时也会对宏观经济产生重大影响。这就决定了工程造价的特殊地位，也说明了造价管理的重要意义。

2. 工程造价的个别性和差异性

任何一项工程都有特定的用途、功能、规模，其内部的结构、造型、空间分割、设备设置和内外装修都有不同要求，这种差异决定了工程造价的个别性，同时，同一个工程项目处于不同的区域或不同的地段，工程造价也会有所差别，因而存在差异性。

3．工程造价的动态性

一项工程从决策到竣工投产，少则数月，多达数年，甚至十来年，由于不可预测因素的影响，存在许多影响工程造价的因素，如工程变更、设备和材料价格的涨跌、工资标准以及费率、利率、汇率等的变化，因此工程造价具有动态性。

4．工程造价的广泛性和复杂性

由于构成工程造价的因素复杂，涉及人工、材料、施工机械等多个方面，需要社会的各个方面协同配合，所以具有广泛性的特点，如获得建设工程用地支出的费用，既有征地、拆迁、安置补偿方面的费用，又有土地使用权出让金等方面的费用，这些费用与政府一定时间的产业政策和税收政策及地方性收费规定有直接关系。另外一个建设项目往往由多个单项工程组成，一个单项工程由多个单位工程组成，一个单位工程由多个分部工程组成，一个分部工程由多个分项工程组成。构成工程造价的有 5 个层次，在同一个层次中，又具有不同的形态，要求不同的专业人员去建造，内容复杂，可见工程造价中构成的内容和层次复杂，涉及建造人员较多，工程量和工程造价计算工作量大，工程管理复杂，盈利的构成复杂。

5．工程造价的阶段性

根据建设阶段的不同，同一工程的造价，在不同的建设阶段，有不同的名称、内容。建设工程处于项目建议书阶段和可行性研究报告阶段，拟建工程的工程量还不具体，建设地点也尚未确定，工程造价不可能也没有必要做到十分准确，其名称为投资估算；在设计工作阶段初期，对应初步设计的是设计概算或设计总概算，当进行技术设计或扩大初步设计时，设计概算必须作调整、修正，反映该工程的造价的名称为修正设计概算；进行施工图设计后，工程对象比初步设计时更为具体、明确，工程量可根据施工图和工程量计算规则计算出来，对应施工图的工程造价的名称为施工图预算。通过招投标由市场形成并经承发包方共同认可的工程造价是承包合同价。投资估算、设计概算、施工图预算、承包合同价，都是预期或计划的工程造价。工程施工是一个动态系统，在建设实施阶段，有可能存在设计变更、施工条件变更和工料价格波动等影响，所以竣工时往往要对承包合同价作适当调整，局部工程竣工后的竣工结算和全部工程竣工合格后的竣工决算，分别是建设工程的局部和整体的实际造价。工程造价的阶段性十分明确，在不同建设阶段，工程造价的名称、内容、作用是不同的，这是长期大量工程实践的总结，也是工程造价管理的规定。

（二）工程造价的职能

工程造价除具有一般商品的价格职能外，还具有其特殊的职能。

1．预测职能

由于工程造价具有大额性和动态性的特点，无论是投资者还是建筑商都要对拟建工程造价进行预先测算。投资者预先测算工程造价，不仅作为项目决策依据，同时也是筹集资金、控制造价的需要。承包商对工程造价的测算，既为投标决策提供依据，也为投标报价和成本管理提供依据。

2．控制职能

工程造价一方面可以对投资进行控制，在投资的各个阶段，根据对造价的多次性预估，对造价进行全过程、多层次的控制；另一方面可以对以承包商为代表的商品和劳务供应企业的成本进行控制，在价格一定的条件下，企业实际成本开支决定企业的盈利水平，成本越低盈利越高。

3. 评价职能

工程造价既是评价投资合理性和投资效益的主要依据，也是评价土地价格、建筑安装工程产品和设备价格的合理性的依据，同时也是评价建设项目偿还贷款能力、获利能力和宏观效益的重要依据。

4. 调控职能

由于工程建设直接关系到经济增长、资源分配和资金流向，对国计民生都产生重大影响，所以国家对建设规模、结构进行宏观调控，这些调控都是要用工程造价作为经济杠杆，对工程建设中的物质消耗水平、建设规模、投资方向等进行调控和管理。

三、工程造价计价的特点

建设工程造价的计价，除具有一般商品计价的共同特点外，由于建设产品本身的固定性、多样性、体积庞大、生产周期长等特征，直接导致其生产过程的流动性、单一性、资源消耗多、造价的时间价值突出等特点。工程造价的计价具有以下不同于一般商品计价的特点。

（一）单体性计价

建设工程的实物形态千差万别，尽管采用相同或相似的设计图纸，在不同地区、不同时间建造的产品，其构成投资费用的各种价值要素存在差别，最终导致工程造价千差万别。建设工程的计价不能像一般工业产品那样按品种、规格、质量等成批定价，只能是单体计价，即按照各个建设项目或其局部工程，通过一定程序，执行计价依据和规定，计算其工程造价。

（二）分部组合计价

建设工程的计价，特别是设计图纸出来以后，按照现行规定一般是按工程的构成，从局部到整体先计算出工程量，再按计价依据分部组合计价。例如计算一个建设项目的设计总概算时，应先计算各单位工程的概算，再计算构成这个建设项目的各单项工程的综合概算，最后汇总成总概算。在计算一个单位工程的施工图预算时，也是从各分项工程的工程量计算开始，再考虑各分部工程，直至计算出单位工程的直接工程费，随后按规定计算间接费、计划利润、税金等，最后汇总成该单位工程的施工图预算的工程造价。建设项目是一个工程综合体，可以分解为单项工程、单位工程、分部工程、分项工程，建设项目的这种组合性决定了计价的过程是一个逐步组合的过程。工程量和造价的计算过程及计算顺序是：分项分部工程→单位工程→单项工程→建设项目（如图1-1所示）。

（三）多次性计价

建设项目生产过程是一个周期长，资源消耗数量大的生产消费过程。从建设项目可行性研究开始，到竣工验收交付生产或使用，项目是分阶段进行建设的。在建设的不同阶段，工程造价有着不同的名称，包含着不同的内容。也就是说，对于同一项工程，为了适应工程建设过程中各方经济关系的建立，适应项目的决策、控制和管理的要求，需要对其

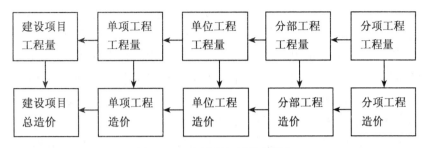

图 1-1　工程计量与计价的顺序

进行多次性计价。其过程如图 1-2 所示。

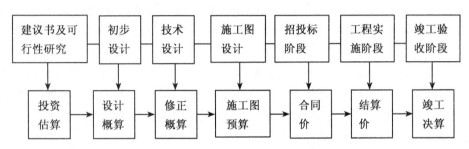

图 1-2　不同建设时期工程造价的相互关系

（四）方法多样性

工程造价计价方法的产生，取决于研究对象的客观情况，当建设项目处于可行性研究阶段时，一般采用估算指标进行投资估算，当完成初步设计时，可采用概算定额编制设计概算，当施工图设计完成后，一般采用单价法和实物法来编制施工图预算。不管采用哪种工程造价计价方法，都是以研究对象的特征、生产能力、工程数量、技术含量、工作内容等为前提的，计算的准确与否取决于工程量和单价是否准确、适用、可靠。

第三节　工程造价管理概述

一、工程造价管理的含义

工程造价管理从字面上看是由工程、工程造价、造价管理三个不同属性的关键词所组成的，实际上是有其具体的研究对象和内容并能解决其特殊矛盾的一门独立的学科。它是以工程项目为研究对象，以工程技术、经济、管理为手段，以效益为目标，与技术、经济、管理相结合的一门交叉的、新兴的边缘学科。

工程造价有两种含义，工程造价管理也有两种管理。一是建设工程投资费用管理，二是工程价格管理。

工程投资费用管理属于投资管理范畴，是为了实现一定的预期目标，在拟定的规划、设计方案的条件下，预测、计算、确定和监控工程造价及其变动的系统活动。这一含义涵盖了微观层次的项目投资费用的管理，也涵盖了宏观层次的投资费用管理。它包括了合理确定和有效控制工程造价的一系列工作。合理确定工程造价，即在建设程序的各个阶段，采用科学的、切合实际的计价依据，合理确定投资估算、设计概算、施工图预算、承包合同价、竣工结算价和竣工决算价。有效控制工程造价，即在投资决策阶段、设计阶段、建设项目发包阶段和实施阶段，把建设工程的造价控制在批准的造价限额以内，随时纠正发生的偏差，以保证项目投资控制目标的实现。

工程价格管理属于价格管理范畴。价格管理可以分为微观层次和宏观层次两个方面。微观层次是指企业在掌握市场价格信息的基础上，为实现管理目标而进行的成本控制、计价、订价和竞价的系统活动，反映微观主体按支配价格运动的经济规律。宏观层次是政府根据经济发展的需要，利用法律手段、经济手段和行政手段对价格进行管理和调控以及通过市场管理，规范市场主体价格行为的系统活动。

工程建设关系国计民生，同时政府投资公共、公益性项目在今后仍然会有相当份额，国家对工程造价的管理，不仅承担着一般商品价格职能，而且在政府投资项目上也承担着微观主体的管理职能。区分这两种管理职能，从而制定不同的管理目标，采用不同的管理方法是工程造价管理发展的必然趋势。

二、工程造价管理的目标、特点及对象

（一）工程造价管理目标

工程造价管理决定着建设项目的投资效益，因此要达到的目标一是造价本身（投入产出比）合理，二是实际造价不超出概算。在具体管理过程中要遵循商品经济价值规律，健全价格调控机制，培育和规范建筑市场中劳动力、技术、信息等市场要素，企业依据政府和社会咨询机构提供的市场价格信息和造价指数自主报价，建立以市场形成为主的价格机制。通过市场价格机制的运行，从而优化配置资源、合理使用投资、有效控制工程造价，取得最佳投资效益和经济效益，形成统一、开放、协调、有序的建筑市场体系，将政府在工程造价管理中的职能从行政管理、直接管理转换为法规管理及协调监督，制定和完善建筑市场中经济管理规则，规范招标投标及承发包行为，制止不正当竞争，严格中介机构人员的资格认定，培育社会咨询机构并使其成为独立的行业，对工程造价实施全过程、全方位的动态管理，建立符合中国国情与国际惯例接轨的工程造价管理体系。

（二）工程造价管理特点

工程造价管理的特点主要表现在以下几个方面：

1. 时效性。反映的是某一时期内的价格特性，即随时间的变化而不断变化。

2. 公正性。既要维护业主（投资人）的合法权益，也要维护承包商的利益。

3. 规范性。由于工程项目千差万别，构成造价的基本要素可分解为便于可比与便于计量的假定产品，因而要求标准客观、工作程序规范。

4. 准确性。即运用科学、技术原理及法律手段进行科学管理，使计量、计价、计费有理有据，有法可依。

（三）工程造价管理对象

工程造价管理的对象分客体和主体。客体是工程建设项目，而主体是业主或投资人（建设单位）、承包商或承建商（设计单位、施工企业）以及监理、咨询等机构及其工作人员。具体的工程造价管理工作，其管理的范围、内容以及作用各不相同。

三、工程造价管理的内容

工程造价管理的基本内容就是合理确定和有效控制工程造价。两者相互依存、相互制约。首先，工程造价的确定是工程造价控制的基础和载体，没有造价的确定就没有造价的控制；其次，造价的控制贯穿于造价确定的全过程，造价的确定过程也就是造价的控制过程，通过逐项控制、层层控制才能最终合理地确定造价，确定造价和控制造价的最终目标是一致的，两者相辅相成。

（一）工程造价的合理确定

所谓工程造价的合理确定，就是在建设程序的各个阶段，合理确定投资估算、概算造价、预算造价、承包合同价、结算价、竣工决算价。

在项目建议书阶段，按照有关规定，应编制初步投资估算。经有关部门批准，作为拟建项目列入国家中长期计划和开展前期工作的控制造价。

在可行性研究报告阶段，按照有关规定编制的投资估算，经有关部门批准，即为该项目控制工程造价。

在初步设计阶段，按照有关规定编制的初步设计总概算，经有关部门批准，即作为拟建项目工程造价的最高限额。在初步设计阶段，实行建设项目招标承包制签订承包合同协议的，也应在最高限价相应的范围以内。

在施工图设计阶段，按规定编制施工图预算，用以核实施工图预算造价是否超过批准的初步设计概算。对以施工图预算为基础的招标投标工程，承包合同价也是以经济合同形式确定的建筑安装工程造价。

在工程实施阶段，要按照承包方实际完成的工程量，以合同价为基础，同时考虑物价所引起的造价提高，考虑到设计中难以预计的实施阶段实际发生的工程和费用，合理确定结算价。

在竣工验收阶段，全面汇集工程建设过程中的实际的全部费用，编制竣工决算。

（二）工程造价的控制途径

1. 以设计阶段为重点的建设项目全过程的造价控制

虽然工程造价控制贯穿于项目建设全过程，但是必须突出重点。工程造价控制的关键在于施工前的投资决策和设计阶段，在项目投资决策后，控制工程造价的关键在于设计。根据西方某些国家的分析，设计费一般只占建设项目全部费用的1%以下，但正是这部分少于1%的费用，对工程造价的影响程度占75%以上。由此可见，设计质量对整个工程建设的效益至关重要。

2. 由被动控制转为主动控制

我国工程造价的控制是被动控制，根据设计图纸上的工程量，套用概预算定额计算工程造价，这样计算的造价是静态造价。如果采用的定额过时，算出的造价与实际造价有较大的差别，起不到控制造价的作用。因此工程造价必须实行主动控制，对建设项目的建设工期、工程造价和工程质量进行有效控制。

长期以来，人们只把控制理解为目标值与实际值的比较，以及在实际值与目标值偏离时，分析其产生偏离的原因，并确定下一步的策略。这种立足于调查、分析、决策基础上的偏离、纠偏、再偏离、再纠偏的控制方法，只能发现偏离，不能使已有的偏离消除，不能预防可能发生的偏离，因而只能说是被动控制。自 20 世纪 70 年代开始，将控制立足于事先主动地采取措施，以尽可能地减少目标值与实际值的偏离，这是主动的、积极的控制方法，因此被称为主动控制。工程造价控制，不仅要反映投资决策，反映设计、发包和施工，被动地控制工程造价，更要能动地影响投资决策，影响设计、发包和施工，主动地控制工程造价。

3. 技术与经济的结合

有效地控制工程造价，应从组织、技术、经济、合同与信息管理等多方面采取措施，从组织上明确项目组织结构，明确管理职能分工。从技术上重视设计方案的选择，严格审查监督初步设计、技术设计、施工图设计、施工组织设计。从经济上要动态地比较造价的计划值和实际值，严格审查各项费用的支出，采取对节约投资有效的措施。

四、工程造价管理理论

（一）全生命周期造价管理

建设项目全生命周期造价管理是由英美一些工程造价界的学者和实际工作者于 20 世纪 70 年代末提出的，后在英国皇家测量师协会的直接组织和大力推动下，逐步形成了一种较为完整的工程造价管理理论和方法体系。

全生命周期造价管理的核心思想是将项目的建设期成本和运行期成本进行综合考虑，通过科学的设计和计划使项目全生命周期成本最小。

全生命周期造价管理是工程项目投资决策的一种分析工具；是一种用来选择决策备选方案的数学方法；是建筑设计的一种指导思想和手段；是可以计算工程项目整个服务期的所有成本（以货币值），以确定设计方案的一种技术方法；是一种实现工程项目全生命周期，包括建设前期、建设期、使用期和翻新与拆除期等阶段总造价最小化的方法，是一种可审计跟踪的工程成本管理系统。

（二）全面造价管理

全面造价管理最早是在 1978 年 B. J Mitchell 所著的《图书馆职能的造价分析》一书中提出的。全面造价管理（Total Cost Management，TCM）是指在全部战略资产的全生命周期造价管理中采用全面的方法对投入的全部资源进行全过程的造价管理。

全面造价管理包括全寿命、全过程、全要素、全风险、全团队的造价管理。

（1）全寿命造价管理：是指建筑工程初始建造成本和建成后的日常使用成本之和，

它包括建设前期、建设期、使用期及拆除期各个阶段的成本。

（2）全过程造价管理：是指为确保建设工程的投资效益，对工程建设从可行性研究开始经初步设计、扩大初步设计、施工图设计、承发包、施工、调试、竣工、投产、决算、后评估等整个过程，围绕工程造价所进行的全部业务行为和组织活动。

（3）全要素造价管理：工期要素、质量要素、成本要素、安全要素、环境要素等；

（4）全风险造价管理：确定性造价因素、完全不确定性造价因素、风险性造价因素等；

（5）全团队造价管理：与项目造价相关各方建立合作伙伴关系，争取双赢、多赢。

（三）全过程造价管理

20世纪80年代我国工程造价管理领域提出了对工程项目进行全过程造价管理的思想。全过程造价管理的实质内含全生命周期和全面造价管理的主要思想和方法，但又不完全相同。全过程造价管理更强调对于项目造价的科学确定和合理控制的思想和方法，所以它使用基于活动的建设项目预算确定技术与方法和基于活动与过程的造价控制技术与方法。

第四节　工程造价管理制度

一、我国工程造价管理的组织

为了实现工程造价管理目标而开展有效的组织活动，我国设置了多部门、多层次的工程造价管理机构，并规定了各自的管理权限和职责范围。

（一）政府部门的行政管理系统

政府在工程造价管理中既是宏观管理主体，也是政府投资项目的微观管理主体。从宏观管理的角度，政府对工程造价管理有一个严密的组织系统，设置了多层管理机构，规定了管理权限和职责范围。

（1）国务院建设主管部门造价管理机构。其工程造价管理的主要职责是：组织制定工程造价管理有关法规、制度并组织贯彻实施；组织制定全国统一经济定额和制订、修订本部门经济定额；监督指导全国统一经济定额和本部门经济定额的实施；制定和负责全国工程造价咨询企业的资质标准及其资质管理工作；制定全国工程造价管理专业人员执业资格准入标准，并监督执行。

（2）国务院其他部门的工程造价管理机构。包括：水利、水电、电力、石油、石化、机械、冶金、铁路、煤炭、建材、林业、军队、有色金属、核工业、公路等行业的造价管理机构。主要职责是修订、编制和解释相应的工程建设标准定额，有的还担负本行业大型或重点建设项目的概算审批、概算调整等。

（3）省、自治区、直辖市工程造价管理部门。主要职责是修编、解释当地定额、收费标准和计价制度等。此外，还有审核国家投资工程的标底、结算、处理合同纠纷等职责。

（二）企事业单位管理系统

企事业单位对工程造价的管理，属微观管理的范畴。设计单位、工程造价咨询企业等按照业主或委托方的意图，在可行性研究和规划设计阶段合理确定和有效控制建设工程造价，通过限额设计等手段实现设定的造价管理目标；在招投标工作中编制招标文件、标底，参加评标、合同谈判等工作；在项目实施阶段，通过对设计变更、工期、索赔和结算等管理进行造价控制。

工程承包企业的造价管理是企业自身管理的重要内容。在投标阶段，通过对市场的调查研究，利用过去积累的经验，研究报价策略，提出报价；在施工过程中，进行工程造价的动态管理，注意各种调价因素的发生和工程价款的结算，避免收益的流失，以促进企业盈利目标的实现。

（三）行业协会管理系统

中国建设工程造价管理协会是经原国家建设部和民政部批准成立的，代表我国建设工程造价管理的全国性行业协会，是亚太区测量师协会（PAQS）和国际工程造价联合会（ICEC）等相关国际组织的正式成员。在各国造价管理协会和相关学会团体的不断共同努力下，目前，联合国已将造价管理这个行业列入了国际组织认可行业，这对于造价咨询行业的可持续性发展和进一步提高造价专业人员的社会地位将起到积极的促进作用。

二、我国造价工程师执业资格制度及造价工程师

（一）我国造价工程师执业资格制度

造价工程师执业资格制度是造价管理的一项基本制度。为了加强对工程造价的管理，提高造价管理人员的素质，确保工程造价管理工作质量的提高，维护国家和社会公共利益，人事部、建设部1996年颁布了《造价工程师执业资格制度暂行规定》，是我国造价工程师执业资格制度建立的标志。1997年，人事部和建设部组织了在全国部分省区造价工程师考试试点，并在总结试点经验的基础上，于1998年开始在全国组织造价工程师统一考试。

1. 申请报考条件

凡中华人民共和国公民，遵纪守法并具备以下条件之一者，均可申请参加造价工程师执业资格考试：

（1）工程造价专业大专毕业后，从事工程造价业务工作满5年；工程或工程经济类大专毕业后，从事工程造价业务工作满6年。

（2）工程造价专业本科毕业后，从事工程造价业务工作满4年；工程或工程经济类本科毕业后，从事工程造价工作满5年。

（3）获上述专业第二学士学位或研究生毕业和获硕士学位后，从事造价业务工作满3年。

（4）获上述专业博士学位后，从事工程造价业务工作满2年。

2. 考试内容

造价工程师应该是既懂工程技术又懂经济、管理和法律，并具有实践经验和良好职业道德的复合型人才。因此，造价工程师注册考试内容主要包括：

（1）工程造价的相关知识，如投资经济理论、经济法与合同管理、项目管理等知识。

（2）工程造价的确定与控制，除掌握基本概念外，主要掌握造价确定与控制的理论方法。

（3）工程技术与工程计量，这一部分分两个专业考试，即建筑工程与安装工程，主要掌握两门专业基本技术知识与计量方法。

（4）工程造价案例分析，考查考生实际操作的能力。含计算或审查专业工程的工程量，编制或审查专业工程投资估算、概算、预算、标底价、结（决）算，投标报价评价分析，设计或施工方案技术经济分析，编制补充定额的技能等。

3. 注册

造价工程师执业资格实行注册登记制度，以加强对造价工程师的管理。建设部及各省、自治区、直辖市和国务院有关部门的建设行政主管部门为造价工程师的注册管理机构。注册登记制度规定：

考试合格人员在取得证书3个月内，到当地省级或部级造价工程师注册管理机构办理注册登记手续。造价工程师注册有效期为3年，有效期满前3个月，持证者应当到原注册机构重新办理注册手续，再次注册者，应经单位考核合格并有继续教育、参加业务培训的证明。

遇下列情况之一者，要由所在单位到注册机构办理注销手续：

（1）不具有完全民事能力；

（2）刑事处罚执行完毕至申请注册之日不满5年；

（3）行政处罚自决定之日至申请注册不满3年；

（4）吊销造价工程师注册证自处罚决定之日至申请注册不满5年；

（5）在两个以上单位以造价工程师名义执业的；

（6）有关法律、法规规定不予注册的其他情形。

（二）造价工程师

按我国现行规定，造价工程师是指经全国统一考试合格、取得造价工程师执业资格证书并从事工程造价业务活动的专业技术人员。

1. 造价工程师的执业范围

《造价工程师注册管理办法》规定：造价工程师只能在一个单位执业，其执业范围包括：

（1）建设项目投资估算的编制、审核及经济评价。

（2）工程概算、工程预算、工程结算、竣工决算、工程招标标底价、投标报价的编制、审核。

（3）工程变更及合同价款的调整、索赔费用的计算。

（4）建设项目各阶段的工程造价控制。

（5）工程经济纠纷的鉴定。

（6）工程造价计价依据的编制、审核。

(7) 与工程造价业务有关的其他事项。

2. 造价工程师应具备的能力

造价工程师应具备以下能力：

(1) 了解所建项目的生产工艺条件，对工程和房屋建筑以及施工技术等具有一定的知识，了解各分部工程所包括的具体内容，了解指定的设备和材料性能并熟悉施工现场各工种的职能。

(2) 能采用现代经济分析方法，对拟建项目计算期内投入产出诸多经济要素进行调查、预测、研究、计算和论证，从而选择、推荐较优方案作为投资决策的重要依据。

(3) 能够运用价值工程等技术经济方法，组织评选技术方案，优化设计，使设计在达到必要功能前提下，有效地控制投资项目。

(4) 具有根据图纸和现场情况计算工程量的能力，能够对工程项目进行投资估算、设计概算、施工图预算，能使估价的准确度控制在一定范围之内。

(5) 需要对合同协议、法律有确切的了解，当需要时，能对协议中的条款做出咨询，在可能引起争论的范围内，要有与承包商谈判的才能和技巧。具有足够的法律基础训练，以了解如何完成一项具有法律约束力的合同，以及合同各个部分所承担的义务。有获得价格和成本费用信息、资料的能力和使用这些资料的方法。

3. 造价工程师的权利

(1) 有独立依法执行造价工程师岗位业务并参与工程项目经济管理的权利。

(2) 有在其经办的工程造价成果文件上签字的权利。凡经造价工程师签字并加盖其执业专用章的工程造价文件，需修改时应当征得本人同意；如因特殊情况不能征得本人同意时，可由所在单位委派本单位具有相应资格的造价工程师，代行签字或盖章，并对其负责。

(3) 有使用造价工程师名称的权利。

(4) 造价工程师对违反国家有关法律、法规的行为，有权提出劝告、拒绝执行并有向上或有关部门报告的权利。

(5) 有依法申请开办工程造价咨询单位的权利。

4. 造价工程师的义务

(1) 熟悉并严格执行国家有关工程造价的法律、法规。

(2) 恪守执业道德和行为规范，遵纪守法、秉公办事。

(3) 对经办的工程造价文件质量负有经济的和法律的责任。

(4) 积累工程的新技术、新材料、新工艺及已完工程造价资料，为工程造价管理部门制定、修订工程定额和数据库，提供工程造价资料。

(5) 接受继续教育，更新知识，积极参加职业培训，提高业务技术水平。

(6) 保守在执业中得知的技术和经济秘密。

(7) 不得允许他人以本人名义执行业务。

(8) 造价工程师因工作失误造成的经济损失，由其所在单位承担赔偿责任，所在单位有权向签字的造价工程师追偿。

5. 造价工程师的职责

(1) 凡需报批或审查的工程造价成果文件，应由造价工程师签字并加盖执业专用章，并在注明单位名称和加盖单位公章后方属有效。

（2）造价工程师的执业范围不得超越其所在单位的业务范围，并只能受聘于一个单位执行业务。

（3）依法签订聘任合同，依法解除聘任合同。

第五节　工程造价管理的发展

一、国外工程造价管理的发展

从16世纪开始社会化大生产的发展，使劳动分工与协作既精细又复杂，出于对工程建设消耗的测量与估价，产生了工程造价管理。本章通过对有关国际造价管理组织和国外工程造价管理的特点的讨论介绍国外工程造价管理现状及发展。

（一）国际造价工程师联合会

国际造价工程师联合会（International Cost Engineering Council，ICEC），是一个旨在推动国际造价工程活动和发展的协调组织，为各国造价工作协会的利益促进相互间的合作，其会员组织通过代表来管理 ICEC 的活动。目前，ICEC 共有四个区域性的分会，第一、二、三、四区域分别为南北美洲、欧洲和近东、非洲、亚太地区。ICEC 除每两年举行一次全体代表大会外，还定期举行区域性的会议。ICEC 的职责是促进团体会员之间的交流和推进造价工程专业的发展。ICEC 作为一个世界性的组织，不可能在所有问题上达成完全一致的意见，但它能就各团体会员共同关心的问题按统一的基调发表意见，树立起公众认可、名副其实、颇具效力的专业形象。

（二）美、英、法工程造价管理现状

1. 美国的工程造价管理

美国是一个市场经济充分发达的国家，设立了工程造价协会（AACE）。在工程造价管理方面有如下几个特点：一是业主自主负责，投资者拟建一个项目，都有一个关于投资的粗略设想，然后委托其他单位进行估价，由业主审核认定即可，业主在处理与造价有关的问题时，不受来自其他方面的影响和干扰。二是专业人员独立估价，专业人员编制估价时所执行的程序、采用的方法、引用的价格参数以及计算依据没有统一的要求，而是由估价师自行独立决定的。三是全程管理一元化，从方案选择、优化设计、实施建造等各阶段的造价控制，业主只委托一家单位来全面负责，保持前后工作各环节衔接一致与协调呼应。四是社会服务功能强，政府虽有对工程造价计价的规定，但仅对自己的投资对象如监狱、法院等工程行使主管职能，而对非政府工程没有约束作用。社会上有专门的估价公司，有专门编制、出版造价资料的商业性公司，有社会化的计算机信息网络，有从事公益工作的造价协会，它们都能为估价师提供服务。

2. 英国的工程造价管理

英国工程造价管理有着悠久的历史，1773 年就开始有了工料的计算规则，经过工程实践，于1918年形成了全苏格兰的工料测量规则。1965年开始形成了全英统一的工程量标准计量规则和工程造价管理体系，使工程造价管理工作形成了一个科学化、规范化的颇有影响的独立专业。目前在英国有22所大学设立了工程造价管理专业。

3. 法国的工程造价管理

法国把工程造价工作称为建筑经济工作，从事工程造价工作的人称为建筑经济师。1972年成立了法国建筑经济师联合会，1975年成立了欧洲建筑经济师联合会。在法国，政府不管理工程造价，只对建筑经济师的资格认证进行管理，政府通过资格管理来管理工程造价。

（三）国外工程造价管理的特点

1. 政府的间接调控

通过对美国、英国、法国工程造价管理的了解，我们认识到政府对工程造价的管理，主要采用间接手段。国外投资项目的资金来源一般可分为政府投资项目和私人（财团）投资项目，对政府投资项目和私人投资项目实施不同力度和深度的管理，重点控制政府投资项目，例如英国对政府投资项目采取集中管理的办法，按政府的有关面积标准、造价指标，在核定的投资范围内进行方案设计、施工设计，实行目标控制，不得突破。如果遇到不正常因素非突破不可时，宁可在保证使用功能的前提下降低标准，也要将投资控制在预定额度范围内。对于私人投资项目，对其具体实施过程政府一般采取不干预的方法，主要是进行政策引导和信息指导，由市场经济规律调节，体现了政府对造价的宏观管理的间接调控。

2. 有章可循的计价依据

从国外造价管理来看，一定的造价依据仍然是不可缺少的。美国对于工程造价计价没有统一的计价依据和标准。工程造价计价的定额、指标、费用标准等，一般由各个大型的工程咨询公司制定。各地的咨询机构，根据本地区的具体特点，制定出单位建筑面积的消耗量和基价作为所管辖项目的造价估算的标准。英国也没有统一的定额，工程量的计算规则就成为参与工程建设各方共同遵守的计量、计价的基本规则，现行的《建筑工程工程量计算规则》是皇家测量学会组织制定并为各方共同认可的，在英国使用最广泛，此外还有《土木工程工程量计算规则》等。

3. 多渠道的工程造价信息

在市场经济条件下，及时、准确地捕捉建筑市场价格信息是业主和承包商保持竞争优势和取得盈利的关键。造价信息是建筑产品估价和结算的重要依据，是建筑市场价格变化的指示灯。在美国建筑造价指数一般由一些咨询机构和新闻媒介来编制和发布，在多种建筑造价来源中，ENR（Engineering News Record）造价指标是比较重要的一种，它是一个加权总指数，由构件钢材、波特兰水泥、木材和普通劳动力四种个体指数组成，编制建筑造价指数和房屋造价指数。ENR指数资料来源于20个美国城市和2个加拿大城市，数据比较可信。

4. 动态估价

尽管各国采用的估价方法不同，但基本上都是动态估价。在英国进行工程估价的测量师都拥有极为丰富的工程造价实例资料，甚至建立了工程造价数据库，在估价时，工料测量师将不同设计阶段提供的拟建工程项目资料与以往同类工程项目对比,结合当前建筑市场人工、材料单价的行情,以市场状况为重要依据,进行工程报价,是完全意义的动态估价。在美国,工程造价的估算主要由设计部门或专业估价公司来承担,它们在具体编制工程造价估算时,除了考虑工程项目本身的特征因素外,还对项目进行较为详细的风险分析,以确定合适的预备费,造价估算师通过掌握不同的预备费率来调节造价估算的总体水平。

5. 通用的合同文本

作为各方签订的契约,合同在国外工程造价管理中有着重要的地位,对双方都具有约束力,对于各方权利与义务的实现都有重要的意义。国外都将严格按合同规定办事作为一项通用的准则来执行,并且有的国家还实行通用的合同文本。其内容由协议条款、合同条件、附录三个部分组成。

6. 动态控制

国外对工程造价的管理是以市场为中心的动态控制。造价工程师能对造价计划执行中所出现的问题及时进行分析,及时采取纠正措施,这种强调项目实施过程中的造价管理方法,体现了造价控制的动态性。在美国,造价工程师十分注重工程项目具体实施过程中的控制与管理,一旦发现偏差,就按一定的标准筛选差异,实施纠偏,并明确纠偏的措施、时间、所需条件及责任人。美国工程造价的动态控制还体现在造价的信息反馈系统,对资料数据进行及时、准确的处理,从而保证了造价管理的科学性。

二、我国工程造价管理的发展

(一) 我国工程造价管理发展过程

我国工程造价管理在唐朝就有记载,但发展缓慢。中华人民共和国成立后,特别是党的十一届三中全会后,党的工作重点转移到了经济建设上来,使工程造价管理得到了很大的发展,已经形成了一个新兴学科。1990 年成立了中国建设工程造价管理协会,1996 年国家人事部和建设部已确定并行文建立注册造价工程师制度,对学科的建设与发展起了重要作用,标志着该学科已发展成为一个独立的、完整的学科体系。

我国造价管理大致经历了五个阶段:

第一阶段:1950—1957 年,是与计划经济相适应的概预算定额制度建立时期。为了合理确定工程造价,我国引进了前苏联一套概预算定额管理制度,其核心是“三性一静”,即定额的统一性、综合性、指令性及工、料、机价格为静态,在计划经济体制下起过积极的作用。

第二阶段:1958—1966 年,是概预算定额管理逐渐被削弱的阶段。由于受“左”的错误思想指导,概预算与定额管理权限全部下放,各级概预算部门被精简,设计单位概预算人员减少,只算政治账,不算经济账,概预算控制投资作用被削弱。

第三阶段:1966—1976 年,概预算定额管理工作遭到严重破坏的阶段。概预算和定额管理机构被撤销,大量基础资料被销毁,造成设计无概算、施工无预算、竣工无决算的状况。

第四阶段:1970—20 世纪 90 年代初,是造价管理工作整顿和发展的时期。从 1977 年开始国家恢复重建造价管理机构,至 1983 年 8 月成立基本建设标准定额局,组织制定工程建设概预算定额、费用标准及工作制度，概预算定额统一归口，1988 年划归建设部，成立标准定额司，各省市、各部委建立了定额管理站，全国颁布了一系列推动概预算管理和定额管理发展的文件，并颁布了几十项预算定额、概算定额、估算指标。1990 年成立了中国建设工程造价管理协会，从而推动了工程造价管理工作的发展。

第五阶段：从 20 世纪 90 年代初至今。随着我国经济发展水平的提高和经济结构的调整，传统的概预算定额管理遏制了竞争，抑制了生产者和经营者的积极性与创造性，传统的概预算必须改革，有一个循序渐进的过程。

（二）我国工程造价管理的发展趋势

1. 工程造价管理的国际化趋势

随着中国经济日益融入全球市场，我国企业走出国门在海外投资项目越来越多，跨国公司和跨国项目越来越多，许多项目要通过国际招标、咨询或项目融资方式运作。加入WTO 后，国内外市场全面融合，外国企业必定利用其在资本、技术、管理、人才、服务等方面的优势，挤占我国国内市场，尤其是工程总承包市场。工程造价管理国际化趋势的另一个表现在于国际间的学术交流日益频繁。随着经济全球化的到来，工程造价管理国际化已成必然趋势，各国都在努力寻求国际间的合作，寻找自己发展的空间。

2. 工程造价管理的信息化趋势

伴随着 Internet 走进千家万户，工程造价管理的信息化已成必然趋势。当今更新最快的电脑技术和网络技术在企业经营管理中普及应用的速度令人吃惊，而且呈现加速发展的态势，这给工程造价管理带来很多新的特点。在信息高速膨胀的今天，工程造价管理越来越依赖于电脑手段，其竞争从某种意义上讲已成为信息战。另一方面，作为 21 世纪的主导经济，知识经济已经来临，与之相应的工程造价管理也必将发生新的革命。知识经济时代的工程造价管理将由过去的劳动密集型转变为知识密集型。知识经济可以理解为把知识转化为效益的经济；知识经济利用较少的自然资源和人力资源，更重视利用智力资源；知识产生新的创意，形成新的成果，带来新的财富。这一过程靠传统方式已无法实现，这时先进管理手段电脑又发挥了不可替代的作用。目前西方发达国家已经在工程造价管理中运用了计算机网络技术，通过网上招投标，开始实现了工程造价管理网络化、虚拟化。另外，工程造价管理软件也被大量使用，同时还有专门从事工程造价管理软件开发研究工作的软件公司。种种迹象表明 21 世纪的工程造价管理将依靠电脑技术和网络技术，未来的工程造价管理必将成为信息化管理。

第六节　工程造价管理的相关知识

一、工程经济的相关知识

（一）资金时间价值的概念

资金时间价值是指资金在生产和流通过程中随着时间的推移而产生的增值。对于资金的时间价值可以从两方面来理解。一方面随着时间的推移，其价值会增加，资金在市场经济条件下是不断运动的，资金的运动伴随着生产与交换的进行，生产与交换活动会给投资者带来利润，表现为资金的增值，其实质就是劳动者在生产过程中创造的剩余价值，资金的增值使资金具有了时间价值；另一方面，资金一旦用于投资，就不能用于现期消费，资金的时间价值体现为消费者放弃现期消费的损失所作的补偿。资金时间价值的大小与投资收益率、通货膨胀率、风险因素有关。

（二）现金流量的概念

若将某工程项目作为一个系统，对该项目在整个寿命周期内发生的费用和收益进行分析和计量，在某一时间点上，流出系统的实际支出称为现金流出，流入系统的实际收入称为现金流入，把现金流入与现金流出的差额称为净现金流量。现金流入、现金流出和净现金流量统称为现金流量。

把项目发生的现金流入和现金流出绘制在时间坐标图上，反映项目整个寿命期内现金流量变化状况的图称为现金流量图。现金流量图表示资金在不同时点流入与流出的情况。

现金流量图如图1-3所示，横轴代表时间轴，向右延伸表示时间的延续，轴线分成若干间隔，每一间隔代表一个时间单位，通常为年，时间轴的点称为时点，时点通常表示的是该年的年末，同时也是下一年的年初。与横轴相连的垂直线，代表流入或流出系统的现金流量，垂直线的长度根据现金流量的大小按比例画出，箭头向下表示现金流出，箭头向上表示现金流入，同时现金流量图上还要表示每一笔现金流量的金额。`

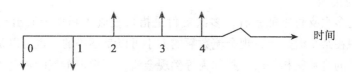

图1-3 现金流量图

（三）资金时间价值的计算公式

1. 一次支付类型

一次支付又称整付，是指系统内现金流入或现金流出均在一个时点上一次发生。其典型现金流量图如图1-4所示。

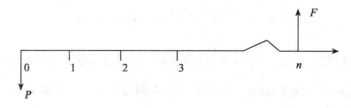

图1-4 一次支付类型现金流量图

一次支付类型的资金等值计算公式有以下两个：

（1）一次支付终值公式

$$F = P(1 + i)^n = P(F/P, i, n) \tag{1-1}$$

一次支付终值公式与资金的复利计算公式相同，这时 P 称为现值，F 为终值，n 为时间周期数，此公式表示在折现率为 i，周期数为 n 的条件下，终值和现值之间的等值关系。系数 $(1+i)^n$ 称为一次支付终值系数，也可用符号 $(F/P, i, n)$ 表示。

例 1-1　某企业向银行贷款110万元，年利率为10%，年限为5年，5年后一次归还银行本利和为多少？

解：5年后归还银行的本利和应与现在的借款金额等值，折现率就是银行利率。由计算公式得：

$$F = P(1 + i)^5 = 110 \times 1.611 = 177.21(万元)$$

（2）一次支付现值公式

一次支付现值公式是由已知终值 F 求现值 P 的等值公式，计算公式为：

$$P = F(1 + i)^{-n} = F(P/F, i, n) \tag{1-2}$$

符号意义同前，系数 $(1+i)^{-n}$ 称为一次支付现值系数，也可计为 $(F/P, i, n)$，它和一次支付终值系数互为倒数。

例 1-2　如果银行利率为12%，在5年后想获得12 000万元，现在应存入银行多少钱？

解：由公式（1-2）得到：

$$P = F(1 + i)^{-5} = 12\ 000 \times 0.567\ 4 = 6\ 808.8(万元)$$

2. 等额支付类型

等额支付是多次支付中的一种，多次支付是指现金流入和现金流出在多个时点上发生，而不是集中在某个时点上，现金流数额的大小可以是不等的，也可以是相等的，当现金流序列是连续的且数额相等时，则称为等额现金流。等额现金流的资金等值计算公式有以下4个：

（1）等额分付终值公式

如图1-5所示的现金流量图，从第1年年末至第 n 年年末有一等额的现金流序列，每年的金额为 A，称为等额年值，欲求终值。按图1-5现金流量序列，把等额序列视为 n 个一次支付的组合，利用一次支付终值公式推导出等额分付终值公式：

$$F = A(1 + i)^{n-1} + A(1 + i)^{n-2} + \cdots + A$$

利用等比级数求和公式，得：

$$F = A \cdot \frac{(1 + i)^n - 1}{i} = A(F/A, i, n) \tag{1-3}$$

上式即为等额分付终值公式，$\dfrac{(1+i)^n - 1}{i}$ 称为等额分付终值系数，也可记为 $(F/A, i, n)$。

例 1-3　某公司设立退休基金，每年年末存入银行3万元，利率为10%，第5年年末基金总额为多少？

解：由等额分付终值公式得到：

$$F = A(F/A, i, n) = 3 \times 6.105 = 18.315(万元)$$

（2）等额分付偿债基金公式

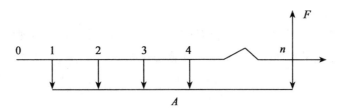

图 1-5 等额支付类型现金流量图之一

等额分付偿债基金公式是等额分付终值公式的逆运算，由已知终值求与之等价的等额年值 A。现金流量序列与图 1-5 相同。

计算公式为：

$$A = F \cdot \frac{i}{(1 + i)^n - 1} = F(A/F,\ i,\ n) \tag{1-4}$$

式中，$\frac{i}{(1+i)^n-1}$ 称为等额分付偿债基金系数，也可以记为 $(A/F,\ i,\ n)$。

例 1-4 某项目 3 年后需要 300 万元，银行利率为 12%，每年年末需存入多少钱？

解： 由等额分付偿债基金公式得到：

$$A = F(A/F,\ i,\ n) = 300 \times 0.296\,35 = 88.91(\text{万元})$$

（3）等额分付现值公式

等额分付现值公式的现金流序列如图 1-6 所示，从第一年年末到第 n 年年末有一个等额的年值 A，求第 1 年年初的现值 P。

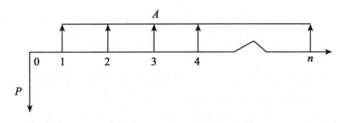

图 1-6 等额支付类型现金流量图之二

由公式（1-3），两边同乘 $(1+i)^{-n}$，得到等额分付现值公式：

$$P = A \cdot \frac{(1 + i)^n - 1}{i(1 + i)^n} = A(P/A,\ i,\ n) \tag{1-5}$$

式中，$\frac{(1+i)^n-1}{i\,(1+i)^n}$ 称为等额分付现值系数，也可记为 $(P/A,\ i,\ n)$。

例 1-5 某工程 1 年建成投产，寿命为 10 年，每年净收益为 4 万元，按 10% 折现率计算，恰好在寿命期内把投资收回，问工程期初投资多少钱？

解： 按照等额分付现值公式，得到：

$$P = A(P/A, i, n) = 4 \times 6.144\ 5 = 24.578(万元)$$

（4）等额分付回收公式

等额分付回收公式是等额分付现值回收公式的逆运算，由已知现值 P 求与之等价的等额年值 A。现金流量图如图 1-6 所示，计算公式如下：

$$A = P \cdot \frac{i(1+i)^n}{(1+i)^n - 1} = P(A/P, i, n) \tag{1-6}$$

式中，$\dfrac{i(1+i)^n}{(1+i)^n-1}$ 称为等额分付资本回收公式，也记为 $(A/P, i, n)$。

例 1-6 某设备价值 5 万元，希望在 5 年内等额收回全部投资，折现率为 10%，问每年至少应回收多少钱？

解： 由等额分付回收公式得到：

$$A = P(A/P, i, n) = 5 \times 0.250\ 46 = 1.252\ 3(万元)$$

（四）名义利率和实际利率

在复利计算中，一般计息周期为年，计息周期和复利周期是一致的，实践中也会遇到两者不一致的情况。如年利率为 12%，每月计息一次，计息周期和复利周期不一致，则这个年利率称为名义利率，如果利率是年利率，计息周期也为年，则这个年利率就是实际利率。由此可见，名义利率是每一个计息周期的利率与每年的计息周期数的乘积。实际利率是一年中的实际利息与本金的比值。下面来分析名义利率和实际利率的关系。

设名义利率为 r，一年中计息周期数为 m，则一个计息周期的利率为 r/m，一年后本利和为：

$$F = P(1 + r/m)^m$$

利息为：
$$I = F - P = P(1+r/m)^m - P$$

实际利率为：

$$i = \frac{P(1+r/m)^m - P}{P} = (1 + r/m)^m - 1 \tag{1-7}$$

例 1-7 某企业向银行借款 1 500 万元，5 年后一次还清，甲银行利率为 17%，按年计息；乙银行为 16%，按月计息，向哪个银行贷款较为有利？

解： 由已知条件知，甲银行实际利率为 17%，乙银行实际利率为：

$$i = (1 + 16\%/12)^{12} - 1 = 17.23\%$$

所以向甲银行贷款有利。

二、项目管理的相关知识

项目管理指在项目活动中运用专门的知识、技能、工具和方法，使项目能够在有限资源限定条件下，实现或超过设定的需求和期望的过程。具体包括以下 9 大知识体系：

（一）项目范围管理

项目范围管理是为了实现项目的目标，对项目的工作内容进行控制的管理过程。它包括范围的界定、范围的规划、范围的调整等。

（二）项目时间管理

项目时间管理是为了确保项目最终的按时完成的一系列管理过程。它包括具体活动界定、活动排序、时间估计、进度安排及时间控制等各项工作。很多人把时间管理引入其中，大幅提高工作效率。

（三）项目成本管理

项目成本管理是为了保证完成项目的实际成本、费用不超过预算成本、费用的管理过程。它包括资源的配置，成本、费用的预算以及费用的控制等项工作。

（四）项目质量管理

项目质量管理是为了确保项目达到客户所规定的质量要求所实施的一系列管理过程。它包括质量规划，质量控制和质量保证等。

（五）项目人力资源管理

项目人力资源管理是为了保证所有项目关系人的能力和积极性都得到最有效地发挥和利用所做的一系列管理措施。它包括组织的规划、团队的建设、人员的选聘和项目的班子建设等一系列工作。

（六）项目沟通管理

项目沟通管理是为了确保项目信息的合理收集和传输所需要实施的一系列措施，它包括沟通规划、信息传输和进度报告等。

（七）项目风险管理

项目风险管理涉及项目可能遇到的各种不确定因素。它包括风险识别、风险量化、制订对策和风险控制等。

（八）项目采购管理

项目采购管理是为了从项目实施组织之外获得所需资源或服务所采取的一系列管理措施。它包括采购计划、采购与征购、资源的选择以及合同的管理等项工作。

（九）项目集成管理

项目集成管理是指为确保项目各项工作能够有机地协调和配合所展开的综合性和全局性的项目管理工作和过程。它包括项目集成计划的制定、项目集成计划的实施、项目变动的总体控制等。

三、建设项目法律法规的相关知识

为了更好地进行造价管理研究，需要了解和掌握工程建设领域中的相关法律法规。

建设项目法律法规主要包括以下几方面：

（一）法律方面

法律方面需要了解和掌握这些内容：《中华人民共和国建筑法》、《中华人民共和国合同法》、《中华人民共和国招标投标法》、《中华人民共和国土地管理法》、《中华人民共和国城市规划法》、《中华人民共和国城市房地产管理法》、《中华人民共和国环境保护法》、《中华人民共和国环境影响评价法》等。

（二）行政法规

行政法规包括：《建设工程质量管理条例》；《建设工程安全生产管理条例》；《建设工程勘察设计管理条例》；《中华人民共和国土地管理法实施条例》等。

（三）部门规章

部门规章包括：《工程监理企业资质管理规定》、《注册监理工程师管理规定》、《建设工程监理范围和规模标准规定》、《建筑工程设计招标投标管理办法》、《房屋建筑和市政基础设施工程施工招标投标管理办法》、《评标委员会和评标方法暂行规定》、《建筑工程施工发包与承包计价管理办法》、《建筑工程施工许可管理办法》、《实施工程建设强制性标准监督规定》、《房屋建筑工程质量保修办法》、《房屋建筑工程和市政基础设施工程竣工验收备案管理暂行办法》、《建设工程施工现场管理规定》、《建筑安全生产监督管理规定》、《工程建设重大事故报告和调查程序规定》、《城市建设档案管理规定》等。

本章小结

本章首先分析了基本建设项目的程序，包括多个阶段。基本建设项目可以分为单项工程、单位工程、分部工程、分项目工程。

工程造价具有两种含义：一种含义是从投资者的角度来定义，建设项目工程造价是指建设项目的建设成本，即预期开支或实际开支的项目的全部费用；另一种含义是指建设工程的承包价格，即工程价格，为建设某项工程，预计或实际在土地市场、设备市场、技术劳务市场、承包市场等交易活动中，所形成的工程承包合同价和建设工程总造价。

工程造价具有大额性、个别性、差异性、广泛性、复杂性、动态性、阶段性的特点，这些特点决定了工程造价计价具有单体性计价、分部组合计价、多阶段计价、计价方法的多样性的特性。

由于工程造价有两种含义，工程造价管理也有两种管理。一是建设工程投资费用管理，二是工程价格管理。工程造价管理具有时效性、公正性、规范性、准确性的特点。工程造价管理的基本内容就是合理确定和有效控制工程造价，两者相互依存、相互制约。

国外工程造价管理发展已有很长的历史，各国的管理体制互不相同，但具有政府的间接调控、有章可循的计价依据、多渠道的工程造价信息、动态估价、通用的合同文本、动态控制的特点。我国工程造价管理得到了很大发展，但也存在一些问题。本章分析了造价管理体制改革的目标。针对我国目前实行的造价工程师注册制度，介绍了造价工程师的相关内容。

为了更好地掌握工程造价管理的内容，针对工程造价管理中涉及的知识点，本章分析了工程经济、项目管理、建设项目法律法规等知识点。

复习思考题

1. 分析建设项目的建设程序及建设项目构成。
2. 论述工程造价的基本含义及特点。
3. 简述不同建设阶段工程造价的有关含义。
4. 简述工程造价管理的基本内容。
5. 简述工程造价管理的目标及作用。
6. 简述国外工程造价管理的特点。
7. 简析造价工程师的基本权利和义务。
8. 某企业拟向银行借款 1 000 万元，5 年后一次还清，甲银行贷款年利率 16%，按年计息，乙银行贷款年利率 15%，按月计息，问企业向哪家银行贷款有利？
9. 某人每年年初存入银行 400 元，连续 10 年，如按 10% 计算复利，此人第 10 年年末可以从银行提取多少现金？

第二章 工程造价的构成

工程造价是按照确定的建设内容、建设规模、建设标准、功能要求和使用要求等将工程项目全部建成，在建设期预计或实际支出的建设费用。工程造价的构成按工程建设项目中各类费用支出或费用的性质、途径等来确定，是通过费用划分和汇集所形成的工程造价的费用分解结构。要确定合理的工程造价和有效地控制工程造价必须明确和掌握工程造价的构成。

第一节 概述

一、建设项目投资的构成

（一）建设项目总投资

建设项目总投资是指投资主体为获取预期收益，在选定的建设项目上投入所需全部资金的经济行为。生产性建设项目总投资包括固定资产投资和包含铺底流动资金在内的流动资产投资两部分，而非生产性建设项目总投资只有固定资产投资，不含流动资产投资。

固定资产投资是投资主体为了特定的目的，以达到预期收益（效益）的资金垫付行为。在我国，固定资产投资包括基本建设投资、更新改造投资、房地产开发投资和其他固定资产投资四个部分。建设项目的固定资产投资也就是建设项目的工程造价，二者在量上是等同的；其中建筑安装工程投资也就是建筑安装工程造价，二者在量上也是等同的。这也可以看出工程造价两种含义的同一性。项目总投资中的流动资金形成项目运营过程中的流动资产，流动资金是指在工业项目投产前预先垫付，在投产后的生产经营过程中用于购买原材料、燃料动力、**备品备件**，支付工资和其他费用以及被在产品、半成品、产成品和其他存货占用的周**转资金**，这些不构成建设项目总造价。

（二）静态投资与动态投资

静态投资是以某一基准年、月的建设要素的价格为依据所计算出来的建设项目投资的瞬时值。但它含因工程量误差而引起的工程造价的增减。静态投资包括建设项目前期工程费、建筑安装工程费、设备和工器具购置费、工程建设其他费用、基本预备费。

动态投资是指为完成一个工程项目的建设，预计投资需要量的总和。它除了包括静态投资所含的内容之外，还包括建设期贷款利息、投资方向调节税、涨价预备费、新开征税费以及汇率变动部分。动态投资适应了市场价格运行机制的要求，使投资的计划、估算、控制更加符合实际,符合经济运动规律。

　　静态投资和动态投资虽然内容有所区别,但二者有密切联系。动态投资包含静态投资,静态投资是动态投资最主要的组成部分,也是动态投资的计算基础。并且这两个概念的产生都和工程造价的确定直接相关。

二、工程造价的构成

　　根据住房与城乡建设部、财政部颁布的"关于印发《建设安装工程费用项目组成》的通知"(建标〔2013〕44号)以及国家发改委和建设部发布的《建设项目经济评价方法与参数(第三版)》(发改投资〔2006〕1325号),我国现行工程造价的主要构成为:建设投资以及建设利息。其中,建设投资包括工程费用、工程建设其他费用和预备费三部分。工程费用是指建设期内直接用于工程建造、设备购置以及安装的建设投资。工程建设其他费用是指根据国家有关规定,建设期发生的与土地使用权取得以及与项目建设运营有关的构成建设投资但不包含在工程费用中的费用。预备费是为了保证工程项目的顺利实施,避免在难以预料的情况下造成投资不足而预先安排的一笔费用。具体构成内容如图2-1所示。

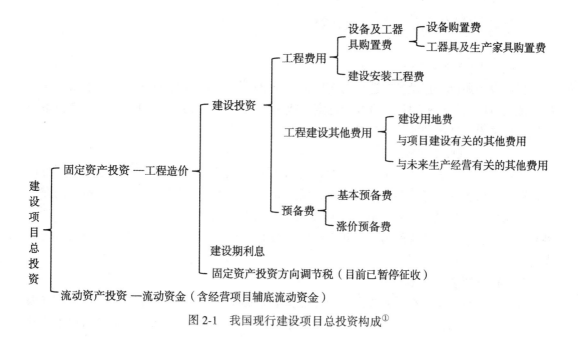

图2-1 我国现行建设项目总投资构成[①]

第二节 设备及工器具购置费用的构成

　　设备及工器具购置费用是由设备购置费用和工具、器具及生产家具购置费用组成的,它是固定资产投资的组成部分。目前，在生产性工程建设中，设备及工器具购置费用约占项目投资 50% 左右，并有逐渐增加的趋势，这意味着生产技术的进步与资本有机构成的提高。因此，正确确定该费用，对于资金的合理使用和投资效果意义十分重要。

设备购置费用是指为工程建设项目购置或自制的达到固定资产标准的设备、工器具及生产家具等所需要的费用。确定固定资产的标准是：使用年限在 1 年以上、单位价值在 1 000 元或 1 500 元或 2 000 元以上，具体标准由主管部门规定。新建项目和扩建项目的新建车间购置或自制的全部设备、工器具，不论是否达到固定资产标准，均计入设备购置费用中。设备购置费按式 2-1 计算：

$$设备购置费 = 设备原价 + 设备运杂费 \tag{2-1}$$

式 2-1 中，设备原价是指国产设备或进口设备的原价；设备运杂费是指除设备原价之外的关于设备采购、运输、途中包装及仓库保管等方面支出的费用总和。

工器具及生产家具购置费是指新建项目或扩建项目初步设计规定的，保证初期正常生产必须购置的没有达到固定资产标准的设备、仪器工具、生产家具和备品备件等的费用。一般以设备购置费为计算基数，按照部门或行业规定的工具、器具及生产家具费率计算，其一般计算公式见式 2-2。其中，工器具及生产家具定额费率按照部门或行业规定计取。

$$工器具及生产家具购置费 = 设备购置费 × 定额费率 \tag{2-2}$$

一、国产设备原价的构成及计算

（一）国产设备原价

国产设备原价是指设备制造厂的交货价，即出厂价，或订货合同价。它一般根据生产厂商或供应商的询价、报价、合同价确定，或采用一定的方法通过计算确定。国产设备分为国产标准设备和国产非标准设备。

1. 国产标准设备原价

国产标准设备是指按照主管部门颁布的标准图纸和技术要求，由我国设备生产厂批量生产的，符合国家质量检验标准的设备。国产标准设备原价一般指的是设备制造厂的交货价，即出厂价。如果设备由设备成套公司供应，则以订货合同价为设备原价。有的设备有两种出厂价，即带有备件的出厂价和不带备件的出厂价，在计算设备原价时，一般按带有备件的出厂价计算。

2. 国产非标准设备原价

国产非标准设备是指国家尚无定型标准，不能成批定点生产，只能按一次订货，并根据具体的设计图纸制造的设备。非标准设备原价有多种不同的计算方法，通常有以下几种方法：

（1）成本计算估价法。

$$非标准设备原价 = 制造成本 + 利润 + 增值税 + 设计费 \tag{2-3}$$

其中，

$$① 制造成本 = 主要材料费 + 加工费 + 辅助材料费 + 专用工具费 + 废品损失费 + 外购配套件费 + 包装费 \tag{2-4}$$

主要材料费=材料净重×（1+加工损耗系数）×每吨材料综合价格　　　　　(2-5)

加工费=设备总重量×设备每吨加工费（包括生产工人工资和工资附加费、

燃料动力费、设备折旧费、车间经费等）　　　　　(2-6)

辅助材料费=设备总重量×辅助材料费（包括焊条、焊丝、氧气、

氩气、氮气、电石、油漆等费用）指标　　　　　(2-7)

专用工具费=（主要材料费+加工费+辅助材料费）×一定百分比率　　　　　(2-8)

废品损失费=(主要材料费+加工费+辅助材料费+专用工具费)

×一定百分比率　　　　　(2-9)

外购配套件费，按设备设计图纸所列的外购配套件价格加运杂费计算。

包装费=(主要材料费+加工费+辅助材料费+专用工具费+废品损失费

+外购配套件费)×一定百分比率　　　　　(2-10)

②利润=(主要材料费+加工费+辅助材料费+专用工具费+废品损失费

+包装费)×一定百分比率　　　　　(2-11)

③增值税=当期销项税额−进项税额=销售额×税率−进项税额　　　　　(2-12)

④非标准设备设计费，按国家规定的设计收费标准计算。

非标准设备原价可用下面的公式表达：

单台非标准设备原价={[（材料费+加工费+辅助材料费）×（1+专用工具费率）×(1+

废品损失率）+外购配套件费]×（1+包装费率）−外购配套件

费}×（1+利润率）+销项税额+非标准设备设计费+外购置配

套件费　　　　　(2-13)

（2）扩大定额估价法。

非标准设备原价=材料费+加工费+其他费+设计费　　　　　(2-14)

其中，　　　　材料费=设备净重×（1+加工损耗系数）×每吨材料综合价格　　　　　(2-15)

$$加工费=\frac{加工费比重}{材料费比重}×材料费$$　　　　　(2-16)

$$其他费=\frac{其他费比重}{材料费比重}×材料费$$　　　　　(2-17)

设计费=（材料费+加工费+其他费）×设计费费率　　　　　(2-18)

（3）类似设备估价法。

在类似或系列设备中，当只有一个或几个设备没有价格时，可根据其邻近已有设备价格按下式确定拟估设备的价格。

$$P = \frac{\dfrac{P_1}{Q_1}+\dfrac{P_2}{Q_2}}{2}Q$$　　　　　(2-19)

式中：P——拟估非标准设备原价；

Q——拟估非标准设备总重；

P_1、P_2——已生产的同类非标准设备价格；

Q_1、Q_2——已生产的同类非标准设备重量。

（4）概算指标估价法。

根据各制造厂或其他有关部门收集的各种类型非标准设备的制造价或合同价资料，经过统计分析综合平均得出每吨设备的价格，再根据该价格进行非标准设备估价的方法，称为指标估价法。计算公式为：

$$P = Q \cdot M \tag{2-20}$$

式中：P——拟估非标准设备原价；

Q——拟估非标准设备净重；

M——该类设备单位重量的理论价格。

（二）进口设备原价的构成与计算

进口设备原价是指进口设备的抵岸价，即抵达买方国家的边境港口或边境车站，且交纳完各项手续费、税费后所形成的价格。在国际贸易中，交易双方所使用的交货方式不同，交易价格的构成内容也会有所差异。

1．进口设备的交货方式

（1）内陆交货类。它是指卖方在出口国内陆的某个地点交货。在交货地点，卖方及时提交合同规定的货物和有关凭证，并负担交货前的费用和风险；买方按时接收货物，交付货款，负担接货后的费用和风险，并自行办理出口手续、装运出口。货物的所有权也在交货后由卖方转移给买方。

（2）目的地交货类。它是指卖方在进口国的港口或者内地交货，主要有目的港船上交货价、目的港船边交货价（FOS价）、目的港码头交货价（关税已付）和完税后交货价（进口国指定地点）等几种交货价。它们的特点是：买卖双方承担的责任、费用和风险是以目的地约定交货点为分界线，只有当卖方在交货点将货物置于买方控制下，才算交货，才能向买方收取货款。这种交货类别对卖方来说承担的风险较大，在国际贸易中卖方一般不愿采用。

（3）装运港交货类。它是指卖方在出口国装运港交货，主要有装运港船上交货价（FOB价，也称离岸价）、运费在内价（C&F价）、运费和保险费在内价（CIF价），也称到岸价等几种交货价。它们的特点是：卖方按照约定的时间在装运港交货，只要卖方把合同规定的货物装船后提供货物运输单便完成交货任务，可凭单据收回货款。

装运港船上交货价（Free on Board，FOB价），亦称离岸价，是我国进口设备采用最多的一种货价。FOB是指当货物在指定的装运港越过船舷即装船完成后，卖方即完成交货任务。采用船上交货价时卖方的责任是：在规定的期限内，负责在合同规定的装运港口将货物装上买方指定的船只，并及时通知买方；负担货物装船前的一切费用和风险；负责办理出口手续；提供出口国政府或有关方面签发的证件；负责提供有关装运单据。买方的责任是：负责租船或订舱，支付运费，并将船期、船名通知卖方；负担货物装船后的一切费用及风险；负责办理保险及支付保险费，办理在目的港的进口和收货手续；接受卖方提供的有关装运单据，并按合同规定支付货款。

成本加运费即CFR（Cost and Freight），亦称运费在内价，是指货物装船后卖方即完成交货，卖方必须支付将货物运至指定的目的港所需的运费和费用，但交货后货物灭失或损失的风险，以及由于各种事件造成的任何额外费用，均由卖方转移到买方。与FOB价格相比，CFR 的费用划分与风险转移的分界点是不一致的。在 CFR 交货方式下，卖方的基本义务有：提供合同规定的货物，负责订立运输合同，并租船订舱，在合同规定的装运港和规定的期限内，将货物装船并及时通知买方，支付运至目的港的运费；负责办理出口清关手续，提供出口许可证或其他官方批准的文件；承担货物装船前的一切费用和风险；按合同规定提供正式有效的运输单据、发票或具有同等效力的电子单证。买方的基本义务有：承担货物在装船后的一切风险及运输途中因遭受风险所引起的额外费用；在合同规定的目的港受领货物，办理进关清关手续，交纳进口税；受领卖方提供的各种约定的单证，并按合同规定支付货款。

成本加保险、运费即 CIF（Cost，Insurance and Freight），亦称到岸价格。在 CIF 术语中，卖方除了负有与 CFR 相同的义务外，还应办理货物在运输途中最低险别的海运保险，并支付保险费。如买方需要更高的保险险别，则需要与卖方明确地达成协议，或者自行作出额外的保险安排。除保险义务外，买方的义务与 CFR 相同。

2. 进口设备原价的构成及计算

进口设备原价的计算公式如下：

进口设备原价＝进口设备到岸价（CIF）＋进口从属费

　　　　　　＝运费在内价（CFR）＋运输保险费＋进口从属费

　　　　　　＝离岸价格（FOB）＋国际运费＋运输保险费＋进口从属费

　　　　　　＝货价＋国际运费＋运输保险费＋银行财务费＋外贸手续费＋关税

　　　　　　＋消费税＋进口环节增值税＋车辆购置税　　　　　　　　　　（2-21）

（1）货价。一般指装运港船上交货价（FOB）。进口设备货价分为原币货价和人民币货价。原币货价一律折算为美元表示，人民币货价按原币货价乘以外汇市场美元兑人民币汇率中间价确定。进口设备货价按有关生产厂商询价、报价、订货合同价计算。

（2）国际运费。它是指从装运港（站）到达我国抵达港（站）的运费。我国进口设备大部分采用海洋运输，小部分采用铁路运输，个别采用航空运输。进口设备国际运费计算公式如下：

$$国际运费（海、陆、空）＝原币货价（FOB）×运费率 \qquad (2-22)$$
$$国际运费（海、陆、空）＝运量×单位运价 \qquad (2-23)$$

其中：运费率或单位运价参照有关部门或进出口公司的规定执行。

（3）运输保险费。对外贸易货物运输保险是由保险人（保险公司）与被保险人（出口人或进口人）订立保险契约，在被保险人交付议定的保险费后，保险人根据保险契约的规定，对货物在运输过程中发生的承保责任范围内的损失予以经济上的补偿，属于财产保险范畴。中国人民保险公司承保进口货物的保险金额一般是按进口货物的到岸价格计算，具体可参照中国人民保险公司有关规定进行。计算公式如下：

$$运输保险费 = \frac{原币货价（FOB 价）+ 国际运输费}{1 - 保险费率} × 保险费率 \qquad (2-24)$$

其中：保险费率按保险公司规定的进出口货物保险费率计算。

（4）银行财务费。它是在国际贸易结算中，中国银行为办理进口商品业务而计取的手续费，费率一般为 0.4%~0.5%。可按下式简化计算：

$$银行财务费=离岸价格（FOB）×人民币外汇汇率×财务费率 \qquad (2-25)$$

（5）外贸手续费：它是指我国的外贸部门为办理进口商品业务而计取的手续费，外贸手续费率一般取 1.5%。计算公式如下：

$$外贸手续费=到岸价格（CIF 价）×人民币外汇汇率×外贸手续费费率 \qquad (2-26)$$

（6）关税。它是指国家海关对进出国境或关境的货物和物品征收的一种税费。计算公式如下：

$$关税=到岸价格（CIF 价）×人民币外汇汇率×关税税率 \qquad (2-27)$$

其中，关税税率按我国海关总署发布的进口关税税率计算。

（7）消费税。作为增值税的辅助税种，仅对部分进口设备征收（如轿车、摩托车等），计算公式如下：

$$应纳消费税额=\frac{到岸价格（CIF）×人民币外汇汇率+关税}{1-消费税税率}×消费税税率 \qquad (2-28)$$

其中：消费税税率根据规定的税率计算。

（8）增值税。增值税是我国政府对从事进口贸易的单位和个人，在进口商品报关进口后征收的税种。我国增值税条例规定，进口应税产品均按组成计税价格依税率直接计算应纳税额，不扣除任何项目的金额或已纳税额。即：

$$进口产品增值税额=组成计税价格×增值税税率 \qquad (2-29)$$

$$组成计税价格=关税完税价格+关税+消费税 \qquad (2-30)$$

增值税税率根据规定的税率计算。

（9）进口车辆购置税。进口车辆需缴进口车辆购置附加费，其公式如下：

$$进口车辆购置税=（关税完税价格+关税+消费税）×车辆购置税税率 \qquad (2-31)$$

二、设备运杂费的构成及计算

（一）设备运杂费的构成

国产设备运杂费是指由制造厂仓库或交货地点运至施工工地仓库或设备存放地点止，所发生的运输及杂项费用。进口设备国内运杂费是指进口设备由我国到岸港口或边境车站起到工地仓库止，所发生的运输及杂项费用。内容包括：

1. 运费和装卸费

运费和装卸费包括从交货地点到施工工地仓库（或施工组织设计指定的需要安装设备的堆放地点）所发生的运费及装卸费。

2. 包装费

包装费是指对需要进行包装的设备在包装过程中所发生的人工费和材料费。该费用若已计入设备原价的则不再另计；没有计入设备原价又确需进行包装的，则应在运杂费内计算。

3. 采购与仓库保管费

采购保管和保养费是指设备管理部门在组织采购、供应和保管设备过程中所需的各种费用，包括设备采购保管和保养人员的工资、职工福利费、办公费、差旅交通费、固定资产使用费、检验试验费等。这些费用可按主管部门规定的采购与保管费费率计算。

4. 设备供销部门手续费

设备供销部门手续费是指设备供销部门为组织设备供应工作而支出的各项费用。按有关部门规定的统一费率计算。

（二）设备运杂费的计算

设备运杂费计算方公式如下：

$$设备运杂费 = 设备原价 \times 设备运杂费率 \qquad (2-32)$$

其中，设备运杂费率按各部门及省、市有关规定计取。

第三节　建筑安装工程费用的构成

一、建筑安装工程费用构成

（一）建筑安装工程费用内容

建筑安装工程费，也称建筑安装工程造价或建筑安装工程价格，是指为了完成工程项目建造、生产性设备及配套工程安装所需的费用，是建设工程造价的主要组成部分。建筑安装工程费主要由建筑工程费和安装工程费两部分组成。

（1）建筑工程费用主要包含以下内容：

①各类房屋建筑工程和列入房屋建筑工程预算的供水、供暖、卫生、通风、煤气等设备费用及其装饰、油饰工程的费用，列入建筑工程预算的各种管道、电力、电信和电缆导线敷设工程的费用。

②设备基础、支柱、工作台、烟囱、水塔、水池、灰塔等建筑工程以及各种炉窑的砌筑工程和金属结构工程的费用

③为施工而进行的场地平整，工程和水文地质勘察，原有建筑物和障碍物的拆除以及施工临时用水、电、气、路和完工后的场地清理，环境绿化、美化等工作的费用。

④矿井开凿、井巷延伸、露天矿剥离，石油、天然气钻井，修建铁路、公路、桥梁、水库、堤坝、灌渠及防洪等工程的费用。

（2）安装工程费用主要包含以下内容：

①生产、动力、起重、运输、传动和医疗、实验等各种需要安装的机械设备的配置费用，与设备相连接的工作台、梯子、栏杆等设施的工程费用，附属于被安装设备的管线敷设工程费用，以及被安装设备的绝缘、防腐、保温、油漆等工作的材料费和安装费。

②为测定安装工程质量，对单台设备进行单机试运转、对系统设备进行系统联动无负荷试运转工作的调试费。

（二）我国现行建筑安装工程费用项目组成

根据住房城乡建设部、财政部颁布的《关于印发建筑安装工程费用项目组成的通知》（建标［2013］44号），我国现行建筑安装工程费用项目按两种不同的方式划分，即按费

用构成要素划分和按造价形成划分，其具体构成如图 2-2、图 2-3 所示。

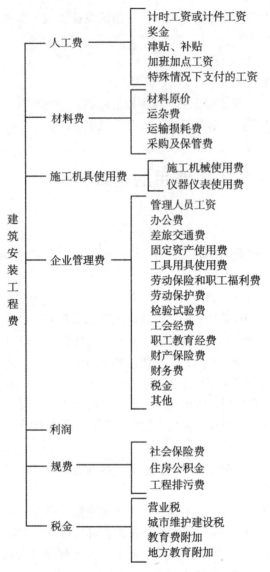

图 2-2　按费用构成要素划分的建筑安装工程费用构成

二、按费用构成要素划分建筑安装工程费用项目构成和计算

按照费用构成要素划分，建筑安装工程费包括：人工费、材料费（包含工程设备，下同）、施工机具使用费、企业管理费、利润、规费和税金，其中人工费、材料费、施工机具使用费、企业管理费和利润包含在分部分项工程费、措施项目费、其他项目费中。

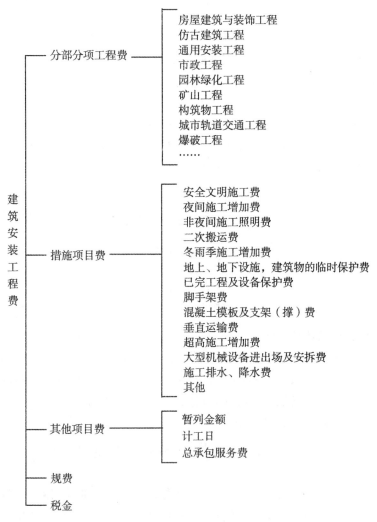

图 2-3 按造价形成划分的建筑安装工程费构成

（一）人工费

1. 人工费的构成

人工费是指直接从事建筑安装工程施工的生产工人开支的各项费用。人工费的构成主要包括：计时工资或计件工资、奖金、津贴补贴、加班加点工资以及特殊情况下支付的工资。

（1）计时工资或计件工资：是指按计时工资标准和工作时间或对已做工作按计件单价支付给个人的劳动报酬。

（2）奖金：是指对超额劳动和增收节支支付给个人的劳动报酬。

（3）津贴补贴：是指为了补偿职工特殊或额外的劳动消耗和因其他特殊原因支付给个人的津贴，以及为了保证职工工资水平不受物价影响支付给个人的物价补贴。如流动施工津贴、特殊地区施工津贴、高温（寒）作业临时津贴、高空津贴等。

（4）加班加点工资：是指按规定支付的在法定节假日工作的加班工资和在法定日工作时间外延时工作的加点工资。

（5）特殊情况下支付的工资：是指根据国家法律、法规和政策规定，因病、工伤、产假、计划生育假、婚丧假、事假、探亲假、定期休假、停工学习、执行国家或社会义务等原因按计时工资标准或计时工资标准的一定比例支付的工资。

2. 人工费的计算

计算人工费的基本要素有两个，即人工工日消耗和人工日工资单价。

（1）人工日工资单价是指施工企业平均技术熟练程度的生产工人在每工作日（国家法定工作时间内）按规定从事施工作业应得的日工资总额。

人工日工资单价计算公式如下：

$$人工日工资单价 = \frac{生产工人平均月工资（计时、计件）+ 平均月\left(奖金 + 津贴补贴 + \begin{array}{c}特殊情况下\\支付的工资\end{array}\right)}{年平均每月法定工作日} \tag{2-33}$$

$$年平均每月法定工作日 = \frac{全年日历日 - 法定假日}{12} \tag{2-34}$$

其中法定假日指双休日和法定节日。

（2）人工工日消耗是指在正常施工条件下，生产建筑安装产品（分部分项工程或结构构件）必须消耗的某种技术等级的人工工日数量。它由分项工程所综合的各个工序劳动定额包括的基本用工、其他用工两部分组成。

（3）人工费的基本计算公式如下：

$$人工费 = \sum（工程工日消耗量 \times 日工资单价） \tag{2-35}$$

（二）材料费

材料费是指为完成建筑安装工程所耗用的构成工程实体的原材料、辅助材料、构配件、零件、成品、半成品的费用和周转材料的摊销（或租赁）费用。内容包括：材料原价、供销部门手续费、包装费、运输费、采购与保管费和检验试验费。计算材料费的基本要素是材料消耗量和材料基价。

（1）材料消耗量是指在合理使用材料的条件下，生产建筑安装产品（分部分项工程或结构构件）必须消耗的一定品种规格的原材料、辅助材料、构配件、零件、半成品或成品等的数量。它包括材料净用量和材料不可避免的损耗量。

（2）材料单价又称材料预算价格，是指建筑材料从其来源地运到施工工地仓库或现场堆放点直至出库时的综合平均单价，其内容包括材料原价（或供应价格）、材料运杂费、运输损耗费、采购及保管费等。其计算公式如下：

材料单价=[（材料原价+运杂费）×[1+运输损耗率(%)]]×[1+采购保管费率(%)] \tag{2-36}

（3）材料费的计算公式如下：

$$材料费 = \sum（材料消耗量 \times 材料基价） \tag{2-37}$$

（三）施工机具使用费

施工机具使用费是指在建筑安装施工过程中，使用施工机械作业所发生的一切费用。

1. 施工机具使用费的构成

（1）施工机械台班单价构成。

①折旧费：是指施工机械在规定的使用年限内，陆续收回其原值的费用。

②大修理费：是指施工机械按规定的大修理间隔台班进行必要的大修理，以恢复其正常功能所需的费用。

③经常修理费：是指施工机械除大修理以外的各级保养和临时故障排除所需的费用，包括为保障机械正常运转所需替换设备与随机配备工具附具的摊销和维护费用，机械运转中日常保养所需润滑与擦拭的材料费用及机械停滞期间的维护和保养费用等。

④安拆费及场外运费：安拆费指施工机械（大型机械除外）在现场进行安装与拆卸所需的人工、材料、机械和试运转费用以及机械辅助设施的折旧、搭设、拆除等费用；场外运费指施工机械整体或分体自停放地点运至施工现场或由一施工地点运至另一施工地点的运输、装卸、辅助材料及架线等费用。

⑤人工费：指机上司机（司炉）和其他操作人员的人工费。

⑥燃料动力费：指施工机械在运转作业中所消耗的各种燃料及水、电等。

⑦税费：指施工机械按照国家规定应缴纳的车船使用税、保险费及年检费等。

（2）仪器仪表使用费构成。

仪器、仪表使用费由该项工程施工所需使用的仪器、仪表的摊销及维修费用组成。

2. 施工机具使用费的计算

（1）施工机械使用费：是指施工机械作业发生的使用费或租赁费。计算施工机械使用费的基本要素是施工机械台班消耗量和机械台班单价。施工机械使用费的计算公式如下：

$$施工机械使用费 = \sum （施工机械台班消耗量 \times 机械台班单价）\qquad (2\text{-}38)$$

$$机械台班单价 = 台班折旧费 + 台班大修费 + 台班经常修理费 + 台班安拆费及场外运费 +$$
$$台班人工费 + 台班燃料动力费 + 台班车船税费 \qquad (2\text{-}39)$$

（2）仪器仪表使用费：是指工程施工所需使用的仪器仪表的摊销及维修费用。仪器仪表使用费的计算公式如下：

$$仪器仪表使用费 = 工程使用的仪器仪表摊销费 + 维修费 \qquad (2\text{-}40)$$

（四）企业管理费

1. 企业管理费的构成

企业管理费是指建筑安装企业组织施工生产和经营管理所需的费用。企业管理费的构成主要包括：

（1）管理人员工资：是指按规定支付给管理人员的基本工资、工资性补贴、职工福利费等。

（2）办公费：是指企业办公用文具、纸张、账表、印刷、邮电、书报、会议、水、电、燃煤（气）等费用。

（3）差旅交通费：是指企业管理人员因公出差期间的差旅费、探亲路费、劳动力招募费、离退休职工一次性路费及交通工具油料费、燃料费和养路费等。

（4）固定资产使用费：它是指企业管理用的、属于固定资产的房屋、设备、仪器等折旧费和维修费等。

（5）工具用具使用费：是指企业管理使用的不属于固定资产的工具、用具、家具、交通工具等的摊销费及维修费。

（6）劳动保险和职工福利费：是指由企业支付的职工退职金、按规定支付给离休干部的经费、集体福利费、夏季防暑降温费、冬季取暖补贴、上下班交通补贴等。

（7）劳动保护费：是企业按规定发放的劳动保护用品的支出，如工作服、手套、防暑降温饮料以及在有碍身体健康的环境中施工的保健费用等。

（8）检验试验费：是指施工企业按照有关标准规定，对建筑以及材料、构件和建筑安装物进行一般鉴定、检查所发生的费用，包括自设试验室进行试验所耗用的材料等费用。不包括新结构、新材料的试验费，对构件做破坏性试验及其他特殊要求检验试验的费用和建设单位委托检测机构进行检测的费用，对此类检测发生的费用，由建设单位在工程建设其他费用中列支。但对施工企业提供的具有合格证明的材料进行检测不合格的，该检测费用由施工企业支付。

（9）工会经费：是指企业按工会法规定的全部职工工资总额比例计提的工会经费。

（10）职工教育经费：它是指企业为职工学习先进技术和提高文化水平，按职工工资总额的 1.5% 计提的学习、培训费用。

（11）财产保险费：是指施工管理用财产、车辆等的保险费用。

（12）财务费：是指企业为施工生产筹集资金或提供预付款担保、履约担保、职工工资支付担保等所发生的各种费用。

（13）税金：是指企业按规定交纳的房产税、车船使用税、土地使用税、印花税及土地使用费等。

（14）其他费用。包括技术转让费、技术开发费、业务招待费、排污费、绿化费、广告费、公证费、法律顾问费、审计费、咨询费等。

2. 企业管理费的计算

企业管理费采用取费基数乘以费率的方法计算，根据人、材、机的成分取费基数一般有三种，分别是：以分部分项工程费为计算基础、以人工费和机械费合计为计算基础及以人工费为计算基础。企业管理费计算公式如下：

（1）以分部分项工程费为计算基础：

$$企业管理费费率(\%) = \frac{生产工人年平均管理费}{年有效施工天数 \times 人工单价} \times \frac{人工费占分部}{分项工程费比例}(\%) \quad (2-41)$$

（2））以人工费和机械费合计为计算基础：

$$企业管理费费率(\%) = \frac{生产工人年平均管理费}{年有效施工天数 \times \left(人工单价 + \frac{每一日机}{械使用费}\right)} \times 100\% \quad (2-42)$$

（3）以人工费为计算基础：

$$企业管理费费率(\%) = \frac{生产工人年平均管理费}{年有效施工天数 \times 人工单价} \times 100\% \qquad (2\text{-}43)$$

工程造价管理机构在确定计价定额中的企业管理费时，应以定额人工费或定额人工费与机械费之和作为计算基数，其费率根据历年积累的工程造价资料，辅以调查数据确定，计入分部分项工程和措施项目费中。

（五）利润

利润是指施工企业完成所承包工程获得的盈利。施工企业根据企业自身需求并结合建筑市场实际自主确定，列入报价中。

工程造价管理机构在确定计价定额中利润时，应以定额人工费或定额人工费与机械费之和作为计算基数，其费率根据历年积累的工程造价资料，并结合建筑市场实际确定，以单位（单项）工程测算，利润在税前建筑安装工程费的比重可按不低于5%且不高于7%的费率计算。利润应列入分部分项工程和措施项目费中。

（六）规费

1. 规费的构成

规费是指按国家法律、法规规定，由省级政府和省级有关权力部门规定必须缴纳或计取的费用。主要包括社会保险费、住房公积金和工程排污费。

（1）社会保障费，主要包含以下内容：

①养老保险费：是指企业按规定标准为职工缴纳的基本养老保险费。

②失业保险费：是指企业按照国家规定标准为职工缴纳的失业保险费。

③医疗保险费：是指企业按照规定标准为职工缴纳的基本医疗保险费。

④生育保险费：是指企业按照国家规定为职工缴纳的生育保险费。

⑤工伤保险费：是指企业按照国务院制定的行业费率为职工缴纳的工伤保险费。

（2）住房公积金：企业按规定标准为职工缴纳的住房公积金。

（3）工程排污费：施工企业按规定缴纳的施工现场工程排污费。

2. 规费的计算

（1）社会保险费和住房公积金应以定额人工费为计算基础，根据工程所在地省、自治区、直辖市或行业建设主管部门规定费率计算。社会保险费和住房公积金的计算公式如下：

社会保险费和住房公积金 = ∑（工程定额人工费×社会保险费和住房公积金费率）

$$\qquad (2\text{-}44)$$

其中，社会保险费和住房公积金费率可以每万元发承包价的生产工人人工费和管理人员工资含量与工程所在地规定的缴纳标准综合分析取定。

（2）工程排污费应按工程所在地环境保护等部门规定的标准缴纳，按实计取列入。

其他应列而未列入的规费，按实际发生计取列入。

（七）税金

税金是指国家税法规定的应计入建筑安装工程费用的营业税、城乡维护建设税及教育费附加。

1. 增值税

增值税属于价外税，以商品（含应税劳务）在流转过程中产生的增值额作为计税依据而征收的一种流转税。企业应纳增值税额等于当期销项税与当期进项税额差，销项税额等于销售额乘以增值税税率，其中建筑安装企业增值税税率为11%。计算公式如下：

（1）一般计税方法

$$应纳增值税＝当期销项税－当期进项税＝销售额×增值税税率－当期进项税 \quad (2-45)$$

销售额是指纳税人从事建筑、安装、修缮、装饰及其他工程作业收取的全部除税价款（裸价），还包括价外收取的各种性质的收费，即价外费用。

（2）简单计税方法

$$应纳增值税＝销售额×征收率（3\%） \quad (2-46)$$

销售额是指纳税人发生应税行为取得的全部价款和价外费用。价外费用是指价外收取的各种性质的收费。

2. 城市维护建设税

城市维护建设税是指国家为了加强城市的维护建设，稳定和扩大城市、乡镇维护建设的资金来源，对有经营收入的单位和个人征收的一种税。城市维护建设税是按应纳增值税额乘以适用税率确定，计算公式如下：

$$应纳税额＝应纳增值税额×适用税率 \quad (2-47)$$

其中，城乡维护建设税的纳税人所在地为市区的，其适用税率为7%；所在地为县镇的，其适用税率为5%；所在地为农村的，其适用税率为1%。该税的纳税地点与营业税纳税地点相同。

3. 教育费附加

教育费附加是按应纳增值税额乘以3%确定，计算公式为：

$$应纳税额＝应纳增值税额×3\% \quad (2-48)$$

即使办有职工子弟学校的建筑安装企业，也应当先缴纳教育费附加，教育部门可根据企业的办学情况，酌情返还给办学单位，作为对办学经费的补助。

4. 地方教育附加

地方教育附加通常是按应纳增值税额乘以2%确定，各地方有不同规定的，应遵循其规定，计算公式为：

$$应纳税额＝应纳增值税额×2\% \quad (2-49)$$

地方教育附加应专项用于发展教育事业，不得从地方教育附加中提取或列支征收或代征手续费。

三、按造价形式划分建筑安装工程费用项目构成和计算

建筑安装工程费按照工程造价形成由分部分项工程费、措施项目费、其他项目费、规费和税金组成。分部分项工程费、措施项目费、其他项目费包含人工费、材料费、施工机具使用费、企业管理费和利润。

（一）按造价形式划分建筑安装工程费用项目计价程序

见表2-1至表2-3。

表 2-1　　　　　　　　　　　　　**建设单位工程招标控制价计价程序**

工程名称：　　　　　　　　　　　　　　　　　标段：

序号	内　容	计算方法	金　额（元）
1	分部分项工程费	按计价规定计算	
1.1			
1.2			
...			
2	措施项目费	按计价规定计算	
2.1	其中：安全文明施工费	按规定标准计算	
...			
3	其他项目费		
3.1	其中：暂列金额	按计价规定估算	
3.2	其中：专业工程暂估价	按计价规定估算	
3.3	其中：计日工	按计价规定估算	
3.4	其中：总承包服务费	按计价规定估算	
4	规费	按规定标准计算	
5	税金（扣除不列入计税范围的工程设备金额）	按规定计算	

招标控制价合计 = 1+2+3+4+5

表 2-2　　　　　　　　　　　　　**施工企业工程投标报价计价程序**

工程名称：　　　　　　　　　　　　　　　　　标段：

序号	内　容	计算方法	金　额（元）
1	分部分项工程费	自主报价	
1.1			
1.2			
...			
2	措施项目费	自主报价	
2.1	其中：安全文明施工费	按规定标准计算	
...			
3	其他项目费		
3.1	其中：暂列金额	按招标文件提供金额计列	
3.2	其中：专业工程暂估价	按招标文件提供金额计列	
3.3	其中：计日工	自主报价	

续表

序号	内 容	计算方法	金 额（元）
3.4	其中：总承包服务费	自主报价	
4	规费	按规定标准计算	
5	税金（扣除不列入计税范围的工程设备金额）	按规定计算	

投标报价合计 = 1+2+3+4+5

表 2-3　　　　　　　　　　　　竣工结算计价程序

工程名称：　　　　　　　　　　标段：

序号	汇总内容	计算方法	金 额（元）
1	分部分项工程费	按合同约定计算	
1.1			
1.2			
...			
2	措施项目	按合同约定计算	
2.1	其中：安全文明施工费	按规定标准计算	
...			
3	其他项目		
3.1	其中：专业工程结算价	按合同约定计算	
3.2	其中：计日工	按计日工签证计算	
3.3	其中：总承包服务费	按合同约定计算	
3.4	索赔与现场签证	按发承包双方确认数额计算	
4	规费	按规定标准计算	
5	税金（扣除不列入计税范围的工程设备金额）	按规定计算	

竣工结算总价合计 = 1+2+3+4+5

（二）分部分项工程费

分部分项工程费是指各专业工程的分部分项工程应予列支的各项费用，主要包括人工费、材料费、施工机具使用费、企业管理费和利润，以及一定范围的风险费用。各类专业工程的分部分项工程划分应遵循现行国家或行业计量规范的规定。分部分项工程费通常用分部分项工程量乘以综合单价进行计算，计算公式如下：

$$分部分项工程费 = \Sigma（分部分项工程量 × 综合单价） \tag{2-50}$$

（三）措施项目费

措施项目费是指为完成工程项目施工，发生于该工程施工前和施工过程中非工程实体项目的费用。措施项目及其包含的内容应遵循各类专业工程的现行国家或行业计量规范。

以《房屋建筑与装饰工程工程量计算规范》GB 50854-2013 中的规定为例，措施项目费可以归纳为以下几项：

（1）安全文明施工费：是指工程施工期间按照国家现行的环境保护、建筑施工安全、施工现场环境与卫生标准和有关规定，购置和更新施工安全防护用具及设施、改善安全生产条件和作业环境所需要的费用。通常由环境保护费、文明施工费、安全施工费、临时设施费组成。

①环境保护费：它是指施工现场为达到环保部门要求所需要的各项费用。

②文明施工费：它是指施工现场文明施工所需要的各项费用。

③安全施工费：它是指施工现场安全施工所需要的各项费用。

④临时设施费：是指施工企业为进行建筑工程施工所必须搭设的生活和生产用的临时建筑物、构筑物和其他临时设施等的费用。包括临时宿舍、文化福利及公用事业房屋与构筑物，仓库、办公室、加工厂以及规定范围内的道路、水、电、管线等临时设施和小型临时设施。临时设施费包括临时设施的搭设、维修、拆除费或摊销费。

（2）夜间施工增加费：是指因夜间施工所发生的夜班补助费、夜间施工降效、夜间施工照明设备摊销及照明用电等费用。夜间施工增加费由以下内容组成：

①夜间固定照明灯具和临时可移动照明灯具的设置、拆除费用。

②夜间施工时，施工现场交通标志、安全标牌、警示灯的设置、移动、拆除费用。

③夜间照明设备摊销及照明用电、施工人员夜班补助、夜间施工劳动效率降低等费用。

（3）非夜间施工照明费：是指为保证工程施工正常进行，在地下室等特殊施工部位施工时所采用的照明设备的安拆、维护及照明用电等费用。

（4）二次搬运费：是指因施工场地狭小等特殊情况而发生的二次搬运费用。

（5）冬雨季施工增加费：是指在冬季或雨季施工需增加的临时设施、防滑、排除雨雪，人工及施工机械效率降低等费用。冬雨季施工增加费由以下内容组成：

①冬雨（风）季施工时增加的临时设施（防寒保温、防雨、防风设施）的搭设、拆除费用。

②冬雨（风）季施工时，对砌体、混凝土等采用的特殊加温、保温和养护措施费用。

③冬雨（风）季施工时，施工现场的防滑处理、对影响施工的雨雪的清除费用。

④冬雨（风）季施工时增加的临时设施、施工人员的劳动保护用品、冬雨（风）季施工劳动效率降低等费用。

（6）地上、地下设施、建筑物的临时保护设施费：是指在工程施工过程中，对已建成的地上、地下设施和建筑物进行的遮盖、封闭、隔离等必要保护措施所发生的费用。

（7）已完工程及设备保护费：指竣工验收前，对已完工程及设备进行保护所需费用。

（8）脚手架工程费：是指施工需脚手架的搭、拆、运输费用及脚手架的摊销或租赁费用。脚手架工程费由以下内容组成：

①施工时可能发生的场内、场外材料搬运费用。

②搭、拆脚手架、斜道、上料平台费用。

③安全网的铺设费用。

④拆除脚手架后材料的堆放费用。

（9）混凝土模板及支架（撑）费：是指混凝土施工过程中需要的各种钢模板、木模板、支架等的支拆、运输费用及模板、支架的摊销（或租赁）费用。混凝土模板及支架（撑）费由以下内容组成：

①混凝土施工过程中需要的各种模板制作费用。

②模板安装、拆除、整理堆放及场内外运输费用。

③清理模板黏结物及模内杂物、刷隔离剂等费用。

（10）垂直运输费：是指现场所用材料、机具从地面运至相应高度以及职工人员上下工作面等所发生的运输费用。垂直运输费由以下内容组成：

①垂直运输机械的固定装置、基础制作、安装费。

②行走式垂直运输机械轨道的铺设、拆除、摊销费。

（11）超高施工增加费：当单层建筑物檐口高度超过20m，多层建筑物超过6层时，可计算超高施工增加费。超高施工增加费由以下内容组成：

①建筑物超高引起的人工工效降低以及由于人工工效降低引起的机械降效费。

②高层施工用水加压水泵的安装、拆除及工作台班费。

③通信联络设备的使用及摊销费。

（12）大型机械设备进出场及安拆费：是指机械整体或分体自停放场地运至施工现场或由一个施工地点运至另一个施工地点，所发生的机械进出场运输及转移费用及机械在施工现场进行安装、拆卸所需的人工费、材料费、机械费、试运转费和安装所需的辅助设施的费用。该费用主要由安拆费和进出场费组成：

①安拆费包括施工机械、设备在现场进行安装拆卸所需人工、材料、机械和试运转费用以及机械辅助设施的折旧、搭设、拆除等费用。

②进出场费包括施工机械、设备整体或分体自停放地点运至施工现场或由一施工地点运至另一施工地点所发生的运输、装卸、辅助材料等费用。

（13）施工排水、降水费：是指将施工期间有碍施工作业和影响工程质量的水排到施工场地以外，以及防止在地下水位较高的地区开挖深基坑出现基坑浸水、地基承载力下降，在动水压力作用下还可能引起流砂、管涌和边坡失稳等现象而必须采取有效的降水和排水措施费用。该项费用由成井和排水、降水两个独立的费用项目组成：

①成井：主要包括：a.准备钻孔机械、埋设护筒、钻机就位，泥浆制作、固壁，成孔、出渣、清孔等费用；b.对接上、下井管（滤管），焊接，安防，下滤料，洗井，连接试抽等费用。

②排水、降水：主要包括：a.管道安装、拆除，场内搬运等费用；b.抽水、值班、降水设备维修等费用。

（14）其他：根据项目的专业特点或所在地区不同，可能会出现其他的措施项目。如工程定位复测费和特殊地区施工增加费等。

措施项目及其包含的内容详见各专业工程的现行国家或行业计量规范。

（三）其他项目费

1.暂列金额

暂列金额是指建设单位在工程量清单中暂定并包括在工程合同价款中的一笔款项。用于施工合同签订时尚未确定或者不可预见的所需材料、工程设备、服务的采购，施工中可能发生的工程变更、合同约定调整因素出现时的工程价款调整以及发生的索赔、现场签证确认等的费用。

2. 计日工

计日工是指在施工过程中，施工企业完成建设单位提出的施工图纸以外的零星项目或工作所需的费用。

3. 总承包服务费

总承包服务费是指总承包人为配合、协调建设单位进行的专业工程发包，对建设单位自行采购的材料、工程设备等进行保管以及施工现场管理、竣工资料汇总整理等服务所需的费用。

（四）规费和税金

规费和税金的构成和计算与按费用构成要素划分建筑安装工程费用项目组成部分是相同的。

四、国外建筑安装工程费用的构成

（一）费用构成

国外的建筑安装工程费用一般是在建筑市场上通过招投标方式确定的。工程费的高低受建筑产品供求关系影响较大。国外建筑安装工程费用的构成见图2-4。

1. 直接工程费的构成

（1）人工费。

国外一般工程施工的工人按技术要求划分为高级技工、熟练工、半熟练工和壮工。当工程价格采用平均工资计算时，要按各类工人总数的比例进行加权计算。人工费应包括基本工资，加班费，津贴，招雇、解雇费用等。我国的国外工程人工单价包含派出工人工资单价和国外雇用工人工资单价。

（2）材料费。

材料费主要包括以下内容：

①材料原价。在当地材料市场中采购的材料则为采购价，包括材料出厂价和采购供销手续费等。进口材料一般是指到达当地海港的交货价。

②运杂费。在当地采购的材料是指从采购地点至工程施工现场的短途运输费、装卸费。进口材料则为从当地海港运至工程施工现场的运输费、装卸费。

③税金。在当地采购的材料，采购价中一般已包括税金。进口材料则为工程所在国的进口关税和手续费等。

④运输损耗及采购保管费。

⑤预涨费。根据当地材料价格年平均上涨率和施工年数，按材料原价、运杂费、税金、运输损耗及采购保管费之和的一定百分比计算。

（3）施工机械费。

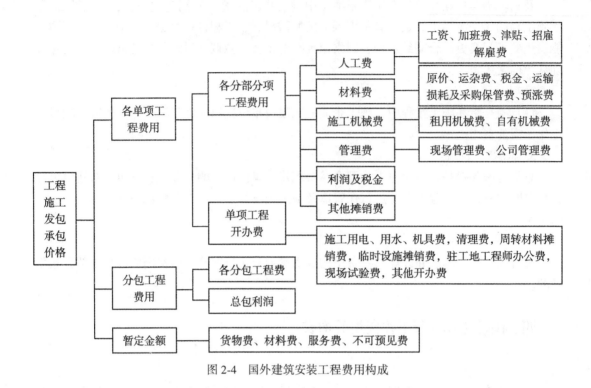

图 2-4　国外建筑安装工程费用构成

大型自有机械台时单价,一般由每台时应摊折旧费、应摊维修费、台时消耗的能源和动力费、台时应摊的驾驶工人工资以及工程机械设备险投保费、第三者责任险投保费等组成。如使用租赁施工机械时,其费用则包括租赁费、租赁机械的进出场费等。国外承包工程机械费通常占总标价的 5%~10%。

2. 管理费

管理费包括工程现场管理费(占整个管理费的 20%~30%)和公司管理费(占整个管理费的 70%~80%)。管理费除了包括与我国施工管理费构成相似的工作人员工资、工作人员辅助工资、办公费、差旅交通费、固定资产使用费、生活设施使用费、工具用具使用费、劳动保护费、检验试验费以外,还含有业务经营费。业务经营费包括:

(1)广告宣传费。

承包公司为招揽任务、宣传该公司的承包工程范围和提供服务项目等所开支的费用。包括宣传资料、广告、电视、报刊等支付的费用。

(2)交际费。

工程从投标到施工期间日常接待工作中发生的饮料、宴请及礼品等费用。这项费用是国外工程中不可避免的。

(3)业务资料费。

从投标开始到工程竣工所需文件及资料的购买费及复制费等。这项费用,在国外实际开支比国内大。因为,国外一切交往中,口头的相互许诺是不成立的,均应以书面文字资料为准。包括一切会议、谈判、设计修改、材料代换、电话记录等。

（4）业务手续费。

施工企业参加投标时，必须由银行开具投标保函；在中标后必须由银行开具履约保函；在收到业主的工程预付款以前，必须由银行开具预付款保函；在工程竣工后，必须由银行开具质量或维修保函。在开具以上保函时，银行要收取一定的担保费。

（5）代理人费用和佣金。

施工企业为争取中标或为加强收取工程款，在工程所在地（所在国）寻找代理人或签订代理合同，因而付出的佣金和费用。

（6）保险费。

包括建筑安装工程一切险投保费、第三者责任险投保费等。

（7）税金。

包括印花税、转手税、公司所得税、个人所得税、营业税、社会安定税等。

（8）贷款利息。

在许多国家，施工企业的业务经营费往往是管理费用中所占比重最大的一项，占整个管理费的 30%~38%，且国际上贷款利率往往高达 10%~20%。

3. 开办费

开办费即准备费。在许多国家，开办费一般是在各分部分项工程造价的前面按单项工程分别单独列出。其内容视招标文件而定。单项工程建设安装工程量越大，开办费在工程价格中的比例就越小；反之开办费就越大。一般开办费占工程价格的 10%~20%。一般包括以下内容：

①施工用水、用电费。

施工用水费包括自行取水或供水公司供水的用水费用，可按实际打井、抽水、送水发生的费用估算，也可按占直接费的比率估计。施工用电费包括自备电源和供电部门供电的用电费用，可按实际需要的电费或自行发电费估算，也可按占直接费的比率估计。

②工地清理费及完工后清理费。

建筑物烘干费、临时围墙、安全信号、防护用品的费用以及恶劣气候条件下的工程防护费、污染费、噪声费，其他法定的防护费用。

③周转材料费，如脚手架、模板的摊销费等。

④临时设施费。

临时设施费包括生活用房、生产用房、临时通信、室外工程（包括道路、停车场、围墙、给排水管道、输电线路等）的费用，可按实际需要计算。此项费用一般较大。

⑤驻工地工程师的现场办公室及设备的费用。

驻工地工程师的现场办公室及所需设备的费用包括驻地工程师的办公、居住房屋；测试仪表、交通车辆、供电、供水、供热、通信、空调；以及家具与办公用品等的费用。一般在招标文件的技术规范中有明确的面积、质量标准及设备清单等要求，可按工程所在地的做法计算。如要求配备一定的服务人员或试验助理人员，则其工资费用也需计入。

⑥其他。

一般包括工人现场福利费及安全费、职工交通费、日常气候报表费、现场道路及进出场道路修筑及维护费、恶劣气候下的工程保护措施费、现场保卫设施费等。

4. 利润

国际工程市场上，施工企业的利润一般占成本的 10%~15%，也有的管理费与利润合取，占直接费的 30%左右。具体工程的利润率要根据具体情况，如工程难易、现场条件、工期长短、竞争对手情况等随行就市确定。在激烈的工程承包市场竞争中，利润率的确定是投标报价的关键，承包商应明确在该工程应收取的利润数额，并分摊到分项工程单价中。

5. 暂定金额

暂定金额是指包括在合同中，供工程任何部分的施工或提供货物、材料、设备或服务、不可预料事件的费用使用的一项金额，这项金额只有工程师批准后才能动用，也称特定金额或备用金。

6. 分包工程费用

分包工程费是指分包工程的直接费、管理费和利润，还包括分包单位向总包单位缴纳的总包管理费、其他服务费和利润。

（二）费用组成形式和分摊比例

1. 组成形式

上述组成造价的各项费用体现在投标报价中，有三种形式：组成分部分项工程单价、单独列项、分摊进单价。

（1）组成分部分项工程单价。

人工费、机械费和材料费直接消耗在分部分项工程上，在费用和分部分项工程之间存在着直观的对应关系，所以人工费、机械费和材料费组成分部分项工程单价，单价与工程量相乘得分部分项工程价格。

（2）单独列项。

这种方式适用于不直接消耗在某分部分项工程上，无法与分部分项工程直接对应，但是对完成工程建设又必不可少的情况。开办费中的项目有临时设施、为业主提供的办公和生活设施、脚手架等费用，经常在工程量清单的开办费部分单独分项报价，所以必需在单独列项和分摊进单价时明确其包含的内容。无法准确划分比例进入每个分部分项工程单价，以单独列项的方式进入报价比较合适。

（3）分摊进单价。

承包商总部管理费、利润和税金，以及开办费中的项目，经常以一定的比例分摊进单价。

需要注意的是，开办费项目在单独列项和分摊进单价这两种方式中采用哪一种，要根据招标文件和计算规则的要求而定。有的计算规则包括的开办费项目比较齐全，有的计算规则包括的开办费项目却比较少。例如著名的 SMM7 计算规则的开办费项目就比较齐全，而同样比较有影响的《建筑工程量计算原则（国际通用）》就没有专门的开办费部分，要求把开办费都分摊进分部分项工程单价。

2. 分摊比例

（1）固定比例

税金和政府收取的各项管理费的比例是工程所在地政府规定的费率，承包商不能随意变动。

（2）浮动比例

总部管理费和利润的比例由承包商自行确定。承包商根据自身经营状况、工程具体情况等投标策略确定。一般来讲，这个比例在一定范围内是浮动变化的，不同的工程项目、不同的时间和地点，承包商对总部管理费和利润的预期值都不会相同。

（3）测算比例

开办费的比例需要详细测算，首先计算出需要分摊的项目金额，然后计算分摊金额与分部分项工程价格的比例。

（4）公式法

可参考下列公式分摊：

$$A = a(1 + K_1)(1 + K_2)(1 + K_3) \tag{2-51}$$

式中：A——分摊后的分部分项工程单价

　　　a——分摊前的分部分项工程单价

　　　K_1——开办费项目的分摊比例

　　　K_2——总部管理费和利润的分摊比例

　　　K_3——税率

第四节　工程建设其他费用的构成

工程建设其他费用是指从工程筹建起到工程竣工验收交付使用止的整个建设期间，除建筑安装工程费用和设备及工器具购置费用以外的，为保证工程建设顺利完成和交付使用后能够正常发挥效用而发生的各项费用。

工程建设其他费用的发生主要取决于工程建设的技术经济特征，例如为获得建设用地而支付的费用。同时，工程建设其他费用的发生也和未来企业的生产和经营活动有关，例如企业支付的技术培训和专业培训的费用等。工程建设其他费用的内容和费用的多少与经济管理体制以及国家在一定时期所执行的政策也有密切关系。

工程建设其他费用包括许多独立的费用项目，它们的发生有较大的弹性。在不同的建设项目中有些费用可能发生，有些项目可能不会发生；同一项费用在不同的项目建设中发生的几率也会有所差别。不同的行业、不同的建设规模、不同的产品方案和不同的工艺流程，这些因素都会对工程建设的其他费用开支产生影响。

工程建设其他费用按其内容大体可分为三类。第一类指建设用地费；第二类指与工程建设有关的其他费用；第三类指与未来企业生产经营有关的其他费用。

一、建设用地费

任何一个建设项目都固定于一定地点与地面相连接，必须占用一定量的土地，也就必然要发生为获得建设用地而支付的费用，这就是建设用地费。它是指通过划拨方式取得土地使用权而支付的土地征用及迁移补偿费，或者通过土地使用权出让方式取得土地使用权而支付的土地使用权出让金。

依照《中华人民共和国土地管理法》等规定所支付的费用。其总和一般不得超过被征土地年产值的 30 倍，土地年产值则按该地被征用前 3 年的平均年产量和国家规定的价格计算。其内容包括：

1. 土地补偿费

土地补偿费是指按《国家建设征用土地条例》规定征用耕地（包括菜地）时的一种补偿标准。征用耕地（包括菜地）的补偿标准，按政府规定，为该耕地被征用前 3 年平均年产值的 6~10 倍，具体补偿标准由省、自治区、直辖市人民政府在此范围内制定。征用园地、鱼塘、藕塘、苇塘、宅基地、林地、牧场、草原等的补偿标准，由省、自治区、直辖市参照征用耕地的土地补偿费制定。征收无收益的土地，不予补偿。土地补偿费归农村集体经济组织所有。

2. 青苗补偿费和被征用土地地上附着物赔偿费

青苗补偿费是指因征地时对其正在生长的农作物受到损害而做出的一种赔偿，一般按当年计划产量的价值和生长阶段结合计算。被征土地地上附着物赔偿费是指被征用土地地上的房屋、树木、水井等地面建筑物、构筑物、附着物等的拆迁、赔偿费用，按各省、自治区、直辖市人民政府的有关规定计算。征用城市郊区的菜地时，还应按照有关规定向国家缴纳新菜地开发建设基金。地上附着物及青苗补偿费归地上附着物及青苗的所有者所有。

3. 安置补助费

安置补助费是指政府规定的为了妥善安置被征地农民转移生产和生活，用地单位除付给土地补偿费外，还应付给土地使用者的补助费用。安置补助费按照需要安置的农业人口数计算。需要安置的农业人口数，按照被征收的耕地数量除以征地前被征收单位平均每人占有耕地的数量计算。每一个需要安置的农业人口的安置补助费标准，为该耕地被征用前 3 年平均年产值的 4~6 倍。但是，每公顷被征用耕地的安置补助费，最高不得超过被征用前 3 年平均年产值的 15 倍。土地补偿费和安置补助费，尚不能使需要安置的农民保持原有生活水平的，经省、自治区、直辖市人民政府批准，可增加安置补助费，但安置补助费和土地补偿费综合不得超过土地被征收前 3 年平均年产值的 30 倍。

4. 新菜地开发建设基金

新菜地开发建设基金是指征用城市郊区商品菜地时支付的费用。这项费用交给地方财政，作为开发建设新菜地的投资。菜地是指城市郊区为供应城市居民蔬菜，连续 3 年以上常年种菜或者养殖鱼、虾等的商品菜地和精养鱼塘。一年只种一茬或因调整茬口安排种植蔬菜的，均不作为需要收取开发基金的菜地。征收尚未开发的规划菜地，不缴纳新菜地开发建设基金。在蔬菜产销放开后，能够满足供应，不需要开发新菜地的城市，不收取新菜地开发基金。

5. 耕地占用税

耕地占用税是国家对用耕地建房或者从事其他非农业建设的单位和个人，依据实际占用耕地面积、按照规定税额一次性征收的一种税。耕地占用税征收范围，不仅包括占用耕地，还包括占用鱼塘、园地、菜地及其他农业用地建房或者从事其他非农业建设，均按实际占用的面积和规定的税额一次性征收。

6. 土地管理费

土地管理费主要作为征地、拆迁、安置工作中的办公、会议、人员工资、差旅、福利、培训等必要的费用。土地管理费的收取标准，一般是在土地补偿费、青苗费、地面附着物补偿费、安置补助费4项费用之和的基础上提取2%～4%。如果是征地包干，还应在4项费用之和后再加上粮食价差、副食补贴、不可预见费等费用，在此基础上提取2%～4%作为土地管理费。

7. 拆迁补偿

拆迁补偿的方式可以实行货币补偿，也可以实行房屋产权调换。货币补偿的金额，根据被拆迁房屋的区位、用途、建筑面积等因素，以房地产市场评估价格确定。具体办法由省、自治区、直辖市人民政府制定。实行房屋产权调换的，拆迁人与被拆迁人按照计算得到的被拆迁房屋的补偿金额和所调换房屋的价格，结清产权调换的价差。

8. 搬迁、安置补助费

拆迁人应当对被拆迁人或者房屋承租人支付搬迁补助费，对于在规定的搬迁期限届满前搬迁的，拆迁人可以付给提前搬家奖励费；在过渡期限内，被拆迁人或者房屋承租人自行安排住处的，拆迁人应当支付临时安置补助费；被拆迁人或者房屋承租人使用拆迁人提供的周转房的，拆迁人不支付临时安置补助费。

搬迁补助费和临时安置补助费的标准，由省、自治区、直辖市人民政府规定。有些地区规定，拆除非住宅房屋，造成停产、停业引起经济损失的，拆迁人可以根据被拆除房屋的区位和使用性质，按照一定标准给予一次性停产停业综合补助费。

（二）土地使用权出让金

土地使用权出让金，是指建设项目通过土地使用权出让方式，取得有限期的土地使用权，依照《中华人民共和国城镇国有土地使用权出让和转让暂行条例》规定，支付的土地使用权出让金。

（1）明确国家是城市土地的唯一所有者，并分层次、有偿、有限期地出让和转让城市土地。第一层次是城市政府将国有土地使用权出让给用地者，该层次由城市政府垄断经营。出让对象可以是有法人资格的企事业单位，也可以是外商。第二层次及以下层次的转让则发生在使用者之间。

（2）城市土地的出让和转让可采用协议、招标、公开拍卖等方式。

（3）在有偿出让和转让土地时，政府对地价不作统一规定，但应坚持以下原则：地价对目前的投资环境不产生大的影响；地价与当地的社会经济承受能力相适应；地价要考虑已投入的土地开发费用、土地市场供求关系、土地用途、所在区类、容积率和使用年限等。

（4）有偿出让和转让使用权的土地使用者和所有者要签约，明确使用者对土地享有的权利和对土地所有者应承担的义务；有偿出让和转让使用权，要向土地受让者征收契税；转让土地如有增值，要向转让者征收土增值税；在土地转让期间，国家要区别不同地段、不同用途向土地使用者收取土地使用费。

二、与项目建设有关的其他费用

（一）建设单位管理费

建设单位管理费是指建设项目从立项、筹建、建设、联合试运转、竣工验收交付使用和后评估等全过程管理所需的费用。

1. 建设单位管理费的构成

（1）建设管理费：是指建设单位发生的管理性质的开支。包括：工作人员工资、工资性补贴、施工现场津贴、职工福利费、住房基金、基本养老保险费、基本医疗保险费、失业保险费、工伤保险费、办公费、差旅交通费、劳动保护费、工具用具使用费、固定资产使用费、必要的办公及生活用品购置费、必要的通信设备及交通工具购置费、零星固定资产购置费、招募生产工人费、技术图书资料费、业务招待费、设计审查费、工程招标费、合同契约公证费、法律顾问费、咨询费、完工清理费、竣工验收费、印花税和其他管理性质开支。

（2）工程监理费：是指建设单位委托工程监理单位实施工程监理的费用。根据《关于进一步放开建设项目专业服务价格的通知》（发改价格〔2015〕299号）文件的规定，此项费用应根据与监理单位签订的合同价款确定，合同缔结双方应严格遵守《中华人民共和国价格法》（简称《价格法》）、《关于商品和服务实行明码标价的规定》等法律法规规定。

2. 建设单位管理费的计算

建设单位管理费按照单项工程费之和（包括设备、工器具购置费和建筑安装工程费用）乘以建设单位管费率计算。

建设单位管理费率按照建设项目的不同性质、不同规模确定。有的按照建设工期和规定的金额计算建设单位管理费，即：

$$建设单位管理费 = 工程费用 \times 建设单位管理费费率 \tag{2-52}$$

（二）可行性研究费

可行性研究费是指在建设项目投资决策阶段，依据调研报告对有关建设方案、技术方案或生产经营方案进行的技术经济论证，以及编制和评估项目建议书（或预可行性研究报告）、可行性研究报告所需的费用。

（三）研究试验费

研究试验费是指为建设项目提供和验证设计参数、数据、资料等所进行的必要的试验费用以及设计规定在施工中必须进行试验、验证所需费用。包括自行或委托其他部门研究试验所需人工费、材料费、试验设备及仪器使用费等。

该项费用按照设计单位根据本工程项目的需要提出的研究试验内容和要求计算。但在计算时不应包括以下项目：

（1）应由科技三项费用（即新产品试制费、中间试验费和重要科学研究补助费）开支的项目。

（2）应在建筑安装费用中列支的施工企业对建筑材料、构件和建筑物进行一般鉴定、检查所发生的费用及技术革新的研究试验费；

（3）应由勘察设计费或工程费用中开支的项目。

（四）勘察设计费

勘察设计费是指委托勘察、设计单位为本建设项目进行勘察、设计工作，提供勘察、设计工作的成果，按规定支付的勘察、设计费用；为本项目进行可行性研究和评价工作按规定支付的前期工作费用；在规定范围以内由建设单位自行完成的勘察、设计工作所需费用。

勘察、设计费应根据《关于进一步放开建设项目专业服务价格的通知》（发改价格〔2015〕299号）文件的规定，按照相关合同价款确定，合同缔结双方应严格遵守《价格法》、《关于商品和服务实行明码标价的规定》等法律法规规定。

（五）环境影响评价费

环境影响评价费是指按照《中华人民共和国环境保护法》、《中华人民共和国环境影响评价法》等规定，为全面、详细评价本建设项目对环境可能产生的污染或造成的重大影响所需的费用，包括编制环境影响报告书（含大纲）、环境影响报告表以及对环境影响报告书（含大纲）、环境影响报告表进行评估等所需的费用。

（六）劳动安全卫生评价费

劳动安全卫生评价费是指按照原劳动部《建设项目（工程）劳动安全卫生监察规定》和《建设项目（工程）劳动安全卫生预评价管理办法》的规定，为预测和分析建设项目存在的职业危险、危害因素的种类和危险危害程度，提出先进、科学、合理可行的劳动安全卫生技术和管理对策，并编制劳动安全卫生评价报告所需的费用。包括编制建设项目劳动安全卫生预评价大纲和劳动安全卫生预评价报告书以及为编制上述文件所进行的工程分析和环境现状调查等所需费用。必须进行劳动安全卫生预评价的项目包括：

（1）属于《国家计划委员会、国家基本建设委员会、财政部关于基本建设项目和大中型划分标准的规定》中规定的大中型建设项目。

（2）属于《建筑设计防火规范》（GB 50016—2006）中规定的火灾危险性生产类别为甲类的建设项目。

（3）属于原劳动部颁布的《爆炸危险场所安全规定》中规定的爆炸危险场所等级为特别危险场所和高度危险场所的建设项目。

（4）大量生产或使用《职业性接触毒物危害程度分级》（GBZ 230）规定的Ⅰ级、Ⅱ级危害程度的职业性接触毒物的建设项目。

（5）大量生产或使用石棉粉料或含有10%以上的游离二氧化硅粉料的建设项目。

（6）其他由劳动行政部门确认的危险、危害因素大的建设项目。

（七）场地准备及临时设施费

1. 场地准备及临时设施费的构成

（1）建设项目场地准备费：是指建设项目为达到工程开工条件，由建设单位组织进行的场地平整和对建设场地余留的有碍于施工建设的设施进行拆除清理的费用。

（2）建设单位临时设施费：是指为满足工程项目建设、生活、办公的需要，用于临时设施建设、维修、租赁、使用所发生或摊销的费用。

2. 场地准备及临时设施费的计算

（1）场地准备及临时设施应尽量与永久性工程统一考虑。建设场地的大型土石方工程应进入工程费用中的总运输费用中。

（2）新建项目的场地准备和临时设施费应根据实际工程量估算，或按工程费用的比例计算。改扩建项目一般只计拆除清理费。

$$场地准备和临时设施费=工程费用×费率+拆除清理费 \qquad (2-53)$$

（3）发生拆除清理费时可按新建同类工程造价或主材费、设备费的比例计算。凡可回收材料的拆除工程采用以料抵工方式冲抵拆除清理费。

（4）此项费用不包括已列入建筑安装工程费用中的施工单位临时设施费用。

（八）引进技术和进口设备其他费用

引进技术和进口设备其他费用是指引进技术和设备发生的但未计入设备购置费中的费用。其内容主要包括：

（1）引进项目图纸资料翻译复制费、备品备件测绘费：可根据引进项目的具体情况计列或按引进货价（POB）的比例估列；引进项目发生备品备件测绘费时按具体情况估列。

（2）出国人员费用：是指为引进技术和进口设备派出人员在国外培训和进行设计联络、出国考察、联合设计、监造、培训等所发生的差旅费、生活费等。根据设计规定的出国培训和工作的人数、时间及派往国家，按财政部、外交部规定的临时出国人员费用开支标准及中国民用航空公司现行国际航线票价等进行计算，其中使用外汇部分应计算银行财务费用。

（3）来华人员费用：包括卖方来华工程技术人员的现场办公费用、往返现场交通费用、接待费用等。依据引进合同或协议有关条款及来华技术人员派遣计划进行计算。来华人员接待费用可按每人次费用指标计算。引进合同价款中已包括的费用内容不得重复计算。

（4）银行担保及承诺费：指引进项目由国内外金融机构出面承担风险和责任担保所发生的费用，以及支付贷款机构的承诺费用。应按担保或承诺协议计取；投资估算和概算编制时可以担保金额或承诺金额为基数乘以费率计算。

（九）工程保险费

工程保险费是指建设项目在建设期间根据需要对建筑工程、安装工程、机器设备和人身安全进行投保而发生的保险费用。包括工程一切险、施工机械险、第三者责任险、机动车辆保险、人身意外险等。根据不同的工程类别，分别以其建筑、安装工程费乘以建筑、安装工程保险费率计算。民用建筑（住宅楼、综合性大楼、商场、旅馆、医院、学校）占建筑工程费的2‰~4‰；其他建筑（工业厂房、仓库、道路码头、水坝、隧道、桥梁、管道等）占建筑工程费的3‰~6‰；安装工程（农业、工业、机械、电子、电器、纺织、矿山、石油、化学及钢铁工业、钢结构桥梁）占建筑工程费的3‰~6‰。

（十）特殊设备安全监督检验费

特殊设备安全监督检验费是指在施工现场组装的锅炉及压力容器、压力管道、消防设备、燃气设备、电梯等特殊设备和设施，由安全监察部门按照有关安全监察条例和实施细则以及设计技术要求进行安全检验，应由建设工程项目支付的，向安全监察部门缴纳的费用。该费用按照建设工程项目所在省（市、自治区）安全监察部门的规定标准计算。无具体规定的，在编制投资估算和概算时可按受检设备现场安装费的比例估算。

（十一）市政公用设施费

市政公用设施费是指使用市政公用设施的工程项目，按照项目所在地省级人民政府有关规定建设或缴纳的市政公用设施建设配套费用，以及绿化工程补偿费用。此项费用按工程所在地人民政府规定标准计列。

三、与未来企业生产经营有关的其他费用

（一）联合试运转费

联合试运转费是指新建企业或新增加生产工艺过程的扩建企业在竣工验收前，按照设计规定的工程质量标准，进行整个车间的负荷或无负荷联合试运转发生的费用支出大于试运转收入的亏损部分（试运转支出大于收入的差额部分费用）。费用内容包括：试运转所需的原料、燃料、油料和动力的费用，机械使用费用，低值易耗品及其他物品的购置费用和施工单位参加联合试运转人员的工资等。试运转收入包括试运转产品销售和其他收入，不包括应由设备安装工程费项下开支的单台设备调试费及试车费用。

联合试运转费一般根据不同性质的项目按需要试运转车间的工艺设备购置费的百分比计算。如果收入大于支出，则规定盈余部分列入回收金额。

（二）生产准备及开办费

1. 生产准备及开办费的构成

生产准备及开办费是指建设项目为保证正常生产（或营业、使用）而发生的人员培训费，提前进厂费以及投产使用必备的生产办公、生活家具用具及工器具等购置费用。费用内容包括：

（1）人员培训费及提前进厂费。包括自行组织培训或委托其他单位培训的人员工资、工资性补贴、职工福利费、差旅交通费、劳动保护费、学习资料费等。

（2）为保证初期正常生产（或营业、使用）所必需的生产办公、生活家具用具购置费。

（3）为保证初期正常生产（或营业、使用）必需的第一套不够固定资产标准的生产工具、器具、用具购置费。不包括备品备件费。

2. 生产准备及开办费的计算

（1）新建项目按设计定员为基数计算，改扩建项目按新增设计定员为基数计算：

$$生产准备费 = 设计定员 \times 生产准备费指标（元/人）\qquad (2\text{-}54)$$

（2）可采用综合的生产准备费指标进行计算，也可以按费用内容的分类指标计算。

（三）专利及专有技术使用费

1. 专利及专有技术使用费的构成

（1）国外设计及技术资料费，引进有效专利、专有技术使用费和技术保密费。

（2）国内有效专利、专有技术使用费。

（3）商标权、商誉和特许经营权费等。

2. 专利及专有技术使用费的计算

在专利及专有技术使用费计算时应注意以下问题：

（1）按专利使用许可协议和专有技术使用合同的规定计列。

（2）专有技术的界定应以省、部级鉴定批准为依据。

（3）项目投资中只计需在建设期支付的专利及专有技术使用费。协议或合同规定在生产期支付的使用费应在生产成本中核算。

（4）一次性支付的商标权、商誉及特许经营权费按协议或合同规定计列。协议或合同规定在生产期支付的商标权或特许经营权费应在生产成本中核算。

（5）为项目配套的专用设施投资，包括专用铁路线、专用公路、专用通信设施、送变电站、地下管道、专用码头等，如由项目建设单位负责投资但产权不归属本单位的，应作无形资产处理。

第五节 预备费、建设期利息、固定资产投资方向调节税

一、预备费

我国现行规定，预备费包括基本预备费和涨价预备费。

（一）基本预备费

1. 基本预备费的构成

基本预备费又称工程建设不可预见费，是指在初步设计文件及概算中难以事先预料，而在建设期间可能发生的工程费用。主要包括：

（1）在技术设计、施工图设计和施工过程中，在批准的初步设计范围内所增加的工程费用，设计变更、局部地基处理等增加的费用。

（2）由于一般性自然灾害造成的损失和预防自然灾害所采取的预防措施费用。

（3）竣工验收时，竣工验收组织为鉴定工程质量，必须开挖和修复隐蔽工程的费用。

（4）超规超限设备运输增加费。

2. 基本预备费的计算

基本预备费是按设备及工器具购置费、建筑安装工程费用和工程建设其他费用三者之和（也是工程费用和工程建设其他费用两者之和）为基数，乘以基本预备费率进行计算。

基本预备费=(工程费用+工程建设其他费用)×基本预备费率

$$=\left(\begin{matrix}设备及工器\\具购置费\end{matrix}+\begin{matrix}建筑安装\\工程费用\end{matrix}+\begin{matrix}工程建设\\其他费用\end{matrix}\right)×基本预备费率 \qquad (2-55)$$

在项目建议书和可行性研究阶段，基本预备费率一般取 10%~15%；在初步设计阶段，基本预备费率一般取 7%~10%。

（二）涨价预备费

1. 涨价预备费的构成

涨价预备费是指建设项目在建设期间内由于价格等变化引起工程造价变化的预测预留费用。费用内容包括人工、设备、材料、施工机械的价差费；建筑安装工程费及工程建设其他费用调整，利率、汇率调整等增加的费用。

2. 涨价预备费的计算

涨价预备费的测算，一般根据国家规定的投资综合价格指数，依估算年份价格水平的投资额为基数，采用复利方法计算。公式如下：

$$PF = \sum_{t=1}^{n} I_t \left[(1+f)^m (1+f)^{0.5} (1+f)^{t-1} - 1 \right] \tag{2-56}$$

其中：PF——涨价预备费；

I_t——建设期中第 t 年的投资额，包括设备及工器具购置费、建筑安装工程费、工程建设其他费用及基本预备费；

n——建设期年份数；

f——年投资价格上涨率；

m——建设前期年限（从编制估算到开工建设，单位：年）。

二、建设期利息

建设期利息是指在建设期内发生的为工程项目筹措资金的融资费用及债务资金利息，包括向国内银行和其他非银行金融机构贷款、出口信贷、外国政府贷款、国际商业银行贷款以及在境内外发行的债券等在建设期间内应偿还的借款利息。建设期利息计算公式如下：

1. 对于贷款总额一次性贷出且利率固定的贷款，按下列公式计算：

$$I = P \cdot (1+i)^n - P \tag{2-57}$$

式中：P——一次性贷款金额；

I——贷款利息；

i——年利率；

n——贷款期限。

2. 当总贷款是分年均衡发放时，建设期利息的计算可按当年借款在年中支用考虑，即当年贷款按半年计息，上年贷款按全年计息。计算公式为：

$$q_i = \left(P_{j-1} + \frac{1}{2} A_j \right) i \tag{2-58}$$

式中：q_j——建设期第 j 年应计利息；

P_{j-1}——建设期第 $j-1$ 年末贷款累计金额与利息累计金额之和；

A_j——建设期第 j 年贷款金额；

i——年利率。

国外贷款利息的计算中，还应包括国外贷款银行根据贷款协议向贷款方以年利率的方式收取的手续费、管理费、承诺费；以及国内代理机构经国家主管部门批准的以年利率的方式向贷款单位收取的转贷费、担保费、管理费等。

三、固定资产投资方向调节税①

第六节 案例分析②

【案例一】

背景：

有一个单机容量为 30 万 kW 的火力发电厂工程项目，业主与施工单位签订了施工合同。在施工过程中，施工单位向业主的常驻工地代表提出下列费用应由建设单位支付：

1. 职工教育经费：因该工程项目的电机等采用国外进口的设备，在安装前，需要对安装操作的人员进行培训，培训经费为 2 万元。

2. 研究试验费：本工程项目要对铁路专用线的一座跨公路预应力拱桥的模型进行破坏性试验，需费用 9 万元；改进混凝土泵送工艺试验费 3 万元，合计 12 万元。

3. 临时设施费：为该工程项目的施工搭建的民工临时用房 15 间；为业主搭建的临时办公室 4 间，分别为 3 万元和 1 万元，合计 4 万元。

4. 根据施工组织设计，部分项目安排在雨季施工，由于采取防雨措施，增加费用 2 万元。

问题：

试分析以上各项费用业主是否应支付？为什么？应支付多少？

分析要点：

本案例主要考核工程费用构成、各项费用包括的具体内容。

答案：

1. 职工教育经费不应支付，该费用已包含在合同价中（或该费用已计入建筑安装工程费用中的管理费）。

2. 模型破坏性试验费用应支付，该费用未包含在合同价中（或该费用属建设单位应支付的研究试验费（或建设单位的费用）），支付 9 万元。

混凝土泵送工艺改进试验费不应支付，该费用已包含在合同价中（或该费用已计入建筑安装工程费）。

3. 为民工搭建的用房费用不应支付，该费用已包含在合同价中（或该费用已计入建

---

① 根据国务院的决定，对《中华人民共和国固定资产投资方向调节税暂行规定》规定的纳税义务人，其固定资产投资应税项目自 2000 年 1 月 1 日起新发生的投资额，暂停征收固定资产投资方向调节税。但该税种并未取消。

② 案例引自历年全国造价师执业资格考试培训教材编审委员会所编《工程造价案例分析》，对局部作了适当的调整。

筑安装工程费中的现场经费)。

为业主搭建的用房费用应支付，该费用未包含在合同价中（或该费用属建设单位应支付的临建费)，应支付 1 万元。

4. 预计措施增加费不应支付，属施工单位责任（或该费用已计入建筑安装工程费)。

业主共计支付施工单位费用 = 9+1 = 10（万元）

【案例二】

背景：

某建设项目建设安装工程费 4 000 万元，设备购置费 2 500 万元，工程建设其他费用 2 000 万元，已知基本预备费率 5%，建设期为 3 年。各投资计划额为：第一年完成投资 20%，第二年 60%，第三年 20%，年均投资价格上涨率为 6%。

问题：

求该建设项目建设期间的涨价预备费。

分析要点：

本案例主要考察价差预备费的测算方法以及投资计划额的构成。

答案：

基本涨价预备费 = (4 000+2 500+2 000)×5% = 425(万元)

静态投资 = 4 000+2 500+2 000+425 = 8 925(万元)

建设期第一年完成投资额 = 8 925×20% = 1 785(万元)

第一年涨价预备费为：$PF_1 = 1\,785×[(1+6\%)(1+6\%)^{0.5}-1] = 163.04$(万元)

建设期第二年完成投资额 = 8 925×60% = 5 355(万元)

第二年涨价预备费为：$PF_2 = 5\,355×[(1+6\%)(1+6\%)^{0.5}(1+6\%)-1] = 839.76$(万元)

建设期第三年完成投资额 = 8 925×20% = 1 785(万元)

第三年涨价预备费为：$PF_3 = 1\,785×[(1+6\%)(1+6\%)^{0.5}(1+6\%)^2-1] = 403.81$(万元)

综上所述，该建设项目建设期间的涨价预备费为

$$PF = 163.04+839.76+403.81 = 1\,406.61(万元)$$

【案例三】

背景：

由某美国公司引进年产 5 万吨某产品的精细工业项目，以丙烯、氯气为原料，利用该公司氯醇化、皂化精馏的技术，在我国某港口城市内建设。该市地形平坦，运输条件优越。该工程项目占地面积 15 910m²，绿化覆盖系数 35%。建设期 1 年，固定资产总投资 18 566 万元，流动资产投资 2 700 万元。引进部分合同总价 1 200 万美元。辅助生产装置、公用工程等均由国内设计配套。引进合同价款的明细项如下：

(1) 硬件费 910 万美元，其中工艺设备费 590 万美元，仪表 110 万美元，电气设备 60 万美元、工艺管道 105 万美元、仪表材料 25 万美元、电气材料 20 万美元；

(2) 软件费 290 万美元。人民币兑换美元的外汇牌价均按 1 美元 = 6.80 元人民币计算；

(3) 中国远洋公司的现行海运费率 6%，海运保险费费率 3.5%，银行财务手续费

费率、外贸手续费费率、关税税率和增值税税率分别按 5‰、1.5%、17%、17%计取；

（4）国内供销手续费费率 0.4%，运输、装卸和包装费费率 0.1%，采购保管费费率 1%。

问题：

1. 引进工程项目工程造价应包括哪些投资内容？

2. 引进工程建设项目中引进部分硬、软件的从属费用应包括哪些内容？应如何计算？

3. 本项目引进部分购置费是多少？

4. 引进项目中，有关引进部分的其他费用有哪些内容？

分析要点：

本案例主要考核引进工程项目工程造价的构成、引进项目中从属费用的计算内容和计算方法。

问题 1：编制一个引进工程项目工程造价与编制国内工程项目的工程造价在编制内容上是一样的。只是增加了一些由于引进而引起的费用和特定的计算规则。所以，编制时应体现这方面的投资费用。先将引进部分和国内配套部分的投资内容分别编制再行汇总。

问题 2、问题 3：由于引进工程项目的硬件、软件都是从国外引进，因此除本身合同中外币价款外，还会发生一系列的从属费用进入造价内。这些费用的内容和计算规则，均应遵照有关规定执行，并逐项计算。

问题 4：引进工程项目的其他费用与国内工程项目的其他费用在费用性质上是一致的。但在内容上却有所不同。

答案：

问题 1：

答：该引进工程项目工程造价应包括以下投资内容：

1. 从国外引进技术、设备和材料的投资费用（含相应的从属费用）；

2. 引进设备、材料在国内的安装工程投资费用；

3. 由国内进行设备制造及安装的工程投资费用；

4. 国内配套工程的投资费用；

5. 工程建设的其他投资费用（含引进部分的其他费用）；

6. 项目的预备费、投资方向调节税、建设期利息等。

问题 2：

答：见表 2-5。

表 2-5　　　　　　　　　　　引进项目硬、软件从属费用计算表　　　　　　　　　单位：万元

费用名称	计 算 公 式	备 注
货价	货价＝合同中硬、软件的离岸价外币金额×外汇牌价	合同签订生效后，第一次付款日期的外汇牌价
国外运输费	国际运输费＝合同中硬件货价×国外运输费费率	海运费费率通常取 6% 空运费费率通常取 8.5% 铁路运输费费率通常取 1%

费用名称	计 算 公 式	备注
国外运输保险费（价内税）	国外运输保险费=（合同中硬件货价+国外运输费）×运输保险费费率÷（1－运输保险费费率）	海运保险费费率通常取 3.5‰ 空运保险费费率通常取 4.55‰ 陆运保险费费率通常取 2.66‰
关税	硬件关税=（合同中硬件货价+运费+运输保险费）×关税税率=到岸价×关税税率 软件关税=合同中软件货价×关税税率	关税的软件指技术秘密、专利许可证、技术服务等
消费税（价内税）	消费税=$\dfrac{到岸价+关税}{1-消费税率}$×消费税率	越野车、小汽车取 5%；小轿车取 8%；轮胎取 10%
增值税	增值税=（到岸价+关税+消费税）×增值税率	增值税税率取 17%
银行财务费	银行财务费=合同中硬、软件货价×银行财务费率	银行财务费费率取 4‰~5‰
外贸手续费	外贸手续费=合同中硬、软件到岸价×外贸手续费率	外贸手续费费率取 1.5%

问题 3：

答：项目购置费=设备原价+设备运杂费

设备原价计算见表 2-6。

表 2-6　　　　　　　　　　　　**引进项目设备原价费用表**　　　　　　　　单位：万元

费用名称	计 算 公 式	费用
货价	货价=（910+290）×6.8=8 160	8 160.00
国外运输费	国外运输费=910×6.8×6%=371.28	371.28
国外运输保险费	国外运输保险费=（910×6.8+371.28）×3.5‰÷（1－3.5‰）=23.04	23.04
关税	硬件关税=（910×6.8+371.28+23.04）×17%=6 582.32×17%=1 118.99 软件关税=290×6.8×17%=335.24	1 454.23
增值税	增值税=（8 160+371.28+23.04+1 454.23）×17%=1 701.45	1 701.45
银行财务费	银行财务费=8 160×5‰=40.80	40.80
外贸手续费	外贸手续费=（8 160+371.28+23.04）×1.5%=128.31	128.31
设备原价合计		11 879.11

国内运杂费=11 879.11×（0.4%+0.1%+1%）=178.19（万元）

综上所述，引进设备的购置费=设备原价+国内运杂费=11 879.11+178.19=12 057.30（万元）

问题4：

答：引进工程项目中，有关引进部分的其他费用有：

1. 国外工程技术人员来华的差旅费、生活费、接待费和办公费；

2. 出国人员的差旅费、生活费和置装费；

3. 引进设备、材料的检验和商检、备品备件测绘、图纸资料翻译、复制和模型设计费；

4. 引进项目建设保险费；

5. 延期或分期付款利息；

6. 预备费等。

本章小结

本章主要介绍了工程造价的构成。工程造价由设备及工器具购置费用，建筑安装工程费用，工程建设其他费用，预备费，建设期利息构成。

设备购置费是指为工程建设项目购置或自制达到固定资产标准的设备、工器具及家具的费用。设备购置费由设备原价和设备运杂费组成。设备原价指国产标准设备、国产非标准设备、进口设备的原价。设备运杂费指除设备原价之外的关于设备采购、运输、途中包装及仓库保管等方面支出的费用。工器具及生产家具购置费是指新建项目或扩建项目初步设计规定所必须购置的不够固定资产标准的设备、仪器工具、生产家具和备品备件等的费用。

建筑安装工程费包括建筑工程费和安装工程费。建筑工程费是指各类房屋建筑、一般建筑安装工程、室内外装饰装修、各类设备基础、室外构筑物、道路、绿化、铁路专用线、码头、围护等工程费。安装工程费包括专业设备安装工程费和管线安装工程费。我国现行建筑安装工程费用划分为直接工程费、间接费、计划利润和税金四部分构成。

工程建设其他费用，是指从工程筹建起到工程竣工验收交付使用止的整个建设期间，除建筑安装工程费用和设备及工器具购置费用以外的，为保证工程建设顺利完成和交付使用后能够正常发挥效用而发生的各项费用。工程建设其他费用包括土地使用费、与工程建设有关的其他费用、与未来企业生产经营有关的其他费用。

预备费、建设期利息亦是工程造价的重要组成部分。

本章最后还简要介绍了国外工程施工发包承包价格的构成。

复习思考题

1. 我国现行工程投资由哪几部分组成？

2. 工程定额计价模式与清单计价模式的建筑安装工程费的关系是什么？

3. 设备费与工器具费的区别是什么？

4. 设备及工器具购置费的具体内容是什么？

5. 简述 FOB、CFR 以及 CIF 之间的关系。

6. 根据现行规定，按造价形成划分建筑安装工程费由哪几部分组成？

7. 什么是工程措施费？包括哪些内容？如何计算？

8. 怎样计算和确定建设期利息？

9. 基本预备费与涨价预备费的内容是什么？

10. 工程建设其他费用主要包括哪几方面？

11. 简述国外建筑安装工程费的构成。

12. 某新建项目，建设期为 3 年，分年均衡进行贷款，第一年贷款 200 万元，第二年 800 万元，第三年 300 万元，年利率为 10%，计算建设期利息。

第三章　工程造价的确定方法

在市场经济条件下，确定合理的工程造价，要有科学的工程造价依据和方法。在现行的工程造价管理体制下，有两种确定工程造价的方法即定额计价法和工程量清单计价法。定额计价法在我国已沿用了几十年，工程建设定额的科学性、系统性、统一性、权威性以及时效性是用定额计价法确定工程造价的根本保证。2003 年 7 月 1 日建设部与国家质量监督检验总局联合发布了《建设工程工程量清单计价规范》，确定了工程量清单的计价方法，且在 2008 年、2013 年两次对《建设工程工程量清单计价规范》进行了修订。采用这种方法投标企业可以结合自身的生产效率、消耗水平和管理能力与已储备的本企业报价资料，投标报价，工程造价由承发包双方在市场竞争中按价值规律通过合同确定。但这两种方法也不是完全孤立的，它们有密切的联系。

第一节　　概述

一、工程造价的确定方法

（一）定额计价法

这是一种传统的确定工程造价的方法。定额计价法的最基本的依据是定额。定额是造价管理部门根据社会平均水平确定的完成一件合格产品所消耗各种活劳动和物化劳动数量标准。工程定额是指在合理的劳动组织和合理地使用材料与机械的条件下，完成一定计量单位合格建筑产品所消耗的人工、材料、机械、资金的规定额度。概括地说，注册造价师依据一个工程的设计图纸、施工组织设计、工程量计算规则等，计算工程量，再套用概预算定额以及相应的费用定额汇总而成的价格，就是应用定额计价法确定的工程造价。

长期以来，我国发承包计价、定价以工程预算定额作为主要依据。因为预算定额是我国几十年实践的总结，具有一定的科学性和实践性，所以用这种方法确定工程造价计算过程简单、快速、比较准确，也有利于工程造价管理部门的管理。但预算定额是按照计划经济的要求制定、发布、贯彻执行的，工、料、机的消耗量是根据"社会平均水平"综合测定的，费用标准是根据不同地区平均测算的，因此企业报价时就会表现为平均主义，企业不能结合项目具体情况、自身技术管理水平自主报价，不能充分调动企业加强管理的积极性，也不能充分体现市场公平竞争。

（二）工程量清单计价法

工程量清单计价是改革和完善工程价格的管理体制的一个重要的组成部分。工程量清单计价法相对于传统的定额计价方法是一种新的计价模式，或者说是一种市场定价模式，是由建设产品的买方和卖方在建设市场上根据供求状况、信息状况进行自由竞价，从而最终能够签订工程合同价格的方法。在工程量清单的计价过程中，工程量清单为建设市场的交易双方提供了一个平等的平台，其内容和编制原则的确定是整个计价方式改革中的重要工作。

招标投标实行工程量清单计价，是指招标人公开提供工程量清单，投标人自主报价或招标人编制标底及双方签订合同价款、工程竣工结算等活动。工程量清单计价价款，应包括完成招标文件规定的工程量清单项目所需的全部费用包括分部分项工程费、措施项目费、其他项目费和规费、税金；完成每项分项工程所含全部工程内容的费用；完成每项工程内容所需的全部费用（规费、税金除外）；工程量清单项目中没有体现的，施工中又必须发生的工程内容所需的费用；考虑风险因素而增加的费用。

二、工程造价计价依据

确定合理的工程造价，要有科学的工程造价依据。在市场经济条件下，工程造价的依据会变得越来越复杂，但其必须具有信息性，定性描述清晰，便于计算，符合实际。掌握和收集大量的工程造价依据资料，将有利于更好地确定和控制工程造价，从而提高投资的经济效益。

工程造价计价依据是计算工程造价的各类基础资料的总称。由于影响工程造价的因素很多，每一项工程的造价都要根据工程的用途、类别、规模尺寸、结构特征、建设标准、所在地区和坐落地点、市场价格信息和涨浮趋势以及政府的产业政策、税收政策和金融政策等做具体计算。因此就需要与确定上述各项因素相关的各种量化的资料等作为计价的基础。

工程造价计价依据的内容包括：

（一）计算设备数量和工程量的依据

计算设备数量和工程量的依据包括可行性研究资料；初步设计、扩大初步设计、施工图设计的图纸和资料；工程量计算规则；施工组织设计或施工方案等。

（二）计算分部分项工程人工、材料、机械台班消耗量及费用的依据

计算分部分项工程人工、材料、机械台班消耗量及费用的依据包括概算指标、概算定额、预算定额；人工费单价、材料预算单价、机械台班单价；企业定额，市场价格。

（三）计算建筑安装工程费用的依据

计算建筑安装工程费用的依据是其他直接费定额和现场经费定额、间接费定额、计划利润率、价格指数。

（四）计算设备费的依据

计算设备费的依据包括设备价格和运杂费率等。

（五）建设工程工程量清单计价规范

（六）计算工程建设其他费用依据

计算工程建设其他费用依据包括用地指标、各项工程建设其他费用定额等。

（七）计算造价相关的法规和政策

计算造价相关的法规和政策包括在工程造价内的税种、税率；与产业政策、能源政策、环境政策、技术政策和土地等资源利用政策有关的取费标准；利率和汇率；其他计价依据。

三、工程建设定额的基本概念

定额的"定"是指限定、确定、规定；"额"是指数额、份额、额度、标准。简单地说，"定额"就是某一种规定的标准，定额工作就是进行定量的一项工作。

工程建设定额是指在合理的劳动组织和合理地使用材料和机械的条件下，完成单位质量合格产品所需消耗的资源的数量标准。

（一）工程建设定额的特征

1. 真实性和科学性

工程建设定额的真实性应该是如实地反映和客观地评价工程造价。工程造价受到经济活动中各种因素的影响，每一个因素的变化都会通过定额直接或间接地反映出来。定额必须反映工程建设中生产消费的客观规律。

工程建设定额的科学性，首先表现在用科学的态度制定定额，尊重客观实际，力求定额水平合理；其次表现在制定定额的技术方法上，利用现代科学管理的成就形成一套系统的、完整的、在实践中行之有效的方法；再次表现在定额制定和贯彻的一体化，制定是为了提供贯彻的依据，贯彻是为了实现管理的目标，也是对定额的信息反馈。工程定额管理在理论、方法和手段上必须科学化，以适应现代科学技术和信息社会发展的需要。

2. 系统性和统一性

工程建设定额是相对的独立系统，是由多种定额结合而成的有机系统。它的结构复杂，有鲜明的层次，有明确的目标。按照系统论的观点，工程建设就是庞大的实体系统，工程建设定额是为这个实体系统服务的，所以工程建设本身的多种类、多层次就决定了以它为服务对象的工程建设定额的多种类、多层次。

工程建设定额的统一性，主要是由国家对经济发展的有计划的宏观调控职能决定的。为了使国民经济按照既定的目标发展，就需要借助于某些标准、定额、参数等对工程建设进行规划、组织、调节、控制。而这些标准、定额、参数必须在一定的范围内是一种统一的尺度，才能实现上述职能。我们才能利用它对项目的决策、设计方案、投标报价、成本控制进行比较选择和评价。

3. 稳定性和时效性

工程建设定额中所规定的各种活劳动与物化劳动消耗量的多少，是由一定时期的社会生产力水平所确定的，有一个相对稳定的执行期。地区和部门定额稳定时间一般在 3~5 年之间，国家定额稳定时间在 5~10 年。但是，稳定性是相对的，随着科学技术水平和管理水平的提高，社会生产力的水平也必然会提高。原有定额不能适应生产发展时，定额授权部门就会根据新的情况对定额进行修订和补充。所以，就一段时期而论，定额是稳定的，就长时期而论，定额是变化的，既有稳定性，也有时效性。变化是绝对的，稳定是相对的，两者是对立统一的关系。

（二）工程建设定额的分类

工程建设定额是根据国家一定时期的管理体制和管理制度，根据不同定额的用途和适用范围，由指定的机构按照一定的程序制定的，并按照规定的程序审批和颁发执行。工程建设定额是一个综合概念，是建设工程造价计价和管理中各类定额的总称。它包括许多种类的定额，可以按照不同的原则和方法对它进行科学的分类。

1. 按定额反映的物质消耗内容分类

（1）劳动消耗定额。它简称人工定额，又称劳动定额，是完成一定的合格产品（工程实体或劳务）规定活劳动消耗的数量标准。为了便于综合和核算，人工定额大多采用工作时间消耗量来计算劳动消耗的数量，所以人工定额主要表现形式是人工时间定额，但同时也表现为产量定额。

（2）机械消耗定额。它又称机械台班定额，是指为完成一定合格产品（工程实体或劳务）所规定的施工机械消耗的数量标准。机械消耗定额的主要表现形式是机械时间定额，但同时也以产量定额表现。

（3）材料消耗定额。它简称材料定额，是指完成一定合格产品所需消耗材料的数量标准。材料是工程建设中使用的原材料、成品、半成品、构配件、燃料以及水、电等动力资源的统称。材料作为劳动对象构成工程的实体，需用数量很大，种类繁多，所以材料消耗量多少，消耗是否合理，不仅关系到资源的有效利用，影响市场供求状况，而且对建设工程的项目投资、建筑产品的成本控制都起着决定性影响。

劳动消耗定额、机械消耗定额和材料消耗定额是工程建设定额的"三大基础定额"，是组成所有使用定额消耗内容的基础。

2. 按定额的编制程序和用途分类

（1）施工定额。它是施工企业（建筑安装企业）组织生产和加强管理在企业内部使用的一种定额，具有企业生产定额的性质，反映企业的施工水平、装备水平和管理水平。它由人工定额、机械消耗定额和材料消耗定额三个相对独立的部分组成，是工程建设定额中的基础性定额。在预算定额的编制过程中，施工定额的劳动、机械、材料消耗的数量标准，是计算预算定额中劳动、机械、材料消耗数量标准的重要依据。

（2）预算定额。预算定额是计算工程造价和计算工程中劳动、机械台班、材料需要量使用的一种计价性的定额，在工程建设定额中占有很重要的地位。预算定额是国家授权部门根据社会平均生产力发展水平和生产效率水平编制的一种社会标准，属于社会性定额。从编制程序看，预算定额是以施工定额为基础编制的。

（3）概算定额。它是编制扩大初步设计概算时，计算和确定工程概算造价、计算劳动、机械台班、材料需要量所使用的定额。它的项目划分粗细，与扩大初步设计的深度相适应。它一般是预算定额的综合扩大。从编制程序看，概算定额是以预算定额为编制基础的。

（4）概算指标。它是在三个设计阶段的初步设计阶段，是编制工程概算，计算和确定工程的初步设计概算造价，计算劳动、机械台班、材料需要量时所采用的一种定额。这种定额的设定和初步设计的深度相适应，一般是在概算定额和预算定额的基础上编制的，比概算定额更加综合扩大。概算指标是控制项目投资的有效工具，它所提供的数据也是计划工作的依据和参考。

（5）投资估算指标。它是在项目建议书和可行性研究阶段编制投资估算、计算投资需要量时使用的一种定额。它比其他各种计价定额具有更大的综合性和概括性，包括建设项目指标、单项工程指标和单位工程指标。投资估算指标编制基础仍然离不开预算定额、概算定额。

3. 按照专业对象分类

由于工程建设涉及众多的专业，不同的专业所含的内容也不同，因此就确定人工、材料和机械台班消耗数量标准的工程定额来说，也需按不同的专业分别进行编制和执行。

（1）建筑工程定额按专业对象分为建筑及装饰工程定额、房屋修缮工程定额、市政工程定额、铁路工程定额、公路工程定额、矿山井巷工程定额等。

（2）安装工程定额按专业对象分为电气设备安装工程定额、机械设备安装工程定额、热力设备安装工程定额、通信设备安装工程定额、化学工业设备安装工程定额、工业管道安装工程定额、工艺金属结构安装工程定额等。

4. 按专业性质分类

工程建设定额分为全国通用定额、行业通用定额和专业专用定额三种。

（1）全国通用定额是指在部门间和地区间都可以使用的定额。

（2）行业通用定额是指具有专业特点，在行业部门内可以通用的定额。

（3）专业专用定额是指特殊专业的定额，只能在指定范围内使用。

5. 按主编单位和管理权限分类

（1）全国统一定额。它是由国家建设行政主管部门，综合全国工程建设中技术和施工组织管理的情况编制，并在全国范围内执行的定额，例如：全国统一安装工程定额。

（2）行业统一定额。它是考虑到各行业部门专业工程技术特点以及施工生产和管理水平编制的。一般是只在本行业和相同专业性质的范围内使用的专业定额，例如矿井建设工程定额，铁路建设工程定额。

（3）地区统一定额。它包括省、自治区、直辖市定额。地区统一定额主要是考虑地区性特点和全国统一定额水平做适当调整补充编制的。

（4）企业定额。它是指由施工企业考虑本企业具体情况，参照国家、部门或地区定额的水平制定的定额。企业定额只在企业内部使用，是企业素质的一个标志。企业定额水平一般应高于国家现行定额，才能满足生产技术发展、企业管理和市场竞争的需要。

（5）补充定额。它是指随着设计、施工技术的发展现行定额不能满足需要的情况下，为了补充缺项所编制的定额。补充定额只能在指定的范围内使用，可以作为以后修订定额的基础。

第二节　工程建设定额原理

在工程建设中，为了完成某一项工程项目，就必须消耗一定数量的人力、物力和财力资源，这些资源的消耗是随着施工对象、施工方式和施工条件的变化而变化的。不同的产品有不同的质量要求，不能把定额看成是单纯的数量关系，而应看成是质、量和安全的统一体。只有考察总体生产过程中的各生产因素，归结出社会平均必需的数量标准，才能形成定额。

一、施工定额

（一）施工定额的概念

施工定额是指具有合理劳动组织的建筑安装工人或工作小组在正常施工条件下，为完成单位合格工程建设产品所需人工、机械台班、材料消耗的数量标准。它是根据专业施工的作业对象和工艺，按社会平均先进生产力发展水平确定的，属于企业定额的性质。施工定额反映企业的施工水平、装备水平和管理水平，作为考核施工单位劳动生产率水平、管理水平的标尺和确定工程成本、投标报价的依据。

施工单位应根据本企业的具体条件和可能挖掘的潜力，根据市场的需求和竞争环境，根据国家有关政策、法律、规范、制度，自己编制定额，自行决定定额水平。同类企业和同一地区的企业之间存在施工定额水平的差距，这样在市场上才能具有竞争能力。同时，施工单位应将施工定额的水平作为商业秘密对外保密。

在市场经济条件下，施工定额是企业定额，而国家定额和地区定额也不再是强加于施工单位的约束和指令，而是对企业的施工定额管理进行引导，为企业提供有关参数和指导，从而实现对工程造价的宏观调控。

施工定额是施工企业管理工作的基础，也是工程定额体系中的基础性定额。尤其是在《建设工程工程量清单计价规范》颁布执行后，它在施工企业的生产管理和内部经济核算工作中发挥越来越重要的作用。

施工定额由人工定额、材料消耗定额和机械台班消耗定额组成。

（二）劳动定额

人工定额又称劳动定额，是指在合理的劳动组织和正常的施工条件下，生产单位质量合格产品所需消耗的工作时间，或在一定的工作时间中生产的合格产品数量。

1. 工人在工作班内消耗的工作时间，按其消耗的性质，可以分为两大类：必需消耗的时间和损失时间。工人工作时间的分类如图 3-1 所示。

（1）必需消耗的时间。工人在正常施工条件下，为完成一定合格产品（工作任务）所消耗掉时间，是制定定额的主要依据，包括有效工作时间、休息时间和不可避免中断时间的消耗。

①有效工作时间。它是从生产效果来看与产品生产直接有关的时间消耗，其中包括基

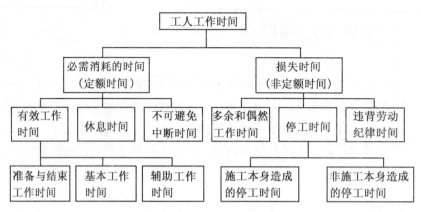

图 3-1　工人工作时间分类图

本工作时间、准备与结束工作时间、辅助工作时间的消耗。

a. 基本工作时间是工人完成生产一定产品的施工工艺过程所消耗的时间。通过这些工艺过程可以使材料改变外形、改变材料的结构与性质、使预制构配件安装组合成型、改变产品外部及表面的性质。基本工作时间所包括的内容依工作性质各不相同。其时间的长短和工作量大小成正比例。

b. 准备与结束工作时间是执行任务前或任务完成后所消耗的工作时间。如工作地点、劳动工具和劳动对象的准备工作时间；工作结束后的整理工作时间等。准备和结束工作时间的长短与所担负的工作量大小无关，但往往和工作内容有关。

c. 辅助工作时间是为保证基本工作能顺利完成所消耗的时间。辅助工作时间长短与工作量大小有关。

②不可避免中断时间。它是指由于施工工艺特点引起的工作中断所必需的时间。

③休息时间。它是指工人在工作过程中为恢复体力所必需的短暂休息和生理需要的时间消耗。休息时间的长短和劳动条件有关，劳动繁重紧张、劳动条件差（如高温），则休息时间长。

准备与结束工作时间、休息时间以及不可避免中断时间占工作班时间的百分率见表3-1。

表 3-1　准备与结束时间、休息时间、不可避免中断时间占工作班时间的百分率参考表

序号	时间分类 分项工程	准备与结束时间 占工作时间（%）	休息时间占 工作时间（%）	不可避免中断 时间占工作时间（%）
1	材料运输及材料加工	2	13~16	2
2	人力土方工程	3	13~16	2
3	架子工程	4	12~15	2
4	砖石工程	6	10~13	4

续表

序号 分项工程 时间分类	准备与结束时间占工作时间（%）	休息时间占工作时间（%）	不可避免中断时间占工作时间（%）
5 抹灰工程	6	10~13	3
6 手工木作工程	4	7~10	3
7 机械木作工程	3	4~7	3
8 模板工程	5	7~10	3
9 钢筋工程	4	7~10	4
10 现浇混凝土工程	5	10~13	3
11 预制混凝土工程	4	10~13	2
12 防水工程	5	25	3
13 油漆玻璃工程	3	4~7	2
14 钢制品制作及安装工程	4	4~7	2
15 机械土方工程	2	4~7	2
16 石方工程	4	13~16	2
17 机械打桩工程	6	10~13	3
18 构建运输及吊装工程	6	10~13	3
19 水暖电气工程	5	7~10	3

（2）损失时间。它包括有多余和偶然工作时间、停工时间、违背劳动纪律时间。

①多余和偶然工作时间。多余工作是工人进行了任务以外的工作而又不能增加产品数量的工作。多余工作的工时损失，一般都是由于工程技术人员和工人的差错而引起的，因此，不应计入定额时间中。偶然工作也是工人在任务外进行的工作，但能够获得一定产品。从偶然工作的性质看，在定额中不应考虑它所占用的时间。

②停工时间。它是指工作班内停止工作造成的工时损失。停工时间按其性质可分为施工本身造成的停工时间和非施工本身造成的停工时间两种。施工本身造成的停工时间，是由于施工组织不善、材料供应不及时、工作面准备工作做得不好、工作地点组织不良等情况引起的停工时间。非施工本身造成的停工时间，是由于水源、电源中断等引起的停工时间。

③违背劳动纪律时间。它是指工人在工作班开始和午休后的迟到、午饭前和工作班结束前的早退、擅自离开工作岗位、工作时间内聊天或办私事等造成的工时损失。

2. 人工定额的表示方法

人工定额可用时间定额和产量定额来表示。

（1）时间定额是指在一定生产技术和生产组织条件下，某工种、某技术等级的工人小组或工人，完成单位合格产品所消耗的工作时间。其表达式为：

$$单位产品时间定额（工日）=\frac{1}{每工日产量} \tag{3-1}$$

或

$$单位产品时间定额（工日）=\frac{小组成员工日数总和}{小组的工作班产量} \tag{3-2}$$

（2）产量定额是指在一定生产技术和生产组织条件下，某工种、某技术等级的工人小组或工人，在单位时间内（工日）所应完成合格产品的数量。其表达式为：

$$每工日产量=\frac{1}{单位产品时间定额（工日）} \tag{3-3}$$

或

$$工作班产量=\frac{小组成员工日数总和}{单位产品时间定额（工日）} \tag{3-4}$$

（3）时间定额与产量定额之间的关系。根据时间定额与产量定额的概念，我们知道时间定额与产量定额之间互为倒数：

$$时间定额=\frac{1}{产量定额} \tag{3-5}$$

3. 人工定额的时间定额由基本工作时间、辅助工作时间、准备与结束工作时间、不可避免中断时间和休息时间组成。

（三）材料消耗定额

材料消耗定额是指在合理和节约使用材料的条件下，生产单位合格产品所必须消耗的一定品种、规格的原材料、燃料、半成品、配件和水、电、动力等资源（统称为材料）的数量标准。

在建筑工程中，材料消耗量的多少，节约还是浪费，对产品价格和工程成本有着直接的影响。材料消耗定额在很大程度上影响着材料的合理调配和使用。在产品数量和材料质量一定的情况下，材料供应量和需要量主要取决于材料定额。用科学的方法正确地确定材料定额，就有可能保证材料的合理供应和合理使用，避免材料的积压、浪费和供应不及时的现象发生。

工程施工中所消耗的材料，按其消耗的方式可以分成两种，一种是在施工中一次性消耗的、构成工程实体的材料，例如：砌筑砖墙用的标准砖、浇筑混凝土构件用的混凝土等，我们一般把这种材料称为实体性材料；另一种是在施工中周转使用，其价值是分批分次地转移到工程实体中去的，这种材料一般不构成工程实体，而是在工程实体形成过程中发挥辅助作用，它是为有助于工程实体的形成而使用并发生消耗的材料，例如：砌筑砖墙用的脚手架、浇筑混凝土构件用的模板等，我们一般把这种材料称为周转性材料。

1. 实体性材料消耗定额的组成

施工中材料的消耗，一般可分为必需消耗的材料和损失的材料两类。其中必需消耗的材料是确定材料定额消耗量所必须考虑的消耗；对于损失的材料，由于它是属于施工生产中不合理的耗费，可以通过加强管理来避免这种损失，所以在确定材料定额消耗量时一般不考虑损失材料的因素。

所谓必需消耗的材料，是指在合理用料的条件下，完成单位合格施工作业过程（工作过程）的施工任务所必需消耗的材料，它包括直接用于生产合格产品的净耗量和在生产合格产品过程中的合理损耗数量。用公式表示如下：

$$材料消耗量=材料净耗量+材料合理损耗量 \tag{3-6}$$

$$损耗率=\frac{损耗量}{净耗量}\times100\% \tag{3-7}$$

$$材料消耗量=\frac{净耗量}{1-损耗率} \tag{3-8}$$

材料合理损耗量包括：

（1）施工操作过程中的材料损耗量，包括操作过程中不可避免的废料和损耗量。

（2）领料时材料从工地仓库、现场堆放地点或施工现场内的加工地点运至施工操作地点不可避免的场内运输损耗量、装卸损耗量。

（3）材料在施工操作地点的不可避免的堆放损耗量。

（4）材料预算价格中没有考虑的场外运输损耗量。

材料的损耗率通过观测和统计而确定。在定额编制过程中，一般可以使用现场技术测定法、实验室试验法、现场统计法和理论计算法四种方法来确定材料的定额消耗量。

（1）现场技术测定法，又称为观测法，是根据对材料消耗过程的测定与观察，通过完成产品数量和材料消耗量的计算，确定各种材料消耗定额的一种方法。现场技术测定法主要适用于确定材料损耗量，因为该部分数值用统计法或其他方法较难得到。通过现场观察，还可以区别出哪些是可以避免的损耗，哪些是属于难以避免的损耗，明确定额中不应列入可以避免的损耗。

（2）实验室试验法，主要用于编制材料净用量定额。通过试验，能够对材料的结构、化学成分和物理性能以及按强度等级控制的混凝土、砂浆、沥青、油漆等配比做出科学的结论，给编制材料消耗定额提供有技术根据的、比较精确的计算数据。但其缺点在于无法估计到施工现场某些因素对材料消耗量的影响。

（3）现场统计法，是以施工现场积累的分部分项工程使用材料数量、完成产品数量、完成工作原材料的剩余数量等统计资料为基础，经过整理分析，获得材料消耗的数据。这种方法由于不能分清材料消耗的性质，因而不能作为确定材料净用量定额和材料损耗定额的依据，只能作为编制定额的辅助性方法使用。

上述三种方法的选择必须符合国家有关标准规范，即材料的产品标准，计量要使用标准容器和称量设备，质量符合施工验收规范要求，以保证获得可靠的定额编制依据。

（4）理论计算法，是运用一定的数学公式计算材料消耗定额。这种方法主要适用于制定块状、板状和卷筒状产品（如砖、钢材、玻璃、油毡等）材料消耗量定额。

2. 周转性材料消耗定额的组成

周转性材料是指在施工过程中能多次周转使用，经过修理、补充而逐渐消耗尽的材料。例如：模板、钢板桩、脚手架等，实际上它是作为一种施工工具和措施性的手段而被使用的。

周转性材料的定额消耗量是指每使用一次摊销的数量，按周转性材料在其使用过程中发生消耗的规律，其摊销量的计算公式如下：

$$摊销量 = \frac{一次使用量 \times（1+损耗率）}{周转次数}$$

(3-9)

其中，一次使用量是指周转性材料一次使用的基本量，即一次投入量。周转性材料的一次使用量根据施工图计算，其用量与各分部分项工程部位、施工工艺和施工方法有关。

损耗率是指周转性材料每使用一次后的损失率。为了下一次的正常使用，必须用相同数量的周转性材料对上次的损失进行补充，用来补充损失的周转性材料的数量称为周转性材料的"补损量"。按一次使用量的百分数计算，该百分数即为损耗率。周转性材料的损耗率应根据材料的不同材质、不同的施工方法及不同的现场管理水平通过统计工作来确定。

周转次数是指周转性材料从第一次使用起可重复使用的次数。它与不同的周转性材料、使用的工程部位、施工方法及操作技术有关。周转次数的确定要经现场调查、观测及统计分析，取平均合理的水平。正确规定周转次数，对准确计算用料，加强周转性材料管理和经济核算起重要作用。一般金属模板的周转次数均在 100 次以上，而木模板的周转次数都在 6 次或 6 次以下。

（四）机械台班消耗定额

机械台班消耗定额又称机械台班使用定额，是指在合理使用机械和合理的施工组织条件下，完成单位合格产品所必须消耗的机械台班数量的标准。

所谓"台班"，就是一台机械工作一个工作班（即 8 小时）。

1. 施工过程中机械工作时间消耗的分类（见图 3-2）

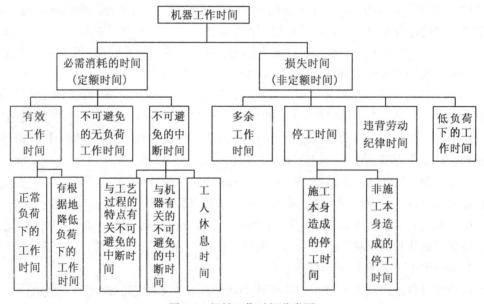

图 3-2 机械工作时间分类图

（1）必需消耗的工作时间。它包括有效工作时间、不可避免的无负荷工作时间和不可避免的中断时间。

①有效工作时间。有效工作的时间消耗中包括正常负荷下、有根据地降低负荷下工作的工时消耗。

a. 正常负荷下的工作时间是指机器在与机器说明书规定的计算负荷相符情况下进行工作的时间。

b. 有根据地降低负荷下的工作时间是指在个别情况下由于技术上的原因，机器在低于其计算负荷下工作的时间。例如：汽车运输重量轻而体积大的货物时，不能充分利用汽车的载重吨位因而不得不降低其计算负荷。

②不可避免的无负荷工作时间。它是指由施工过程的特点和机械结构的特点造成的机械无负荷工作时间。例如：筑路机在工作区末端调头等，都属于此项工作时间的消耗。

③不可避免的中断工作时间。它与工艺过程的特点、机器的使用和保养、工人休息有关，所以它又可以分为三种。

a. 与工艺过程的特点有关的不可避免的中断工作时间，有循环的和定期的两种。循环的不可避免中断，是在机器工作的每一个循环中重复一次，例如：汽车装货和卸货时的停车。定期的不可避免中断，是经过一定时期重复一次，例如：当把灰浆泵由一个工作地点转移到另一个工作地点时的工作中断。

b. 与机器有关的不可避免的中断工作时间，是由于工人进行准备与结束工作或辅助工作时，机器停止工作而引起的中断工作时间。它是与机器的使用与保养有关的不可避免的中断时间。

c. 工人休息时间前面已经作了说明。这里要注意的是，应尽量利用与工艺过程有关的和与机器有关的不可避免的中断时间进行休息，以充分利用工作时间。

（2）损失的工作时间。它包括多余工作时间、停工时间、违背劳动纪律时间和低负荷下的工作时间。

①多余工作时间。它是机器进行任务内和工艺过程内未包括的工作而延续的时间。例如：工人没有及时供料而使机器空运转的时间。

②停工时间。按其性质也可分为施工本身造成和非施工本身造成的停工。前者是由于施工组织得不好而引起的停工现象，例如：由于未及时供给机器燃料而引起的停工。后者是由于气候条件所引起的停工现象，例如：暴雨时压路机的停工。

③违反劳动纪律引起的机器的时间损失。它是指由于工人迟到早退或擅离岗位等原因引起的机器停工时间。

④低负荷下的工作时间。它是指由于工人或技术人员的过错所造成的施工机械在降低负荷的情况下工作的时间。例如：工人装车的砂石数量不足引起的汽车在降低负荷的情况下工作所延续的时间。此项工作时间不能作为计算时间定额的基础。

2. 机械台班使用定额的表示方法

机械消耗定额有两种表示方法。一种可用时间定额表示，另一种可用产量定额表示。机械的时间定额和产量定额互为倒数关系。

（1）机械时间定额。它是指在正常的施工条件和劳动组织的条件下，使用某种规定的机械，完成单位合格产品所必须消耗的台班数量。

$$机械时间定额 = \frac{1}{机械台班产量定额}（台班）\tag{3-10}$$

（2）机械台班产量定额。它是指在正常的施工条件和劳动组织条件下，某种机械在一个台班时间内必须完成的单位合格产品的数量。

$$机械台班产量定额 = \frac{1}{机械台班时间定额}\tag{3-11}$$

（3）在《全国建筑安装工程统一劳动定额》中，机械台班定额通常以复式表示，同时表示时间定额和台班产量，即 $\frac{时间定额}{台班产量}$；运输台班定额除同时表示时间定额和台班产量定额以外，还表示台班车次，如 $\frac{时间定额}{台班产量}$/台班车次，台班车次是完成定额台班产量每台班每年必须往返的次数。

3. 确定机械时间利用系数（K_b）

机械时间利用系数（K_b）是指机械净工作时间（t）与工作班延续时间（T）的比值，计算公式为：

$$K_b = \frac{t}{T}\tag{3-12}$$

机械定额时间包括净工作时间和其他工作时间。

（1）净工作时间。它是指工人利用机械对劳动对象进行加工，用于完成基本操作所消耗的时间，与完成产品的数量成正比，主要包括：机械的有效工作时间、机械在工作循环中的不可避免的无负荷（空运转）时间、与操作有关的及循环的不可避免的中断时间。

（2）其他工作时间。它是指除了净工作时间以外的定额时间，主要有机械定期的无负荷时间和定期的不可避免的中断时间、操纵机械或配合机械工作的工人，在进行工作班内或任务内的准备与结束工作时所造成的机械不可避免的中断时间、操纵机械或配合机械工作的工人休息所造成的机械不可避免的间断时间。

4. 确定机械净工作 1 小时生产率（N_h）

建筑机械可分为循环动作和连续动作两种类型，在确定净工作 1 小时生产率时则应分别对这两类不同机械进行研究。

（1）循环动作机械。循环动作机械净工作 1 小时生产率（N_h），取决于该机械净工作 1 小时的正常循环次数（n）和每一次循环中所生产的产品数量（m），即：

$$N_h = n \times m\tag{3-13}$$

（2）连续动作机械。连续动作机械净工作 1 小时生产率（N_h），主要是由机械性能来确定。在一定的条件下，净工作 1 小时生产率通常是一个比较稳定的数值。确定方法是通过试验或实际观察，得出一定时间（t 小时）内完成的产品数量（m），即：

$$N_h = \frac{m}{t}\tag{3-14}$$

对于不宜用计时观察法精确确定机械产品数量、施工对象加工程度的施工机械，连续工作机械净工作 1 小时正常生产量应与机械说明书等有关资料的数据进行比较，最后分析取定。

5. 确定机械台班产量（$N_{台班}$）

台班产量等于该机械净工作 1 小时的生产率（N_h）乘以工作台班的延续时间 T（一般都是 8 小时）再乘以台班时间利用系数（K_b），则：

$$N_{台班} = N_h \times T \times K_b \tag{3-15}$$

对于某些一次循环时间大于 1 小时的机械施工过程，就不必先计算净工作 1 小时生产率了，可以直接用一次循环时间 t，求出台班循环次数（T/t），再根据每次循环的产品数量（m），确定其台班产量定额。即：

$$N_{台班} = \frac{T}{t} \times m \times K_b \tag{3-16}$$

根据施工机械台班产量定额，通过下列公式，可以计算出施工机械时间定额为：

$$机械时间定额 = \frac{1}{机械台班产量定额} \tag{3-17}$$

二、预算定额

（一）预算定额的概念

预算定额是指规定消耗在合格质量的单位工程基本构造要素上的人工、材料和机械台班的数量标准。预算定额是工程建设中的一项重要的技术经济文件，是计算建筑安装工程造价的直接依据，是编制施工图预算的主要依据，是确定和控制工程造价的基础。

预算定额基价就是预算定额分项工程或结构构件的单价，包括人工费、材料费和机械台班使用费，也称工料单价或直接工程费单价，是根据现行定额和当地的价格水平编制的，具有相对的稳定性。

预算定额的各项指标，反映完成规定计量单位符合设计标准和施工及验收规范要求的分项工程所消耗的活劳动和物化劳动的数量限度。这种限度最终决定着单项工程和单位工程的成本和造价。

（二）人工工日消耗量指标的确定

预算定额中人工工日消耗量指标是指在正常施工条件下，生产单位合格产品所必需消耗的人工工日数量，是由分项工程所综合的各个工序劳动定额包括的基本用工、其他用工两部分组成的。人工消耗量指标可以现行的《全国建筑安装工程统一人工定额》为基础进行计算。

1. 基本用工

基本用工是指完成某一合格分项工程所必须消耗的技术工种用工。例如为完成各种墙体工程中的砌砖、调运砂浆、铺砂浆、运砖等所需要的工日数量。基本用工以技术工种相应人工定额的工时定额计算，按不同工种列出定额工日。其计算式为：

$$相应工序基本用工 = \sum（某工序工程量 \times 相应工序的时间定额） \tag{3-18}$$

2. 其他用工

其他用工是指辅助基本用工完成生产任务所耗用的人工。按其工作内容的不同可分以下三类。

（1）辅助用工。它是指技术工种劳动定额内不包括但在预算定额内又必须考虑的工时。如筛砂、淋灰用工，机械土方配合用工等。其计算公式如下：

$$辅助用工 = \sum（材料加工数量 \times 相应的加工劳动定额） \qquad (3-19)$$

（2）超运距用工。它是指预算定额中规定的材料、半成品的平均水平运距超过人工定额规定运输距离的用工。其计算公式如下：

$$超运距用工 = \sum（超运距运输材料数量 \times 相应超运距时间定额） \qquad (3-20)$$

$$超运距 = 预算定额取定运距 - 劳动定额已包括的运距 \qquad (3-21)$$

需要指出，实际工程现场运距超过预算定额取定运距时，可另行计算现场二次搬运费。

（3）人工幅度差。主要是指预算定额与人工定额由于定额水平不同而引起的水平差，另外还包括定额中未包括，但在一般施工作业中又不可避免的而且无法计量的用工，如各工种间工序搭接、交叉作业时不可避免的停歇工时消耗，施工机械转移以及水电线路移动造成的间歇工时消耗，质量检查影响操作消耗的工时，班组操作地点转移用工，工序交接时对前一工序不可避免的修整用工，以及施工作业中不可避免的其他零星用工等。其计算公式如下：

$$人工幅度差 = （基本用工 + 辅助用工 + 超运距用工） \times 人工幅度差系数 \qquad (3-22)$$

人工幅度差系数一般为 10%～15%，一般土建工程为 10%，设备安装工程为 12%。

由上述得知，建筑工程预算定额各分项工程的人工消耗量指标就等于该分项工程的基本用工数量与其他用工数量之和。即：

$$某分项工程人工消耗量指标 = 相应分项工程基本用工数量 + 相应分项工程其他用工数量 \qquad (3-23)$$

$$其他用工数量 = 辅助用工数量 + 超运距用工数量 + 人工幅度差用工数量 \qquad (3-24)$$

（三）材料消耗量指标的确定

材料消耗量指标（定额）是指在正常施工条件下，用合理使用材料的方法，完成单位合格产品所必须消耗的各种材料、成品、半成品的数量标准；材料消耗定额中有实体性材料、周转性材料和其他材料，计算方法和表现形式也有所不同。

1. 实体性材料消耗量指标的确定

实体性材料消耗量指标是指在正常条件下不可避免的材料损耗，如现场内材料运输及施工操作过程中的损耗等。包括主要材料净用量和材料损耗量，其计算方法主要有：

（1）凡有标准规格的材料，按规范要求计算定额计量单位的耗用量，如砖、防水卷材、块料面层等。

（2）凡设计图纸标注尺寸及下料要求的，按设计图纸尺寸计算材料净用量，如门窗制作用材料、方、板料等。

（3）换算法。各种胶结、涂料等材料的配合比用料，可以根据要求条件换算，得出材料用量。

（4）测定法。包括实验室试验法和现场观察法，指各种强度等级的混凝土及砌筑砂浆配合比的耗用原材料数量的计算，须按照规范要求试配，经过试压合格以后并经过必要的调整后得出水泥、砂子、石子、水等的用量。

材料消耗量的计算公式如下：

$$材料损耗率 = \frac{损耗量}{净耗量} \times 100\% \qquad (3\text{-}25)$$

$$材料消耗量 = 材料净用量 + 材料损耗量 = 材料净用量 \times (1 + 损耗率) \qquad (3\text{-}26)$$

在确定预算定额中材料消耗量时，还必须充分考虑分项工程或结构构件所包括的工程内容、分项工程或结构构件的工程量计算规则等因素对材料消耗量的影响。另外，预算定额中材料的损耗率与施工定额中材料的损耗率不同，预算定额中材料损耗率的损耗范围比施工定额中材料损耗率的损耗范围更广，它必须考虑整个施工现场范围内材料堆放、运输、制备、制作及施工操作过程中的损耗。

2. 其他材料消耗量的确定

对于用量很少、价值又不大的次要材料，估算其用量后，合并成"其他材料费"，以"元"为单位列入预算定额表中。

3. 周转性材料摊销的确定

周转性材料按多次使用、分次摊销的方式计入预算定额。

（四）机械台班消耗量指标的确定

预算定额中的机械台班消耗量指标，是指在正常施工条件下，生产单位合格产品（分部分项工程或结构构件）必须消耗的某种型号施工机械的台班数量，一般按施工定额中的机械台班产量，并考虑一定的机械幅度差进行计算。机械幅度差是指在合理的施工组织条件下机械的停歇时间。一般包括：正常施工组织条件下不可避免的机械空转时间、施工技术原因的中断及合理停滞时间、因供电供水故障及水电线路移动检修而发生的运转中断时间、因气候变化或机械本身故障影响工时利用的时间、施工机械转移及配套机械相互影响损失的时间、配合机械施工的工人因与其他工种交叉造成的间歇时间、因检查工程质量造成的机械停歇的时间、工程收尾和工作量不饱满造成的机械停歇时间等。

在计算机械台班消耗量指标时，机械幅度差以系数表示。大型机械的幅度差系数规定为：土石方机械25%；吊装机械30%；打桩机械33%；其他专用机械如打夯、钢筋加工、木工、水磨石等，幅度差系数为10%。

$$预算定额机械台班消耗量 = 施工定额机械台班消耗量 \times (1 + 机械幅度差率)$$

$$(3\text{-}27)$$

三、概算定额及概算指标

（一）概算定额

概算定额是指在正常的生产建设条件下，为完成一定计量单位的扩大分项工程或扩大结构构件的生产任务所需人工、材料和机械台班的消耗数量标准。

概算定额是在综合施工定额或预算定额的基础上，根据有代表性的工程通用图纸和标准图集等资料，进行综合、扩大和合并而成，是预算定额的综合与扩大。概算定额是一种计价性定额，其主要作用如下：

（1）是初步设计阶段编制概算、扩大初步设计阶段编制修正概算的主要依据。

（2）是对设计项目进行技术经济分析比较的基础资料之一。

（3）是建设工程主要材料计划编制的依据。

（4）是控制施工图预算的依据。

（5）是施工企业在准备施工期间，编制施工组织总设计或总规划时，对生产要素提出需要量计划的依据。

（6）是工程结束后，进行竣工决算和评价的依据。

（7）是编制概算指标的依据。

概算定额是一种社会标准，在涉及国有资本投资的工程建设领域，同样具有技术经济法规的性质，其定额水平一般取社会平均水平。概算定额消耗量的内容包括人工、材料和机械台班三个基本部分。

概算定额是工程计价的依据，编制概算定额时，应考虑到能适应规划、设计、施工各阶段的要求，符合价值规律和反映现阶段大多数企业的设计、生产及施工管理水平。概算定额与预算定额应保持一致水平，即在正常条件下，反映大多数企业的设计、生产及施工管理水平。由于概算定额的使用范围不同，其编制依据也略有不同。其编制依据一般有以下几种：

（1）现行的设计规范、施工验收技术规范和各类工程预算定额。

（2）具有代表性的标准设计图纸和其他设计资料。

（3）现行的人工工资标准、材料价格、机械台班单价及其他价格资料。

概算定额的项目划分应简明和便于计算。要求计算简单和项目齐全，但它只能综合，而不能漏项。在保证一定准确性的前提下，以主体结构分部工程为主，合并相关联的子项，并考虑应用电子计算机编制概算的要求。

概算定额在综合过程中，应使概算定额与预算定额之间留有余地，即两者之间将产生一定的允许幅度差，一般应控制在5%以内，这样才能使设计概算起到控制施工图预算的作用。

为了稳定概算定额水平，统一考核和简化计算工作量，并考虑到扩大初步设计图的深度条件，概算定额的编制尽量不留活口或少留活口。

（二）概算指标

1. 概算指标的概念

概算指标是指以统计指标的形式反映工程建设过程中生产单位合格工程建设产品所需资源消耗量的水平。它比概算定额更为综合和概括，通常是以整个建筑物或构筑物为对象，以建筑面积、体积或成套设备装置的台或组为计量单位，包括人工、材料和机械台班的消耗量标准和造价指标。从上述概念中可以看出，建筑安装工程概算定额与概算指标的主要区别如下：

（1）确定各种消耗量指标的对象不同

概算定额是以单位扩大分项工程或单位扩大结构构件为对象，而概算指标则是以单位工程为对象。因此，概算指标比概算定额更加综合与扩大。

（2）确定各种消耗量指标的依据不同

概算定额以现行预算定额为基础，通过计算之后才综合确定出各种消耗量指标，而概算指标中各种消耗量指标的确定，则主要来自各种预算或结算资料。

2. 概算指标的组成内容

（1）概算指标的组成内容一般分为文字说明以及必要的附录。其中总说明和分册说明内容一般包括：概算指标的编制范围、编制依据、分册情况、指标包括的内容、指标未包括的内容、指标的使用方法、指标允许调整的范围及调整方法等。

（2）概算指标的表现形式。概算指标在具体内容的表示方法上，分综合指标和单项指标两种形式。

1）综合概算指标。综合概算指标是以一种类型的建筑物或构筑物为研究对象，以建筑物或构筑物的体积或面积为计量单位，综合了该类型范围内各种规格的单位工程的造价和消耗量指标而形成的，它反映的不是具体工程的指标，而是一类工程的综合指标，是一种概括性较强的指标。

2）单项概算指标。单项概算指标是指为某种建筑物或构筑物而编制的概算指标，是一种以典型的建筑物或构筑物为分析对象的概算指标，仅仅反映某一具体工程的消耗情况。

四、《全国统一建筑工程基础定额》简介

建筑工程基础定额是指完成规定计量单位分项工程计价的人工、材料、施工机械台班消耗量标准，是统一全国建筑工程预算工程量计算规则《GJDGZ—101—95》、项目划分、计量单位的依据。定额本来是不反映货币数量（基价）的，各地区、部门在执行定额时，首先是要根据建筑安装工人平均日工资标准、材料预算价格和施工机械台班预算价格，编制出单位估价表，作为编制和审查工程预算的依据。但是，在《全国统一建筑工程基础定额》发布以前，由各省、自治区、直辖市制定的建筑工程预算定额，都已按照编制单位估价表的方法，编制成带有货币数量（基价）的预算定额。因此，它与单位估价表一样，可以直接作为编制工程预算的依据。

1995 年 12 月，中华人民共和国建设部以建标〔1995〕736 号通知发布《全国统一建筑工程基础定额》，与以前各地区制定颁发的建筑工程预算定额相比较，最突出的差别是不带有货币数量（基价）。因此，《全国统一建筑工程基础定额》总说明指出："建筑工程基础定额是完成规定计量单位分项工程计价的人工、材料、施工机械台班消耗量标准……是编制建筑工程（土建部分）地区单位估价表、确定工程造价的依据。"它恢复了预算定额不带货币数量指标的原来面目，改变了国家对计价定额管理的方式，实行"量""价"分离的原则，使建筑产品的计价模式向适应市场经济体制迈进一大步，为实现采用实物法编制工程预算创造了条件。

建筑工程基础定额，实质上就是建筑工程预算定额。之所以称其为基础定额，是因为它规定的人工、材料、施工机械台班消耗量指标，是在现有的社会正常生产条件下，在社会平均的劳动熟练程度和劳动强度下，全国所有建筑生产企业生产一定计量单位的合格建

筑产品时所需人工、材料、施工机械台班消耗最根本、最起码应达到的标准。例如砌筑每 $10m^3$ 砖基础，需要人工 12.18 工日、M5 水泥砂浆 $2.36m^3$、标准砖 5.236 千块。

建筑工程基础定额反映了完成规定计量单位符合设计标准和施工验收规范的分项工程消耗的活劳动和物化劳动的数量限度。这种数量限度，反映了建筑产品生产消费的客观规律，反映了一定时期社会生产力的水平，最终决定着建设工程的成本和造价。建筑工程基础定额是反映物质消耗内容的一种定额，但又不同于劳动消耗定额、材料消耗定额、机械台班消耗定额，它是这三种定额的综合反映，介于消耗定额和计价定额之间，是一种技术经济规范。

为了使全国的工程建设有一个统一的计价核算尺度，用以比较、考核各地区各部门工程建设经济效果和施工管理水平，经国家有关部门审查、批准、颁发的建筑工程基础定额是一种技术经济法规，与其他设计规范、规程、标准及验收规范一样，具有指令性性质。但为了适应社会主义市场经济特征的需要，它在一定范围内又具有一定程度的指导性性质。这样，建筑工程基础定额就具有一定的灵活性，使之更加切合实际。例如《全国统一建筑工程基础定额》（土建工程）GJD—101—95《总说明》指出：本定额中的混凝土、砌筑砂浆、抹灰砂浆及各种胶泥等，其配合比是按现行规范规定计算的，各省、各自治区、直辖市可按当地材料质量情况调整其配合比和材料用量。

《全国统一建筑工程基础定额》为 2003 年 2 月 17 日颁布、同年 7 月 1 日执行的《建设工程工程量清单计价规范》（GB50500—2003）打下了良好的基础。

第三节 施工资源的价格原理

施工资源是指在工程施工中所需消耗的生产要素，按资源的性质一般可分为：劳动力资源、施工机械设备资源、实体性材料、周转性材料等。

为了合理地确定工程造价，必须仔细地考虑工程所需的劳动力、施工设备、材料和分包商等资源的需用量，并确定其最合适的来源和获取方式，以便正确地确定施工资源的价格。在此基础上，可以算出使用这些资源的费用，并最终编制出合理的估价值。

一、人工单价的确定

（一）人工单价

人工单价是指一个生产工人一个工作日在工程造价中应计入的全部人工费用。在我国人工单价一般是以工日来计量的，是计时制下的人工工资标准，该单价只指生产工人的人工费用，而企业经营管理人员的人工费用不包括在范围内。

（二）影响人工单价的因素

影响人工单价的因素很多，归纳起来有以下方面：

1. 社会平均工资水平。建筑安装工人人工单价必然和社会平均工资水平趋同，社会平均工资水平取决于经济发展水平。由于经济的增长，社会平均工资也会增长，从而影响人工单价的提高。

2. 生活消费指数。生活消费指数的提高会影响人工单价的提高，以减少生活水平的下降，或维持原来的生活水平。生活消费指数的变动决定于物价的变动，尤其决定于生活消费品物价的变动。

3. 人工单价的组成内容。例如住房消费、养老保险、医疗保险、失业保险等列入或被剔除均会影响人工单价。

4. 劳动力市场供需变化。劳动力市场如果需求大于供给，人工单价就会提高；供给大于需求，市场竞争激烈，人工单价就会下降。

5. 政府推行的社会保障和福利政策也会影响人工单价的变动。

（三）我国现行体制下的人工单价

我国现行体制下的人工单价即预算人工工日单价，又称人工工资标准或工资率。合理确定人工工资标准，是正确计算人工费和工程造价的前提和基础。

人工工日单价是指一个建筑工人一个工作日在预算中应计入的全部人工费用。目前我国的人工单价均采用综合人工单价的形式，即根据综合取定的不同工种、不同技术等级的工人的人工单价以及相应的工时比例进行加权平均所得的、能够反映工程建设中生产工人一般价格水平的人工单价。根据我国现行的有关工程造价的费用划分标准，人工单价的费用组成如下：

1. 生产工人基本工资

生产工人基本工资是指生产工人将一定时间的劳动消耗在生产上而得到的劳动报酬，包括岗位工资和技能工资。

2. 生产工人工资性补贴

生产工人工资性补贴是指为了补偿工人额外或特殊的劳动消耗及为了保证工人的工资水平不受特殊条件影响，而以补贴形式支付给工人的劳动报酬，它包括按规定标准发放的物价补贴，煤、燃气补贴，交通费补贴，住房补贴，流动施工津贴及地区津贴等。

3. 生产工人辅助工资

生产工人辅助工资是指生产工人年有效施工天数以外非作业天数的工资，包括职工学习、培训期间的工资，调动工作、探亲、休假期间的工资，因气候影响的停工工资，女工哺乳时间的工资，病假在 6 个月以内的工资及产、婚、丧假期的工资。

4. 职工福利费，是指按规定标准计提的职工福利费。

5. 生产工人劳动保护费

生产工人劳动保护费是指按规定标准发放的劳动保护用品的购置费及修理费，徒工服装补贴，防暑降温费，在有碍身体健康环境中施工的保健费用等。

目前我国的人工工日单价组成内容，在各部门、各地区并不完全相同，但其中每一项内容都是根据有关法规、政策文件的精神，结合本部门、本地区的特点，通过反复测算最终确定的。

（四）人工单价确定方法

（1）年平均每月法定工作日。由于人工单价是每一个法定工作日的工资总额，因此需要对年平均每月法定工作日进行计算。计算公式如下：

$$年平均每月法定工作日 = \frac{全年日历日 - 法定假日}{12} \qquad (3-28)$$

其中，法定假日指双休日和法定节日。

（2）人工单价的计算。确定了年平均每月法定工作日后，将上述工资总额进行分摊，即形成了人工单价。计算公式如下：

$$人工单价 = \frac{\dfrac{生产工人平均月工资}{（计时、计件）} + 平均月\left(奖金 + \dfrac{津贴}{补贴} + \dfrac{特殊情况下}{支付的工资}\right)}{年平均每月法定工作日} \qquad (3-29)$$

（3）日工资单价的管理。虽然施工企业投标报价时可以自主确定人工费，但由于人工日工资单价在我国具有一定的政策性，工程造价管理机构也需要确定人工日工资单价。工程造价管理机构确定日工资单价应通过市场调查，根据工程项目的技术要求，参考实物工程量人工单价综合分析确定，发布的最低日工资单价不得低于工程所在地人力资源和社会保障部门所发布的最低工资标准的：普工1.3倍、一般技工2倍、高级技工3倍。

二、材料单价的确定

（一）材料单价

工程施工中所用的材料按其消耗的不同性质，可分为实体性消耗材料和周转性消耗材料两种类型。实体性材料的单价是指通过施工单位的采购活动到达施工现场时的材料价格，该价格的大小取决于材料从其来源地到达施工现场过程中所发生费用的多少。从该费用的构成看，一般包括采购该材料时所支付的货价（或进口材料的抵岸价）、材料的运杂费、运输损耗费和采购保管费用等。由于周转性材料不是一次性消耗的，所以其消耗的形式一般为按周转次数进行分摊，由周转性材料摊销量的计算公式可知，其摊销量由两部分组成：一部分为周转性材料经过一次周转的损失量；另一部分为周转性材料按周转总次数的摊销量。对于经过一次周转的损失量，由于其消耗形式与实体性材料的消耗形式一样，所以其价格的确定也和实体性材料一样；对于按周转总次数摊销的周转性材料，将其一次摊销量乘以相应的采购价格即得该周转性材料按周转总次数计提的折旧费。

（二）影响材料价格变动的因素

1. 市场供需变化。市场供大于求价格就会下降，反之，价格就会上升，从而也就会影响材料价格的涨落。

2. 材料生产成本的变动直接涉及材料价格的波动。

3，流通环节的多少和材料供应体制也会影响材料价格。

4. 运输距离和运输方法的改变会影响材料运输费用的增减，从而也会影响材料价格。

5. 国际市场行情会对进口材料价格产生影响。

（三）我国现行体制下的材料单价

我国现行体制下的材料单价一般也称为材料预算价格，材料预算价格是编制施工图预算、确定工程预算造价的主要依据。因此，合理确定材料预算价格构成，正确编制材料预算价格，有利于合理确定和有效控制工程造价。

1. 材料预算价格

材料预算价格是指材料（包括构件、成品及半成品等）从其来源地（或交货地点）到达施工工地仓库后的出库价格。材料预算价格一般由材料原价、材料运杂费、运输损耗费以及采购及保管费组成。

（1）材料原价。它是指材料（包括构件、成品及半成品等）从其来源地（或交货地点）到达施工工地仓库后的出库价格。在确定原价时，凡同一种材料因来源地、交货地、供货单位、生产厂家不同，而有几种价格（原价）时，根据不同来源地供货数量比例，采取加权平均的方法确定其综合原价。计算公式如下：

$$加权平均原价 = \frac{K_1C_1 + K_2C_2 + \cdots + K_nC_n}{K_1 + K_2 + \cdots + K_n} \qquad (3\text{-}30)$$

其中：K_1，K_2，$\cdots$，K_n 表示各不同供应地点的供应量或各不同使用地点的需求量；C_1，C_2，$\cdots$，C_n 表示各不同供应地点的原价。

（2）材料运杂费。它是指材料由采购地点或发货地点至施工现场的仓库或工地存放点，含外埠中转运输过程中所发生的一切费用。一般包括：车船运费、调车和驳船费、装卸费和附加工作费等项内容。运杂费的费用标准的取定，应根据材料的来源地、运输里程、运输方法，并根据国家有关部门或地方政府交通运输管理部门规定的运价标准分别计算。材料有若干个来源地，应采用加权平均的方法计算材料运杂费。计算公式如下：

$$加权平均运杂费 = \frac{K_1T_1 + K_2T_2 + \cdots + K_nT_n}{K_1 + K_2 + \cdots + K_n} \qquad (3\text{-}31)$$

其中：K_1，K_2，$\cdots$，K_n 表示各不同供应地点的供应量或各不同使用地点的需求量；T_1，T_2，$\cdots$，T_n 表示各不同运距的运费。

（3）运输损耗费。它是指材料在装卸和运输过程中所发生的合理损耗。各类材料的运输损耗率见表3-2。

表3-2　　　　　　　　　　　　　　各类常见材料的运输损耗率

材 料 类 别	损耗率（%）
机红砖、空心砖、砂、水泥、陶粒、耐火土、水泥地面砖、白瓷砖、卫生洁具、玻璃灯罩	1
机制瓦、脊瓦、水泥瓦	3
石棉瓦、石子、黄土、耐火转、玻璃、色石子、大理石板、水磨石板、砼板缸瓦管	0.5
砌块	1.5

运输损耗的计算公式如下：

$$运输损耗 = （材料原价+运杂费）×相应材料损耗率 \qquad (3\text{-}32)$$

（4）采购及保管费。它是指为组织材料的采购、供应和保管所发生的各项必要费用。采购及保管费所包含的具体费用项目有采购保管人员的人工费、办公费、差旅及交通费、采购保管该材料时所需的固定资产使用费、工具用具使用费、劳动保护费、检验试验费、材料储存损耗及其他。采购及保管费一般按材料到库价格以费率取定，如某市费率为2.4%，其中：采购费占40%，仓储费占20%，工地保管费占20%，仓储损耗占20%。其计算公式如下：

采购及保管费=材料运到工地仓库价格×采购及保管费率（%）

= （材料原价+运杂费+运输损耗费）×采购及保管费率（%） （3-33）

2. 材料预算价格的确定

材料预算价格的一般计算公式如下：

材料单价=［（材料原价+运杂费）×（1+运输损耗率（%））］

×［1+采购及保管费率（%）］ （3-34）

三、机械台班单价的确定

（一）机械台班单价

机械台班单价是指一台机械一个台班在工程造价中应计入的全部机械费用。根据不同的获取方式，工程施工中所使用的机械设备一般可分为外部租用和内部租用两种情况：外部租用是指向外单位（如设备租赁公司、其他施工企业等）租用机械设备，此种方式下的机械台班单价一般以该机械的租赁单价为基础加以确定。内部租用是指使用企业自有的机械设备，此种方式下的机械台班单价一般可以在该机械折旧费（及大修理费）的基础上再加上相应的运行成本等费用因素，通过企业内部核算来加以确定。但是，如果从投资收益的角度看，机械设备作为一种固定资产，其投资必须从其所实现的收益中得到回收。施工企业通过拥有机械设备实现收益的方式一般有两种：其一是装备在工程上通过计算相应的机械使用费从工程造价中实现收益；其二是对外出租机械设备通过租金收入实现收益。考虑到企业自备机械具有通过出租实现收益的机会，所以，即使是采用内部租用的方式获取机械设备，在为工程估价而确定机械台班单价的过程中也应该以机械的租赁单价为基础加以确定。

（二）影响机械单价的因素

1. 施工机械的价格，是影响折旧费以及机械台班单价的重要因素。

2. 机械设备的采购方式

施工机械设备的不同采购方式，会带来不同的机械价格和资金流量。常见的采购方式有现金或当场采购、租购、租赁等。

3. 机械设备的使用年限

机械设备的使用年限不仅影响折旧费提取，也影响大修理费和经常修理费的开支。

4. 机械设备的性能

机械设备的性能决定着施工机械的生产能力、使用中的消耗、需要修理的情况及故障率等状况，而这些状况直接影响机械在其寿命期内所需的大修理费用、日常的运行成本、使用寿命及转让价格等。

5. 折旧方法

折旧的方法有直线折旧法、余额递减折旧法、定额存储折旧法等不同种类，同一种机械以不同的方法提取折旧，其每次计提的费用也不同。

6. 市场条件

市场条件主要是指市场的供求及竞争条件，市场条件直接影响机械的供给与需求。

7. 管理水平及有关政策规定

不同的管理水平有不同的管理费用，管理费用的大小取决于不同的管理水平。有关政策上的规定也能影响租赁单价的大小，如规定的税费、按规定必须办理的保险费等。

（三）我国现行体制下的机械台班单价

我国现行体制规定机械台班单价一律根据统一的费用划分标准、按照有关会计制度的规定由政府授权部门在综合平均的基础上统一编制，其价格水平属于社会平均水平，是合理控制工程造价的一个重要依据。

1. 机械台班单价

机械台班单价是指施工机械每个工作台班所必需消耗的人工、材料、燃料动力和应分摊的费用，每台班按 8 小时工作制计算。

机械台班单价由 7 项费用组成，包括折旧费、大修理费、经常修理费、安拆费及场外运费、燃料动力费、台班人工费、其他费用等。

（1）折旧费。它是指机械设备在规定的使用年限内，陆续收回其原值及所支付贷款利息的费用。

计算公式如下：

$$台班折旧费 = \frac{机械预算价格 \times (1 - 残值率) \times 时间价值系数}{耐用总台班数} \quad (3-35)$$

①机械预算价格包括国产机械预算价格和进口机械预算价格两种情况。国产机械预算价格是指机械出厂价格加上从生产厂家（或销售单位）交货地点运至使用单位验收入库的全部费用，包括出厂价格、供销部门手续费和一次运杂费以及车辆购置税。进口机械预算价格是由进口机械设备原价以及由口岸运至使用单位验收入库的全部费用。

②残值率是指施工机械报废时其回收的残余价值占机械原值（即机械预算价格）的比率，依据《施工、房地产开发企业财务制度》规定，残值率按照固定资产原值的2%～5%确定。各类施工机械的残值率综合确定如下：运输机械2%；特、大型机械3%；中、小型机械4%；掘进机械5%。

③时间价值系数是指施工企业贷款购置施工机械的资金在施工生产过程中随着时间的推移而产生的单位增值。其计算公式如下：

$$时间价值系数 = 1 + \frac{(折旧年限 + 1)}{2} \times 贷款利率(\%) \quad (3-36)$$

④耐用总台班是指机械在正常施工作业条件下，从投入使用起到报废止所使用总台班数。根据《全国统一施工机械台班费定额》中的规定，耐用总台班计算公式如下：

$$耐用总台班 = 折旧年限 \times 年工作台班 = 大修理间隔台班 \times 大修理周期 \quad (3-37)$$

$$大修理周期 = 寿命期大修理次数 + 1 \quad (3-38)$$

其中：年工作台班根据有关部门对各类主要机械最近 3 年的统计资料分析确定；大修理间隔台班是指机械自投入使用起至第一次大修理止或自上一次大修理后投入使用起至下

一次大修理止，应达到的使用台班数。

（2）大修理费。它是指机械设备按规定的大修间隔台班必须进行大修理，以恢复机械正常功能所需的费用。台班大修理费则是机械使用期限内全部大修理费之和在台班费中的分摊额。其计算公式为：

$$台班大修理费 = \frac{一次大修理费 \times 寿命期内大修理次数}{耐用总台班} \qquad (3-39)$$

一次大修理费是指机械设备按规定的大修理范围和修理工作内容，进行一次全面修理所需消耗的工时、配件、辅助材料、机油燃料以及送修运输等全部费用。应以《全国统一施工机械保养修理技术经济定额》为基础，结合编制期市场价格综合确定。

寿命期大修理次数是指机械设备为恢复原机械功能按规定在使用期限内需要进行的大修理次数，应参照《全国统一施工机械保养修理技术经济定额》确定。

（3）经常修理费。它是指机械设备除大修理以外必须进行的各级保养（包括一、二、三级保养）以及临时故障排除和机械停置期间的维护保养等所需各项费用；为保障机械正常运转所需替换设备、随机工具附具的摊销及维护费用；机械运转及日常保养所需润滑、擦拭材料费用。机械寿命期内上述各项费用之和分摊到台班费中，即为台班经常修理费。其计算公式如下：

$$台班经常修理费 = \frac{\sum\left(\begin{array}{c}各级保养\\一次费用\end{array} \times \begin{array}{c}寿命期各级\\保养总次数\end{array}\right) + \begin{array}{c}临时故障\\排除费用\end{array}}{耐用总台班} + \begin{array}{c}替换设备\\台班摊销费\end{array} + \begin{array}{c}工具附具\\台班摊销费\end{array} + \begin{array}{c}例保\\辅料费\end{array}$$

$$(3-40)$$

①各级保养一次费用指机械在各个使用周期内为保证机械处于完好状况，必须根据《全国统一施工机械保养修理技术经济定额》，按规定的各级保养间隔周期、保养范围和内容进行的一、二、三级保养或定期保养所消耗的工时、配件、辅料、油燃料等费用，计算方法同一次大修费计算方法。

②寿命期各级保养总次数指一、二、三级保养或定期保养在寿命期内各个使用周期中保养次数之和，应按照《全国统一施工机械保养修理技术经济定额》确定。

③机械临时故障排除费用是指机械除规定的大修理及各级保养以外，临时故障所需费用以及机械在工作日以外的保养维护所需润滑擦拭材料费。经调查和测算，按各级保养（不包括例保辅料费）费用之和的3%计算。

④替换设备及工具附具台班摊销费是指轮胎、电缆、蓄电池、运输皮带、钢丝绳、胶皮管、履带板等消耗性物品和按规定随机配备的全套工具附具的台班摊销费用。

⑤例保辅料费是指机械日常保养所需润滑擦拭材料的费用，应以《全国统一施工机械保养修理技术经济定额》为基础，结合编制期市场价格综合确定。

（4）安拆费及场外运费。安拆费是指机械在施工现场进行安装、拆卸所需人工、材料、机械和试运转费用以及安装所需的机械辅助设施（如基础、底座、固定锚桩、行走轨道、枕木等）的折旧、搭设、拆除等费用。场外运费是指机械整体或分体自停置地点运至施工现场或从一工地运至另一工地的运输、装卸、辅助材料以及架线等费用。

定额台班基价内所列安拆费及场外运输费，均分别按不同机械、型号、重量、外形、体积、安拆和运输方法测算其工、料、机械的耗用量综合计算取定。除地下工程机械外，均按年平均 4 次运输、运距平均 25km 以内考虑。台班安拆费及场外运费计算公式如下：

$$台班安拆费 = \frac{机械一次安拆费 \times 年平均安拆次数}{年工作台班} + \begin{matrix}台班辅助\\设施摊销费\end{matrix} \quad (3\text{-}41)$$

$$台班辅助设施摊销费 = \frac{辅助设施一次费用 \times (1 - 残值率)}{辅助设施耐用台班} \quad (3\text{-}42)$$

$$台班场外运费 = \frac{\left(\begin{matrix}一次运输\\及装卸费\end{matrix} + \begin{matrix}辅助材料\\一次摊销费\end{matrix} + \begin{matrix}一次\\架线费\end{matrix}\right) \times \begin{matrix}年平均场外\\运输次数\end{matrix}}{年工作台班} \quad (3\text{-}43)$$

下列机械台班中其安拆费及场外运输费按定额规定需另行计算：一是金属切削加工机械等，由于该类机械系安装在固定的车间房屋内，不需经常安拆运输；二是不需要拆卸安装自身能开行的机械，如水平运输机械；三是不适合按台班摊销本项费用的机械，如特、大型机械。

（5）燃料动力费。它是指机械设备在运转施工作业中所耗用的固体燃料（煤炭、木材）、液体燃料（汽油、柴油）、电力、水等费用。计算公式如下：

$$台班燃料动力费 = 台班燃料动力消耗量 \times 相应单价 \quad (3\text{-}44)$$

$$台班燃料动力消耗量 = \frac{实测次数 \times 4 + 定额平均值 + 调查平均值}{6} \quad (3\text{-}45)$$

（6）人工费。它是指机上司机、司炉和其他操作人员的工作日以及上述人员在机械规定的年工作台班以外的人工费用。工作台班以外机上人员人工费用，以增加机上人员的工日数形式列入定额内。计算公式如下：

$$台班人工费 = 定额机上人工工日 \times 日工资单价 \quad (3\text{-}46)$$

$$定额机上人工工日 = 机上定员工日 \times (1 + 增加工日系数) \quad (3\text{-}47)$$

$$增加工日系数 = \frac{年度工日 - 年工作台班 - 管理费内非生产天数}{年工作台班} \quad (3\text{-}48)$$

（7）其他费用。指按照国家和有关部门规定应交纳的养路费、车船使用税、保险费及年检费用等。其计算公式为：

$$其他费用 = \frac{年养路费 + 年车船使用税 + 年保险费 + 年检费用}{年工作台班} \quad (3\text{-}49)$$

（1）年养路费、年车船使用税、年检费用应执行编制期有关部门的规定。

（2）年保险费执行编制期有关部门强制性保险的规定，非强制性保险不应计算在内。

2. 机械台班单价的确定

$$\begin{matrix}机械台\\班单价\end{matrix} = \begin{matrix}台班\\折旧费\end{matrix} + \begin{matrix}台班\\大修理费\end{matrix} + \begin{matrix}台班经常\\修理费\end{matrix} + \begin{matrix}台班安拆费\\及场外运输费\end{matrix} + \begin{matrix}台班燃料\\动力费\end{matrix} + \begin{matrix}台班\\人工费\end{matrix} + \begin{matrix}台班养路费\\及车船使用费\end{matrix}$$

$$(3\text{-}50)$$

我国现行体制条件下，政府授权部门根据以上所述的机械台班单价的费用组成及确定方法，经综合平均后统一编制，并以《全国统一施工机械台班费用定额》的形式作为一种经济标准要求在编制工程估价（如施工图预算、设计概算、标底报价等）及结算工程造价时必须按该标准执行，不得任意调整及修改。所以，目前在国内编制确定工程造价时，均以《全国统一施工机械台班费用定额》或该定额在某一地区的单位估价表所规定的台班单价作为计算机械费的依据。

四、施工资源单价

施工资源单价是指为了获取并使用该施工资源所必需发生的单位费用，而单位费用的大小取决于获取该资源时的市场条件、取得该资源的方式、使用该资源的方式以及一些政策性的因素。

（一）综合单价

综合单价是指在具体的资源条件下，完成一个规定计量单位项目所需的人工费、材料费、机械使用费、管理费和利润，并考虑风险因素的费用之和，不包括为了工程项目施工，发生于该工程施工前和施工过程中技术、生活、安全等方面的非工程实体项目费用和按政府规定应交的税费。这是一种市场价格。随着《建设工程工程量清单计价规范》的颁布和执行，综合单价将会越来越多地应用于工程的投标报价和确定工程造价中。

（二）我国现行体制下的基价

一般指预算定额的基价。所谓基价，乃是一种工程单价，是单位建筑安装产品的不完全价格。预算定额中的基价就是确定预算定额单位工程（分部分项工程、结构件等）所需全部人工费、材料费、施工机械使用费之和的文件，又称单位估价表，它是按某一地区的人工工资单价、材料预算价格、机械台班单价计算的预算单价，不包括其他各项费用。

第四节　工程量清单计价方法

一、工程量清单计价法的基本概念

（一）工程量清单计价的术语

1. 工程量清单

工程量清单是指表现拟建工程的分部分项工程项目、措施项目、其他项目名称和相应数量的明细清单。是按照招标要求和施工设计图纸要求将拟建招标工程的全部项目和内容，依据统一的工程量计算规则、统一的工程量清单项目编制规则要求，计算拟建招标工程的分部分项工程数量的表格。

2. 综合单价

综合单价是指完成工程量清单中一个规定计量单位项目，例如分部分项工程所需的人工费、材料费、机械使用费、管理费和利润之和，并考虑风险因素。

3. 措施项目（措施项目为非实体工程项目）

措施项目是指为完成工程项目施工，发生于该工程施工前和施工过程中技术、生活、安全等方面的非工程实体项目，例如通用项目、垂直运输等项目。

4. 预留金

预留金是指招标人为可能发生的工程量变更而预留的金额。

5. 暂列金额

这是招标人在工程量清单中暂定并包括在合同价款中的一笔款项，用于施工合同签订时尚未确定或者不可预见的所需材料、设备、服务的采购，施工中可能发生的工程变更、合同约定调整因素出现时的工程价款调整以及发生的索赔、现场签证确认等的费用。

6. 总承包服务费

总承包人为配合协调发包人进行的工程分包自行采购的设备、材料等进行管理、服务以及施工现场管理、竣工资料汇总整理等服务所需的费用。

7. 暂估价

招标人在工程量清单中提供的用于支付必然发生但暂时不能确定价格的材料的单价以及专业工程的金额。

8. 消耗量定额

消耗量定额是指由建设行政主管部门根据合理的施工组织设计，按照正常施工条件制定的，生产一个规定计量单位工程合格产品所需人工、材料、机械台班的社会平均消耗量。

9. 企业定额

企业定额是指施工企业根据本企业的施工技术和管理水平，以及有关工程造价资料制定的，并供本企业使用的人工、材料和机械台班消能量。

10. 计日工

在施工过程中，完成发包人提出的施工图纸以外的零星项目或工作，按合同中约定的综合单价计价。

11. 招标控制价

招标人根据国家或省级、行业建设主管部门颁发的有关计价依据和办法，按设计施工图纸计算、对招标工程限定的最高工程造价。

（二）实行工程量清单计价的意义

1. 实行工程量清单计价，更好地规范建设市场秩序

工程造价是工程建设的核心内容，也是建设市场运行的核心内容。工程量清单计价是市场形成工程造价的主要形式，工程量清单计价有利于发挥企业自主报价的能力，实现政府定价到市场定价的转变；有利于规范业主在招标中的行为，有效地改变招标单位在招标中盲目压价的行为，从而真正体现公开、公平、公正的原则，反映市场经济规律。

2. 实行工程量清单计价，促进建设市场有序竞争

采用工程量清单计价模式招标投标，有利于风险合理分担和责权利关系对等。对发包单位，由于工程量清单是招标文件的组成部分，招标单位必须编制出准确的工程量清单，并承担相应的风险（例如工程量的变更或计算错误），促进招标单位提高管理水平。对承包企业，采用工程量清单报价，必须对单位工程成本、利润进行分析，统筹考虑、精心选择施工方案，并根据企业的定额合理确定人工、材料、施工机械等要素的投入与配置，优

化组合，合理控制现场费用和施工技术措施费用，确定投标价。采用工程量清单报价为投标单位提供了公平竞争的基础。

3. 实行工程量清单计价，有利于我国工程造价管理政府职能的转变

按照政府部门真正履行起"经济调节、市场监管、社会管理和公共服务"职能的要求，政府对工程造价管理的模式要相应改变，将推行政府宏观调控、企业自主报价、市场竞争形成价格、社会全面监督的工程造价管理思路。实行工程量清单计价，将会有利于我国工程造价管理政府职能的转变，由过去政府控制的指令性定额转变为制定适应市场经济规律需要的工程量清单计价方法，由过去行政直接干预转变为对工程造价依法监管，有效地强化政府对工程造价的宏观调控。

4. 实行工程量清单计价，有利于提高国内建设各方主体参与国际化竞争的能力，有利于提高工程建设的管理水平

随着市场全球化，建设市场将进一步对外开放，国外的企业以及投资的项目越来越多地进入国内市场，我国企业走出国门在海外投资和经营的项目也在增加。实行工程量清单计价，有利于国内建设各方主体更快地熟悉和掌握国际通行的计价做法，提高企业的竞争力，参与国际工程的竞争。

二、工程量清单计价的基本原理

(一) 工程量清单计价的基本方法

工程量清单计价的基本过程可以描述为：在统一的工程量计算规则的基础上，制定工程量清单项目设置规则，根据具体工程的施工图纸计算出各个清单项目的工程量，再根据各种渠道所获得的工程造价信息和经验数据计算得到工程造价。这一基本的计算过程如图3-3所示。

从工程量清单计价过程的示意图中可以看出，其编制过程可以分为两个阶段：工程量清单格式的编制和利用工程量清单来编制投标报价。投标报价是在业主提供的工程量计算结果的基础上，根据企业自身所掌握的各种信息、资料，结合企业定额编制得出的。

1. 分部分项工程费 = $\sum$ 分部分项工程量 × 分部分项工程综合单价　　　(3-51)

其中，分部分项工程综合单价由人工费、材料费、机械费、管理费、利润等组成，并考虑风险费用。

2. 措施项目费 = $\sum$ 措施项目工程量 × 措施项目综合单价　　　(3-52)

其中，措施项目包括通用项目、建筑工程措施项目、安装工程措施项目和市政工程措施项目，措施项目综合单价的构成与分部分项工程单价构成类似。

3. 单位工程报价 = 分部分项工程费 + 措施项目费 + 其他项目费 + 规费 + 税金

(3-53)

其中，其他项目费用是指除分部分项工程费和措施项目费用以外，该工程项目施工中可能发生的其他费用，例如招标文件中要求的预留金、总包服务费等。

4. 单项工程报价 = $\sum$ 单位工程报价　　　(3-54)

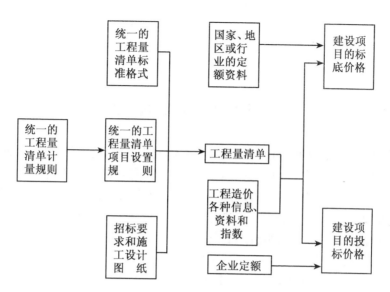

图 3-3　工程造价工程量清单计价过程示意图

5. 建设项目总报价 = $\sum$ 单项工程报价 　　　　　　　　　　　　　　　(3-55)

（二）工程量清单计价法的特点

1. 真实性

工程量清单计价真实反映了工程实际造价。在工程招标投标过程中，投标企业在投标报价时必须考虑工程本身的内容、范围、技术特点要求以及招标文件的有关规定、工程现场情况等因素；同时还必须充分考虑到许多其他方面的因素，如投标单位自己制定的工程总进度计划、施工方案、分包计划、资源安排计划等。这些因素对投标报价有着直接而重大的影响，而且对每一项招标工程来讲都具有其特殊性的一面，所以应该允许投标单位针对这些方面灵活机动地调整报价，以使报价能够比较准确地与工程实际相吻合。只有这样才能把投标定价自主权真正交给招标和投标单位，投标单位才会对自己的报价承担相应的风险与责任，从而建立起真正的风险制约和竞争机制，避免合同实施过程中的推诿和扯皮现象的发生，为工程管理提供方便。

2. 实用性

工程量清单计价有利于业主对投资的控制，降低由于设计变更和工程量增减对业主带来的风险。业主根据施工企业完成的工程量，易于确定工程进度款的拨付额。工程竣工后，根据设计变更、工程量的增减乘以相应的综合单价，业主易于确定工程的最终造价。

3. 竞争性

一方面表现在工程量清单计价中的措施项目，具体采用的措施，如模板、脚手架、临时设施、施工排水等详细内容由投标人根据企业的施工组织设计，视具体情况确定，因为这些项目在各个企业间各有不同，是企业竞争项目，是给企业竞争的空间；另一方面表现在工程量清单计价中人工、材料和施工机械没有具体的消耗量，投标企业可以依据企业的定额和市场价格信息，也可以参照建设行政主管部门发布的社会平均消耗量定额进行报价，分部分项综合单价的确定由投标人自己确定。

4. 通用性

采用工程量清单计价将与国际惯例接轨，符合工程量计算方法标准化、工程量计算规则统一化、工程造价确定市场化的要求。

三、《建设工程工程量清单计价规范》的主要内容

工程量清单计价与计量规范由《建设工程工程量清单计价规范》（GB 50500）、《房屋建筑与装饰工程量计算规范》（GB 50854）、《仿古建筑工程量计算规范》（GB 50855）、《通用安装工程量计算规范》（GB 50856）、《市政工程量计算规范》（GB 50857）、《园林绿化工程量计算规范》（CB 50858）、《矿山工程量计算规范》（GB 50859）、《构筑物工程量计算规范》（GB 50860）、《城市轨道交通工程量计算规范》（GB 50861）、《爆破工程量计算规范》（GB 50862）组成。

（一）《建设工程工程量清单计价规范》的适用范围

《建设工程工程量清单计价规范》明确规定本规范适用于建设工程工程量清单计价活动。对于建设工程的承发包方式而言，主要适用于建设工程招标投标的工程量清单计价活动。工程量清单计价是与现行"定额"计价方式共存于招标投标计价活动中的另一种计价方式。其所指建设工程是指建筑工程、装饰装修工程、安装工程、市政工程和园林绿化工程。凡是建设工程招标投标实行工程量清单计价，不论招标主体是政府机构、国有企事业单位、集体企业、私人企业和外商投资企业，还是资金来源是国有资金、外国政府贷款及援助资金、私人资金等都应遵守本规范。

另外，本规范还从资金来源方面，规定了强制实行工程量清单计价的范围即全部使用国有资金投资或国有资金投资为主的大、中型建设工程应执行本规范。"以国有资金"是指国家财政性的预算内或预算外资金，国家机关、国有企事业单位和社会团体的自有资金及借贷资金，国家通过对内发行政府债券或向外国政府及国际金融机构举借主权外债所筹集的资金也应视为国有资金。"国有资金投资为主"的工程是指国有资金占总投资额50%以上或虽不足50%，但国有资产投资者实质上拥有控股权的工程。"大、中型建设工程"的界定按国家有关部门的规定执行。

（二）工程量清单的编制

工程量清单是招标文件的组成部分，主要由分部分项工程量清单、措施项目清单和其他项目清单等组成，是编制标底和投标报价的依据，是签订工程合同、调整工程量和办理竣工结算的基础。

1. 工程量清单的项目设置

工程量清单的项目设置规则是为了统一工程量清单项目名称、项目编码、计量单位和工程量计算而制定的，是编制工程量清单的依据。在《建设工程工程量清单计价规范》中，对工程量清单项目的设置作了明确的规定。

（1）项目编码。项目编码以五级编码设置，用12位阿拉伯数字表示。第一、二、三、四级编码统一；第五级编码由工程量清单编制人区分具体工程的清单项目特征而分别

编码。各级编码代表的含义如下：

第一级表示附录顺序码（分2位）：建筑工程为01、装饰装修工程为02、安装工程为03、市政工程为04、园林绿化工程为05；

第二级表示专业顺序码（分2位）；

第三级表示分部工程顺序码（分2位）；

第四级表示分项工程项目名称顺序码（分3位）；

第五级表示清单项目顺序码（分3位）。

项目编码结构如图3-4所示（以建筑工程为例）。

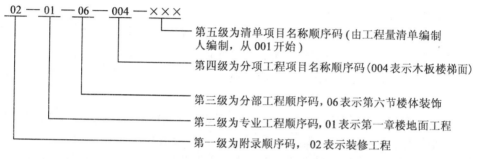

图3-4　工程量清单项目编码结构

当同一标段（或合同段）的一份工程量清单中含有多个单位工程且工程量清单是以单位工程为编制对象时，在编制工程量清单时应特别注意对项目编码第10至12位的设置不得有重码的规定。例如一个标段（或合同段）的工程量清单中含有3个单位工程，每一单位工程中都有项目特征相同的实心砖墙砌体，在工程量清单中又需反映3个不同单位工程的实心砖墙砌体工程量时，则第一个单位工程的实心砖墙的项目编码应为010401003001，第二个单位工程的实心砖墙的项目编码应为010401003002，第三个单位工程的实心砖墙的项目编码应为010401003003，并分别列出各单位工程实心砖墙的工程量。

（2）项目名称。项目名称的设置，应考虑三个因素，一是附录中的项目名称；二是附录中的项目特征；三是拟建工程的实际情况。工程量清单编制时，以附录中的项目名称为主体，考虑该项目的规格、型号、材质等特征要求，结合拟建工程的实际情况，使其工程量清单项目名称具体化，能够反映影响工程造价的主要因素。项目名称原则上以形成工程实体而命名。项目名称如有缺项，招标人可按相应的原则进行补充，并报当地工程造价管理机构（省级）备案。

（3）项目特征。项目特征是对项目的准确描述，是影响价格的因素，是设置具体清单项目的依据。项目特征按不同的工程部位、施工工艺或材料品种、规格等分别列项。凡项目特征中未描述到的其他独有特征，由清单编制人视项目具体情况确定，以准确描述清单项目为准。在各专业工程计量规范附录中还有关于各清单项目"工作内容"的描述。工作内容是指完成清单项目可能发生的具体工作和操作程序，但应注意的是，在编制分部分项工程量清单时，工作内容通常无需描述，因为在计价规范中，工程量清单项目与工程量计算规则、工作内容有一一对应关系，当采用计价规范这一标准时，工作内容均有规定。

（4）计量单位。计量单位应采用基本单位，除各专业另有特殊规定外，均按以下单位计量：以重量计算的项目以吨或千克（t 或 kg）为单位，保留小数点后三位数字，第四位四舍五入；以体积计算的项目以立方米（m³）为单位，保留小数点后两位数字，第三位四舍五入；以面积计算的项目以平方米（m²）为单位，保留小数点后两位数字，第三位四舍五入；以长度计算的项目以米（m）为单位，保留小数点后两位数字，第三位四舍五入；以自然计量单位计算的项目以个、套、块、组、台等为单位，应取整数；没有具体数量的项目以系统、项为单位，应取整数；各专业有特殊计量单位的，再另外加以说明。

2. 工程数量的计算

工程数量的计算主要通过工程量计算规则计算得到。工程量计算规则是指对清单项目工程量的计算规定。除另有说明外，所有清单项目的工程量应以实体工程量为准，并以完成后的净值计算；投标人投标报价时，应在单价中考虑施工中的各种损耗和需要增加的工程量。

现行"预算定额"，其项目一般是按分项工程进行设置的，包括的工程内容一般是单一的，并据此规定了相应的工程量计算规则；工程量清单项目的划分，一般是以一个"综合实体"考虑的，一般包括多项工程内容，也据此规定了相应的工程量计算规则。二者的工程量计算规则是有区别的。

工程量的计算规则按主要专业划分，可分为建筑工程、装饰装修工程、安装工程、市政工程和园林绿化工程五个专业部分。具体工程量计算规则详见本系列教材《工程估价》。

根据工程量清单计价与计量规范的规定，工程量计算规则可以分为房屋建筑与装饰工程、仿古建筑工程、通用安装工程、市政工程、园林绿化工程、矿山工程、构筑物工程、城市轨道交通工程、爆破工程 9 大类。具体工程量计算规则详见本系列教材《工程估价》。

（三）工程量清单计价

1. 招标投标实行工程量清单计价

招标投标实行工程量清单计价是指招标人公开提供工程量清单，投标人自主报价或招标人编制标底及双方签订合同价款、工程竣工结算等活动。工程量清单计价价款，应包括完成招标文件规定的工程量清单项目所需的全部费用，其内涵是：

（1）包括分部分项工程费、措施项目费、其他项目费和规费、税金；

（2）包括完成每分项工程所含全部工程内容的费用；

（3）包括完成每项工程内容所需的全部费用（规费、税金除外）；

（4）工程量清单项目中没有体现的，施工中又必须发生的工程内容所需的费用；

（5）考虑风险因素而增加的费用。

2. 综合单价计价

工程量清单计价采用的综合单价计价是有别于现行定额工料单价计价的另一种单价计价方式。它包括完成规定计量单位、合格产品所需的全部费用，且包括除规费、税金以外的全部费用。综合单价不但适用于分部分项工程量清单，也适用于措施项目清单、其他项目清单等。分部分项工程量清单的综合单价，不得包括招标人自行采购材料的价款。

措施项目清单分为按"费率"和按"项"计价，招标人列出措施项目的序号与项目名称，投标人报价并给出"措施项目清单费用分析表"。对规范中未列的措施项目，招标人可根据工程实际情况进行补充。对招标人所列的措施项目，投标人可根据工程实际与施工组织设计进行增补，但不应更改招标人已列措施项目的序号。

其他项目清单中的暂列金额、暂估价，均为估算、预测数量，虽在投标时计入投标人的报价中，不应视为投标人所有。竣工结算时，应按承包人实际完成的工作内容结算，剩余部分仍归业主所有。

3. 工程内容

工程内容是指完成该清单项目可能发生的具体工程，可供招标人确定清单项目和投标人投标报价参考。以建筑工程的砖墙为例，可能发生的具体工程有搭拆内墙脚手架、运输、砌砖、勾缝等。凡工程内容中未列全的其他具体工程，由投标人按招标文件或图纸要求编制，以完成清单项目为准，综合考虑到报价中。

（四）工程量清单及其计价格式

1. 工程量清单

工程量清单是工程量清单计价的基础，应作为编制招标控制价、投标报价、计算工程量、支付工程款、调整合同价款、办理竣工结算以及工程索赔等的依据之一。

工程量清单由具有编制能力的招标人或受其委托、具有相应资质的工程造价咨询人编制，是招标文件的组成部分，其准确性和完整性由招标人负责。

工程量清单的依据包括建设工程工程量清单计价规范（GB 50500—2008）、国家或省级和行业建设主管部门颁发的计价依据和办法、建设工程设计文件、与建设工程项目有关的标准和规范及技术资料、招标文件及其补充通知及答疑纪要、施工现场情况和工程特点及常规施工方案、其他相关资料。

工程量清单应由分部分项工程量清单、措施项目清单、其他项目清单、规费项目清单、税金项目清单组成。

分部分项工程量清单应根据规范规定的项目编码、项目名称、项目特征、计量单位和工程量计算规则进行编制。规范中未包括的项目，编制人应作补充，并报省级或行业工程造价管理机构备案，省级或行业工程造价管理机构应汇总报住房和城乡建设部标准定额研究所。

措施项目清单应根据相关工程现行国家计量规范的规定编制，并应根据拟建工程的实际情况列项。例如，《房屋建筑与装饰工程量计算规范》（GB 50854）中规定的措施项目，包括脚手架工程，混凝土模板及支架（撑），垂直运输，超高施工增加，大型机械设备进出场及安拆，施工排水、降水，安全文明施工及其他措施项目。若出现本规范未列的项目，可根据工程实际情况补充。措施项目中可以计算工程量的项目清单宜采用分部分项工程量清单的方式编制，列出项目编码、项目名称、项目特征、计量单位和工程量计算规则；不能计算工程量的项目清单，以"项"为计量单位。

其他项目清单包括暂列金额、暂估价（包括材料暂估单价、专业工程暂估价）、计日工、总承包服务费、根据工程实际情况补充的其他费用。

规费项目清单包括工程排污费、工程定额测定费、社会保障费（包括养老保险费、失业保险费、医疗保险费）、住房公积金、危险作业意外伤害保险、根据省级政府或省级有关权力部门规定的其他项目费用。

税金项目清单包括营业税、城市维护建设税、教育费附加、根据税务部门规定的其他列项。

2. 工程量清单计价格式

工程量清单计价格式应采用统一格式，且应由下列内容组成：封面（表3-3）；填表须知；总说表（表3-4）；汇总表（表3-5）；分部分项工程量清单表（表3-6）；措施项目一览表（表3-7）；其他项目清单表（见表3-8）；规费、税金项目清单与计价表（见表3-9）。

填表须知要说明工程量清单及其计价格式中所有要求签字、盖章的地方，必须由规定的单位和人员签字、盖章；任何内容不得随意删除或涂改；列明的所有需要填报的单价和合价，投标人均应填报，未填报的单价和合价，视为此项费用已包含在工程量清单的其他单价和合价中；明确金额（价格）并表示币种。

工程量清单格式的填写应符合下列规定：工程量清单应由招标人填写；填表须知除本规范内容外，招标人可根据具体情况进行补充；总说明应包括的内容有工程概况（包括建设规模、工程特征、计划工期、施工现场实际情况、交通运输情况、自然地理条件、环境保护要求等）、工程招标和分包范围、工程量清单编制依据、工程质量和材料及施工等的特殊要求、招标人自行采购材料的名称和规格型号及数量等；其他需说明的问题。

表3-3　　　　　　　　　　　　　封　　面
表3-3-1　　　　　　　　　　　　工程量清单

_____工程

工程量清单

招标人：_____　　咨询人：_____

　　　　（单位盖章）　　　　　　　　　（单位资质专用章）

法定代表人　　　　　　　　　法定代表人

或其授权人：_____　　或其授权人：_____

　　　　（签字或盖章）　　　　　　　　　（签字或盖章）

编制人：_____　　复核人：_____

　　（造价人员签字盖专用章）　　　　（造价工程师签字盖专用章）

编制时间：　年　月　日　　复核时间：　年　月　日

表 3-3-2 　　　　　　　　　　投 标 总 价

投 标 总 价

投标人：＿＿＿＿＿＿＿＿＿＿＿＿＿＿＿＿＿＿＿＿＿＿＿＿＿＿

工程名称：＿＿＿＿＿＿＿＿＿＿＿＿＿＿＿＿＿＿＿＿＿＿＿＿＿＿

投标总价（小写）：＿＿＿＿＿＿＿＿＿＿＿＿＿＿＿＿＿＿＿＿＿

（大写）：＿＿＿＿＿＿＿＿＿＿＿＿＿＿＿＿＿＿＿＿＿＿＿＿

投标人：＿＿＿＿＿＿＿＿＿＿＿＿＿＿＿＿＿＿＿＿＿＿＿＿

　　　　　　　　　　（单位盖章）

法定代表人

或其授权人：＿＿＿＿＿＿＿＿＿＿＿＿＿＿＿＿＿＿＿＿＿＿

　　　　　　　　　　（签字或盖章）

编制人：＿＿＿＿＿＿＿＿＿＿＿＿＿＿＿＿＿＿＿＿＿＿＿＿

　　　　　　　　（造价人员签字盖专用章）

编制时间： 年 月 日

表 3-4 　　　　　　　　　　总 说 表

工程名称： 　　　　　　　　　　　　　　　　　　　第 页共 页

表 3-5 　　　　　　　　　　汇 总 表

表 3-5-1 　　　　　　工程项目投标报价/招标控制价汇总表

工程名称： 　　　　　　　　　　　　　　　　　　　第 页共 页

序号	单项工程名称	金额（元）	其 中		
			暂估价（元）	安全文明施工费（元）	规费（元）
合 计					

注：本表适用于工程项目投标报价或招标控制价的汇总。

表 3-5-2　　　　　　　　　　**单项工程投标报价/招标控制价汇总表**

工程名称：　　　　　　　　　　　　　　　　　　　　　第　页共　页

| 序号 | 单位工程名称 | 金额（元） | 其　　中 | | |
			暂估价（元）	安全文明施工费（元）	规费（元）
合　　计					

注：本表适用于单项工程投标报价或招标控制价的汇总。暂估价包括分部分项工程中的暂估价和专业工程暂估价。

表 3-5-3　　　　　　　　　　**单位工程投标报价/招标控制价汇总表**

工程名称：　　　　　　　　　标段：　　　　　　　　第　页共　页

序号	汇　总　内　容	金额（元）	其中：暂估价（元）
1	分部分项工程		
1.1			
1.2			
1.3			
2	措施项目		
2.1	安全文明施工费		
3	其他项目		
3.1	暂列金额		
3.2	专业工程暂估价		
3.3	计日工		
3.4	总承包服务费		
4	规费		
5	税金		
招标控制价合计＝1+2+3+4+5			

注：本表适用于单位工程投标报价或招标控制价的汇总，如无单位工程划分，单项工程也使用本表汇总。

表 3-6　　　　　　　　　　　　　　**分部分项工程量清单表**

表 3-6-1　　　　　　　　　　　　　**分部分项工程量清单与计价表**

工程名称　　　　　　　　　　　　标段：　　　　　　　　　　第　页共　页

序号	项目编码	项目名称	项目特征描述	计量单位	工程量	金　额（元）		
						综合单价	合价	其中：暂估价
			本页小计					
			合　　计					

表 3-6-2　　　　　　　　　　　　**工程量清单综合单价分析表**

工程名称　　　　　　　　　　　　标段：　　　　　　　　　　第　页共　页

项目编码		项目名称		计量单位	

清单综合单价组成明细

定额编号	定额名称	定额单位	数量	单　　价				合　　价			
				人工费	材料费	机械费	管理费和利润	人工费	材料费	机械费	管理费和利润
人工单价		小　　计									
元/工日		未计价材料费									
清单项目综合单价											

材料费明细	主要材料名称、规格、型号	单位	数量	单价（元）	合价（元）	暂估单价（元）	暂估合价（元）
	其他材料费			—		—	
	材料费小计			—		—	

注：1. 如不使用省级或行业建设主管部门发布的计价依据，可不填定额项目、编号等。

　　2. 招标文件提供了暂估单价的材料，按暂估的单价填入表内"暂估单价"栏及"暂估合价"栏。

表 3-7 　　　　　　　　　　　　　　**措施项目一览表**
表 3-7-1 　　　　　　　　　　　　　**措施项目表（一）**
工程名称： 　　　　　　　　标段： 　　　　　　　　第　页共　页

序号	项目编码	项目名称	计算基础	费率（%）	金额（元）	调整费率（%）	调整后金额（%）	备注
1		安全文明施工费						
2		夜间施工费						
3		非夜间施工照明费						
4		二次搬运费						
5		冬雨季施工增加费						
6		地上、地下设施、建筑物的临时保护设施						
7		已完工程及设备保护						
8		脚手架费						
9		混凝土模板及支架（撑）费						
10		垂直运输费						
11		…						
		…						
合计								

编制人（造价人员）： 　　　　　　　　　　　　复核人（造价工程师）：

注：1. "计算基础"中安全文明施工费可为"定额基价"、"定额人工费"或"定额人工费+定额机械费"，其他项目可为"定额人工费"或"定额人工费+定额机械费"。

　　2. 按施工方案计算的措施费，若无"计算基础"和"费率"的数值，也可只填"金额"数值，但应在备注栏说明施工方案出处或计算方法。

表 3-7-2 　　　　　　　　　　　　**措施项目清单（二）**
工程名称： 　　　　　　　　标段： 　　　　　　　　第　页共　页

序号	项目编码	项目名称	项目特征描述	计量单位	工程量	金额（元）	
						综合单价	合价
合 计							

注：本表适用于以综合单价形式计价的措施项目。

表 3-8 **其他项目清单表**

表 3-8-1 **其他项目清单与计价汇总表**

工程名称： 标段： 第 页 共 页

序号	项目名称	计量单位	金额（元）	备注
1	暂列金额			明细详见表 3-12-2
2	暂估价			
2.1	材料暂估价/结算价			明细详见表 3-12-3
2.2	专业工程暂估价/结算价			明细详见表 3-12-4
3	计日工			明细详见表 3-12-5
4	总承包服务费			明细详见表 3-12-6
5				
	合 计			—

注：材料（工程设备）暂估单价进入清单项目综合单价，此处不汇总。

表 3-8-2 **暂列金额明细表**

工程名称： 标段： 第 页 共 页

序号	项目名称	计量单位	暂定金额（元）	备注
1				
2				
3				
	合 计			—

注：此表由招标人填写，如不能详列，也可只列暂定金额总额，投标人应将上述暂列金额计入投标总价中。

表 3-8-3   **材料暂估单价表**

工程名称：　　　　　　　　　　　　　　标段：　　　　　　　　　　　第　页共　页

序号	材料名称、规格、型号	计量单位	单价（元）	备注

注：1. 此表由招标人填写，并在备注栏说明暂估价的材料拟用在哪些清单项目上，投标人应将上述材料
暂估单价计入工程量清单综合单价报价中。

2. 材料包括原材料、燃料、构配件以及按规定应计入建筑安装工程造价的设备。

表 3-8-4   **专业工程暂估价表**

工程名称：　　　　　　　　　　　　　　标段：　　　　　　　　　　　第　页共　页

序号	工程名称	工程内容	暂估金额（元）	结算金额（元）	差额±（元）	备注
合　计						

注：此表由"暂估余额"招标人填写，投标人应将"暂估余额"计入投标总价中。结算时按合同约定结
算金额填写。

表 3-8-5   **计 日 工 表**

工程名称：　　　　　　　　　　　　　　标段：　　　　　　　　　　　第　页共　页

编号	项目名称	单位	暂定数量	综合单价（元）	合价	
					暂定	实际
一	人　工					
1						
2						
人 工 小 计						
二	材　料					
1						
2						
材 料 小 计						

续表

编号	项目名称	单位	暂定数量	综合单价（元）	合价	
					暂定	实际
三	施工机械					
1						
2						
	施工机械小计					
	合　计					

注：此表项目名称、数量由招标人填写，编制招标控制价时，单价由招标人按有关计价规定确定；投标时，单价由投标人自主报价，计入投标总价中。

表 3-8-6　　　　　　　　　　总承包服务费计价表

工程名称：　　　　　　　　　标段：　　　　　　　　第　页共　页

序号	项目名称	项目价值（元）	服务内容	计算基础	费率（%）	金额（元）
1	发包人发包专业工程					
2	发包人供应材料					
	合　计	—	—		—	

注：此表项目名称、服务内容由招标人填写，编制招标控制价时，费率及金额由招标人按有关计价规定确定；投标时，费率及金额由投标人自主报价，计入投标总价中。

表 3-9　　　　　　　　　　规费、税金项目清单与计价表

工程名称：　　　　　　　　　标段：　　　　　　　　第　页共　页

序号	项目名称	计算基础	计算基数	费率（%）	金额（元）
1	规费	定额人工费			
1.1	社会保障费	定额人工费			
（1）	养老保险费	定额人工费			
（2）	失业保险费	定额人工费			
（3）	医疗保险费	定额人工费			
（4）	工伤保险	定额人工费			
（5）	生育保险	定额人工费			
1.2	住房公积金	定额人工费			
1.3	工程排污费	按工程所在地环境保护部门收取标准，按实计入			

第五节　工程造价指数

一、工程造价指数及其意义

工程造价指数是反映一定时期由于价格变化对工程造价影响程度的一种指标，是调整工程造价价差的依据。以合理的方法编制的工程造价指数，能够较好地反映工程造价的变动趋势和变化幅度，正确反映建筑市场的供求关系和生产力发展水平。工程造价指数反映了报告期与基期相比的价格变动趋势，利用它来研究实际工作中的问题很有意义。

利用工程造价指数分析价格变动趋势及其原因、估计工程造价变化对宏观经济的影响，是业主控制投资、投标人确定报价的重要依据。

二、工程造价指数的分类

（一）按照工程范围、类别、用途分类

1. 单项价格指数

单项价格指数是分别反映各类工程的人工、材料、施工机械及主要设备报告期价格对基期价格的变化程度的指标。可利用它研究主要单项价格变化的情况及其发展变化的趋势。例如人工费价格指数、主要材料价格指数、施工机械台班价格指数、主要设备价格指数等。

2. 设备、工器具价格指数

设备、工器具费用的变动通常是由两个因素引起的，即设备、工器具单件采购价格的变化和采购数量的变化，并且工程所采购的设备、工器具是由不同规格、不同品种组成的，因此设备、工器具价格指数属于总指数。由于采购价格与采购数量的数据无论是基期还是报告期都比较容易获得，因此设备、工器具价格指数可以用综合指数的形式来表示。

3. 建筑安装工程造价指数

建筑安装工程造价指数也是一种综合指数，其中包括了人工费指数、材料费指数、施工机械使用费指数以及措施费、间接费等各项个体指数的综合影响。由于建筑安装工程造价指数相对比较复杂，涉及的方面较广，利用综合指数来进行计算分析难度较大，因此，可以通过对各项个体指数的加权平均，用平均数指数的形式来表示。

4. 建设项目或单项工程造价指数

该指数是由设备、工器具指数、建筑安装工程造价指数、工程建设其他费用指数综合得到的。它也属于总指数，并且与建筑安装工程造价指数类似，一般也用平均数指数的形式来表示。

（二）按造价资料期限长短分类

1. 时点造价指数。时点造价指数是不同时点（例如 2002 年 9 月 1 日 9 时对应于上一年同一时点）价格对比计算的相对数。

2. 月指数。月指数是不同月份价格对比计算的相对数。

3. 季指数。季指数是不同季度价格对比计算的相对数。

4. 年指数。年指数是不同年度价格对比计算的相对数。

（三）按不同基期分类

1. 定基指数。定基指数是指各时期价格与某固定时期的价格对比后编制的指数。

2. 环比指数。环比指数是指各时期价格都以其前一期价格为基础计算的造价指数。例如：与上月对比计算的指数，为月环比指数。

三、工程造价指数的编制

工程造价指数一般应按各主要构成要素（建筑安装工程造价，设备工器具购置费和工程建设其他费用）分别编制价格指数，然后经汇总得到工程造价指数。

（一）人工、机械台班、材料等要素价格指数的编制

人工、机械台班、材料等要素价格指数的编制是编制建筑安装工程造价指数的基础。其计算公式如下：

$$人工费（材料费、施工机械台班和设备使用费）价格指数 = \frac{P_n}{P_0} \qquad (3\text{-}56)$$

式中：P_0——基期人工费、施工机械台班和材料、设备价格；

P_n——报告期人工费、施工机械台班和材料、设备价格。

（二）建筑安装工程造价指数的编制

建筑安装工程造价指数是一种综合性极强的价格指数，可按照下列公式计算：

建筑安装工程造价指数 = 人工费指数 × 基期人工费占建筑安装工程造价比例

$+ \sum$（单项材料价格指数 × 基期该单项材料费占建筑安装工程造价比例）

$+ \sum$（单项施工机械台班指数 × 基期该单项机械台班使用费占建筑安装工程造价比例）

+其他直接费指数×基期其他直接费占建筑安装工程造价比例

+间接费用指数×间接费占建筑安装工程造价比例 　　　　　　　　　　　(3-57)

（三）设备工器具和工程建设其他费用价格指数的编制

1. 设备工器具价格指数

设备工器具的种类、品种和规格很多，其指数一般可选择其中用量大、价格高、变动多的主要设备工器具的购置数量和单价进行登记，按照下面的公式进行计算：

$$设备、工器具价格指数 = \frac{\sum（报告期设备工器具单价 × 报告期购置数量）}{\sum（基期设备工器具单价 × 报告期购置数量）} \qquad (3\text{-}58)$$

2. 工程建设其他费用指数

工程建设其他费用指数可以按照每万元投资额中的其他费用支出定额计算，计算公式如下：

$$工程建设其他费用指数 = \frac{报告期每万元投资支出其他费用}{基期每万元投资支出其他费用} \qquad (3\text{-}59)$$

（四）建设项目或单项工程造价指数的编制

编制建设项目或单项工程造价指数的计算公式如下：

建设项目或单项工程造价指数＝建筑安装工程造价指数×基期建筑安装工程费

占总造价的比例＋$\sum$（单项设备价格指数×基期该项设备费占总造价的比例）

＋工程建设其他费用指数×基期工程建设其他费用占总造价的比例 　　　　（3-60）

第六节　案例分析[①]

【案例一】

背景：

某建设项目中，建筑安装工程费用是 2 000 万元，价格指数是 110%，设备工器具费用是 2 500 万元，价格指数是 105%，工程建设其他费用是 600 万元，价格指数是 115%。

问题：

求该建设工程的造价指数。

分析思路：

本案例主要考查建设项目或单项工程造价指数公式，公式如下：

建设项目或单项工程造价指数＝建筑安装工程造价指数×基期建筑安装工程费占总造价的比例＋$\sum$（单项设备价格指数×基期该项设备费占总造价的比例）＋工程建设其他费用指数×基期工程建设其他费用占总造价的比例

答案：

根据公式，则该建设项目总造价为 2 000+2 500+600＝5 100（万元）

基期建筑安装工程费占总造价的比例为 2 000/5 100＝39%

基期该项设备费占总造价的比例为 2 500/5 100＝49%

基期工程建设其他费用占总造价的比例为 600/5 100＝12%

则：该建设工程的造价指数＝39%×110%+49%×105%+12%×115%＝108%

【案例二】

背景：

某施工项目包括砌筑工程和其他部分项目工程，施工单位需要确定砌筑一砖半墙 1m^3 的施工定额和砌筑 10m^3 砖墙的预算定价。

砌筑一砖半墙的技术测定资料如下：

---

① 本案例引自历年全国造价师执业资格考试培训教材编审委员会编《工程造价案例分析》，在局部作了适当调整。

1. 完成 1m³ 砖砌体需基本工作时间 15.5 小时，辅助工作时间占工作延续时间的 3%，准备与结束工作时间占 3%，不可避免中断时间占 2%，休息时间占 16%，人工幅度差系数 10%，超运距运砖每千砖需耗时 2.5 小时。

2. 砖墙采用 M5 水泥砂浆，气体体积与虚体体积之间的折算系数为 1.07。砖和砂浆的损耗率为 1%，完成 1m³ 砌体需耗水 0.8m³，其他材料费占上述材料费的 2%，灰缝为 0.01m。

3. 砂浆采用 400L 搅拌机现场搅拌，运料需 200s，装料需 50s，搅拌需 80s，卸料需 30s，不可避免的中断时间 10s。搅拌机的投料系数为 0.65，机械利用系数 0.8，机械幅度差系数 15%。

4. 人工日工资单价为 21 元/工日，M5 水泥砂浆单价为 120 元/m³，机砖单价为 190 元/千块，水为 0.6 元/m³，400L 砂浆搅拌机台班单价为 100 元/台班。

另一个分部分项工程施工时，甲方认为应重新确定其预算单价。实测的某机械的台班消耗量为 0.25 台班/10m³，人工工日消耗量为 2.3 工日/10m³，所需某种地方材料 3.5t/10m³。已知所用机械台班预算单价为 150 元/台班，人工工资为 25 元/工日。地方材料货源为：甲厂可以供货 30%，原价为 65 元/t；乙厂可以供货 30%，原价为 66.5 元/t；丙厂可以供货 20%，原价为 63.5 元/t；其余由丁厂供货，原价为 64.2 元/t。甲、乙两厂是水路运输，运费为 0.5 元/km，装卸费 3 元/t，驳船费 1.5 元/t，途中损耗 2.5%，甲厂运距 70km，乙厂运距 65km；丙厂和丁厂为陆路运输，运费为 0.55 元/km，装卸费 2.8 元/t，调车费 1.35 元/t，途中损耗 3%，丙厂运距 50km，丁厂运距 60km。材料的包装费均为 9 元/t，采购保管费率为 2.4%。

问题：

1. 确定砌筑工程一砖半墙的施工定额和砌筑 10m³ 砖墙的预算单价。

2. 确定另一分部分项工程的预算定额基价（10m³）。

分析要点：

本案例主要考查施工定额下，如何确定不同项目的定额消耗量、定额单价以及预算定额计价的构成。

问题 1：

计算砖墙的预算单价首先需要计算砖墙的人工、材料、机械台班的定额消耗量。

其中：每立方米砖墙的用砖数和砌筑砂浆的用量，可用下列理论计算公式计算各自的净用量：

$$砖数 = \frac{1}{墙厚 \times (砖长 + 灰缝) \times (砖厚 + 灰缝)} \times 墙厚的砖数 \times 2$$
$$砂浆净用量 = 1 - 砖数 \times 砖块体积$$

台班产量等于该机械净工作 1 小时的生产率（N_h）乘以工作班的延续时间 T（一般都是 8 小时），再乘以台班时间利用系数（K_b），则：

$$N_{台班} = N_b \times T \times K_b$$

计算完定额消耗量后，确定 10m³ 一砖半墙的人工、材料、机械的消耗量以及相关费用。最后逐一加总得到砖墙的预算单价。

问题 2：

预算定额基价就是预算定额分项工程或结构构件的单价，包括人工费、材料费和机械台班使用费，也称工料单价或直接工程费单价。

分项工程预算定额基价 = 人工费 + 材料费 + 机械台班使用费

$$人工费 = \sum (现行预算定额中人工工日用量 \times 人工日工资单价)$$

$$材料费 = \sum (现行预算定额中各种材料耗用量 \times 相应材料单价)$$

$$机械台班使用费 = \sum (现行预算定额中机械台班用量 \times 机械台班单价)$$

答案：

问题一：

答：

（1）劳动定额：

$$时间定额 = \frac{15.5}{(1 - 3\% - 3\% - 2\% - 16\%) \times 8} = 2.549（工日）$$

$$产量定额 = \frac{1}{时间定额} = \frac{1}{2.549} = 0.392（m^3）$$

（2）材料消耗定额：

已知一砖半砖墙的"标准块"尺寸为 365×240×53。$1m^3$ 一砖半砖墙的净用量

$$砖数 = \frac{1}{墙厚 \times (砖长+灰缝) \times (砖厚+灰缝)} \times 墙厚的砖数 \times 2$$

$$= \frac{1}{0.365 \times (0.24+0.01)(0.053+0.01)}$$

$$= 522（块）$$

所以，砖的消耗量 = 522×（1+1%）= 527（块）。

$1m^3$ 一砖半墙砂浆净用量 = 1-砖数×砖块体积

$$= (1-522 \times 0.24 \times 0.115 \times 0.053) \times 1.07 = 0.253（m^3）$$

砂浆消耗量 = 0.253×（1+1%）= 0.256（m^3）

用水量 $0.8m^3$。

（3）机械产量定额：

首先确认机械循环一次所需时间。

由于运料时间大于装袋、搅拌、出料和不可避免的中断时间之和，所以机械循环一次所需时间 200s。

搅拌机净工作 1 小时的生产率 N_h = 60×60÷200×0.4×0.65 = 4.68（m^3）

搅拌机的台班产量定额 = N_h×8×0.8 = 29.952（m^3）

$1m^3$ 一砖半墙机械台班消耗量 = 0.256÷29.952 = 0.009（台班）

（4）预算定额和预算单价的编制：

①预算定额：

预算人工工日消耗量 = （2.549+527÷1 000×2.5÷8）×10×（1+10%）= 29.854（工日）

预算材料消耗量：砖 5.27 千块；砂浆 2.56m³；水 8m³。

预算机械台班消耗量 = 0.009×10×（1+15%）= 0.104（台班）

②预算定额单价：

人工费 = 29.854×21 = 626.93（元）

材料费 =（5.27×190+2.56×120+8×0.6）×（1+2%）= 1 339.57（元）

机械费 = 0.104×100 = 10.4（元）

预算定额单价 = 人工费+材料费+机械费 = 1 976.9（元）

问题 2：

答：

预算基价 = 人工费+材料费+机械费

材料预算价格：

材料原价 = 65×0.3+66.5×0.3+63.5×0.2+64.2×0.2 = 64.99（元/t）

包装费 = 9 元/t

运费 =（0.3×70+0.3×65）×0.5+（0.2×50+0.2×60）×0.55 = 32.55（元/t）

驳船费 =（0.3+0.3）×1.5 = 0.9（元/t）

调车费 =（0.2+0.2）×1.35 = 0.54（元/t）

装卸费 =（0.3+0.3）×3+（0.2+0.2）×2.8 = 2.92（元/t）

运杂费 = 32.25+0.9+0.54+2.92 = 36.71（元/t）

运输途中损耗 =（0.3+0.3）×2.5%+（0.2+0.2）×3% = 2.7%

途中损耗费 =（64.99+9+36.71）×2.7% = 2.99（元/t）

采购保管费 =（64.99+9+36.71+2.99）×2.4% = 2.73（元/t）

某地方材料的预算价格为 64.99+9+36.71+2.99+2.73 = 107.42（元/t）

预算定额基价 = 2.3×25+107.42×3.5+0.25×150 = 470.97（元/10m³）

【案例三】

背景：

某工程采用工程量清单招标。按工程所在地的计价依据，措施费和规费均以分部分项工程费中的人工费（已包含管理费和利润）为计算基础，经计算，该工程的分部分项工程费总计为 6 300 000 元，其中人工费为 1 300 000 元，其他有关工程造价方面的背景材料如下：

1. 安全文明施工费费率为 25%，夜间施工费费率为 2%，二次搬运费费率为 1.5%，冬、雨季施工费费率为 1%。

2. 按合理的施工组织设计，该工程需大型机械进出场及安拆费 26 000 元，工程定位复测费 2 500 元，已完工程及设备保护费 22 000 元，特殊地区施工增加费 130 000 元，脚手架费 168 000 元。以上各项费用均包含管理费和利润。

3. 招标文件中列明，该工程暂列金额 340 000 元，材料暂估价 100 000 元，计工日费用 20 000 元，总承包服务费 20 000 元。

4. 社会保障中的养老保险费费率为 16%，失业保险费费率为 2%，医疗保险费和生育保险费费率为 6%；住房公积金费率为 6%；工伤保险费费率为 0.48%；综合税率为 3.413%。

问题：

1. 编制该工程项目的工程措施项目费清单及计价表。

2. 编制该工程项目的建设其他费用清单及计价汇总表。

3. 编制该工程项目的规费和税金项目清单及计价汇总表。

4. 编制工程招标控制价汇总表，并计算该工程的招标控制价。

（计算结果均保留两位小数）

答案：

问题1：

答：见表 3-10、表 3-11。

表 3-10　　　　　　　　　　措施项目清单与计价表

序号	项目名称	计算基础（元）	费率（%）	金额（元）
1	安全文明施工费	1 300 000.00（人工费）	25%	325 000.00
2	夜间施工费		2%	26 000.00
3	二次搬运费		1.5%	19 500.00
4	冬、雨季施工费		1%	13 000.00
5	大型机械进出场及安拆费			26 000.00
6	工程定位复测费			2 500.00
7	已完工程及设备保护费			22 000.00
8	特殊地区施工增加费			130 000.00
9	脚手架费			168 000.00
合计				732 000.00

问题2：

答：

表 3-11　　　　　　　　　　建设其他费用清单及计价汇总表

序号	项目将名称	金额（元）
1	暂列金额	340 000.00
2	计工日	20 000.00
3	总承包服务费	20 000.00
合计		380 000.00

问题 3：

答：见表 3-12。

表 3-12 规费、税金项目清单及计价汇总表

序号	项目名称	计算基础（元）	费率（%）	金额（元）
1	规费			396 240.00
1.1	社会保障费			318 240.00
1.1.1	养老保险费		16	208 000.00
1.1.2	失业保险费	1 300 000.00	2	26 000.00
1.1.3	医疗保险费和生育保险费	（人工费）	6	78 000.00
1.1.4	工伤保险费		0.48	6 240.00
1.2	住房公积金费		6	78 000.00
2	税金	7 428 240.00 （分部分项工程费+措施项目费+规费）	3.413	253 525.83
合计				649 765.83

问题 4：

答：见表 3-13。

表 3-13 单位工程招标控制价汇总表

序号	项目名称	金额（元）
1	分部分项工程费	6 300 000.00
2	措施项目费	732 000.00
3	工程建设其他费	380 000.00
4	规费	396 240.00
5	税金	253 525.83
招标控制价合计		8 061 765.83

本章小结

本章重点介绍了确定工程造价的两种方法即定额计价法和工程量清单计价法。

工程建设定额是指在正常的施工生产条件下，完成单位合格产品所必需的人工、材

料、施工机械及资金消耗的数量标准，是工程建设中各类定额的总称。

工程建设定额具有真实性和科学性、系统性和统一性、稳定性和时效性的特征，它包括许多种类定额，其中劳动消耗定额、机械消耗定额和材料消耗定额是工程建设定额的"三大基础定额"，它是组成所有使用定额消耗内容的基础。工程建设定额原理重点介绍了施工定额、预算定额和概算定额及概算指标。施工定额是指具有合理劳动组织的建筑安装工人或工作小组在正常施工条件下，为完成单位合格工程建设产品所需人工、机械台班、材料消耗的数量标准，是企业定额，是以平均先进的生产力发展水平编制的。预算定额是指规定消耗在合格质量的单位工程基本构造要素上的人工、材料和机械台班的数量标准，是计价定额，是以社会平均生产力发展水平编制的。概算定额是指在正常的生产建设条件下，为完成一定计量单位的扩大分项工程或扩大结构构件的生产任务所需人工、材料和机械台班的消耗数量及费用标准。概算指标是指以统计指标的形式反映工程建设过程中生产单位合格工程建设产品所需资源消耗量的水平，它比概算定额更为综合和概括。

施工资源的价格由三大部分组成，即人工费、材料费和机械费。我国现行体制下的人工单价包括生产工人基本工资、生产工人工资性补贴、生产工人辅助工资、职工福利费和生产工人劳动保护费；材料预算价格由材料供应价、包装费、运输费、运输损耗费、采购及保管费组成；施工机械台班单价由折旧费、大修理费、经常修理费、安拆费及场外运费、燃料动力费、人工费、养路费及车船使用税等组成。

招标投标实行工程量清单计价，是指招标人公开提供工程量清单，投标人自主报价或招标人编制标底及双方签订合同价款、工程竣工结算等活动。工程量清单计价价款，应包括完成招标文件规定的工程量清单项目所需的全部费用，包括分部分项工程费、措施项目费、其他项目费和规费、税金；完成每项分项工程所含全部工程内容的费用；完成每项工程内容所需的全部费用（规费、税金除外）；工程量清单项目中没有体现的，施工中又必须发生的工程内容所需的费用；考虑风险因素而增加的费用。

工程造价指数是反映一定时期由于价格变化对工程造价影响程度的一种指标，它是调整工程造价价差的依据。工程造价指数反映了报告期与基期相比的价格变动趋势，利用它来研究实际工作中的问题很有意义。

复习思考题

1. 确定工程造价的方法有几种？比较这两种方法的不同点。
2. 建筑安装工程定额是怎样分类的？
3. 施工资源消耗量指标是怎样确定的？
4. 简述我国现行体制下的机械台班单价施工资源价格的概念及影响机械台班单价的因素。
5. 简述人工单价的概念、费用构成及影响人工单价的因素。
6. 简述机械台班单价的概念，并用1 000字以内的文字概括确定机械台班单价的基本原理。

7. 简述我国现行体制下人工单价的概念及其费用构成。

8. 简述材料单价的概念及其费用构成,并简述确定实体性材料单价的基本原理。

9. 简述工程造价指数的概念、分类及其确定方法。

10. 安装工程定额是怎样分类的?

11. 工程量清单计价包括哪些内容?

12. 什么是工程量清单? 怎样编制工程量清单?

13. 人工挖土方, 土壤系潮湿的粘性土, 按土壤分类属二类土 (普通土)。测时资料表明, 挖 1m³需消耗基本工作时间 60 分钟, 辅助工作时间占工作班延续时间 2%, 准备与结束工作时间占工作延续时间 2%, 不可避免中断时间占 1%, 休息占 20%。试计算人工挖土方时间定额和产量定额。

14. 背景:

某外墙面挂贴花岗岩工程, 定额测定资料如下:

(1) 完成每平方米挂贴花岗岩的基本工作时间为 4.5 小时;

(2) 辅助工作时间、准备与结束工作时间、不可避免中断时间和休息时间分别占工作延续时间的比例为: 3%、2%、1.5% 和 16%, 人工幅度差 10%;

(3) 每挂贴 100 平方米花岗岩需消耗水泥砂浆 5.55m³, 600×600 花岗岩板 102m², 白水泥 15kg, 铁件 34.87kg, 塑料薄膜 28.05m², 水 1.53m³;

(4) 每挂贴 100 平方米花岗岩需 200L 灰浆, 搅拌机 0.93 台班;

(5) 该地区人工工日单价: 20.5 元/工日;   花岗岩预算价格: 300.00 元/m²;

    白水泥预算价格: 0.43 元/kg;   铁件预算价格: 5.33 元/kg;

    塑料薄膜预算价格: 0.9 元/m²;   水预算价格: 1.24 元/m³;

    200L 砂浆搅拌机台班单价: 42.84 元/台班;水泥砂浆单价: 153.00 元/m³。

问题:

(1) 确定挂贴每平方米花岗岩墙面的人工时间定额和人工产量定额;

(2) 确定该分项工程的补充定额单价;

(3) 若设计变更为进口印度红花岗岩, 若该花岗岩单价为 800 元/m², 应如何换算定额单价, 换算后的新单价是多少?

第四章　建设项目投资决策阶段工程造价管理

建设项目投资决策是选择和决定投资行动方案的过程，是对拟建项目的必要性和可行性进行技术经济论证，对不同建设方案进行技术经济比较选择及做出判断和决定的过程。项目投资决策正确与否，直接关系到项目建设的成败，关系到工程造价的高低及投资效果的好坏，正确的投资决策是合理确定与控制工程造价的前提。

第一节　建设项目投资决策阶段的工作内容

建设项目投资决策阶段的工作内容包括项目策划、编制项目建议书、项目可行性研究报告及项目的投资决策审批。

一、项目策划

项目策划是一种具有建设性、逻辑性的思维过程，在此过程中，目的就是把所有可能影响决策的决定总结起来，对未来起到指导和控制作用，最终借以达到方案目标。它是一门新兴的策划学，以具体的项目活动为对象，体现一定的功利性、社会性、创造性、时效性和超前性的大型策划活动。

项目策划是项目发掘、论证、包装、推介、开发、运营全过程的一揽子计划。项目的实施成功与否，除其他条件外，首要的一点就是所策划的项目是否具有足够吸引力来吸引资本的投入。项目策划的目的是建立并维护用以确定项目活动的计划。

（一）项目策划的主要内容

项目策划阶段的主要活动包括：确定项目目标和范围；定义项目阶段、里程碑；估算项目规模、成本、时间、资源；建立项目组织结构；项目工作结构分解；识别项目风险；制定项目综合计划。项目计划是提供执行及控制项目活动的基础，以完成对项目客户的承诺。项目策划一般是在需求明确后制定的，项目策划是对项目进行全面的策划，它的输出就是"项目综合计划"。

（二）项目策划的特点

美国哈佛企业管理丛书认为："策划是一种程序，在本质上是一种运用脑力的理性行为。"策划是以人类的实践活动为发展条件，以人类的智能创造为动力，随着人类的实践活动的逐步发展与智能水平的超越发展起来的，策划水平直接体现了社会的发展水平。

项目策划是一门新兴的策划学，是以具体的项目活动为对象，体现一定的功利性、社会性、创造性、时效性的大型策划活动。

1. 功利性

项目策划的功利性是指策划能给策划方带来经济上的满足或愉悦。功利性也是项目策划要实现的目标，是策划的基本功能之一。项目策划的一个重要作用，就是使策划主体更好地得到实际利益。

项目策划的主体不同，策划主题不一，策划的目标也随之有差异，即项目策划的功利性又分为长远之利、眼前之利、钱财之利、实物之利、发展之利、权利之利、享乐之利等。在项目策划的实践中，应力求争取获得更多的功利。

2. 社会性

项目策划要依据国家、地区的具体实情来进行，它不仅注重本身的经济效益，更应关注它的社会效益，经济效益与社会效益两者的有机结合才是项目策划的功利性的真正意义所在。因此，项目策划要体现一定的社会性，只有这样，才能为更多的受众所接受。

3. 创造性

项目策划作为一门新兴的策划学，也应该具备策划学的共性——创造性。

提高策划的创造性，要从策划者的想像力与灵感思维入手，努力提高这两方面的能力。创造需要丰富的想像力，需要创造性的思维。创造性的思维方式，是一种高级的人脑活动过程，需要有广泛、敏锐、深刻的觉察力，丰富的想像力，活跃、丰富的灵感，渊博的知识底蕴，只有这样，才能把知识化成智慧，使之成为策划活动的智慧能源。创造性的思维，是策划活动创造性的基础，是策划生命力的体现，没有创造性的思维，项目策划活动的创造性就无从谈起。

4. 超前性

一项策划活动的制作完成，必须预测未来行为的影响及其结果，必须对未来的各种发展、变化的趋势进行预测，必须对所策划的结果进行事前事后评估。项目策划的目的就是"双赢"策略，委托策划方达到最佳满意，策划方获得用货币来衡量的思维成果，因此，策划方肩负着重要的任务，要想达到预期的目标，必须满足策划的超前性。项目策划要具有超前性，必须经过深入的调查研究。要使项目策划科学、准确，必须深入调查，获取大量真实全面的信息资料，必须对这些信息进行去粗取精，去伪存真，由表及里，分析其内在的本质。超前性是项目策划的重要特性，在实践中运用得当，可以有力地引导将来的工作进程，达到策划的初衷。

二、编制项目建议书

项目建议书是拟建项目单位向国家提出的要求建设某一项目的建议文件，是对工程项目建设的轮廓设想。项目建议书的内容视项目的不同而有繁有简，但一般应包括以下几方面内容：

（1）项目提出的必要性和依据。

（2）产品方案、拟建规模和建设地点的初步设想。

（3）资源情况、建设条件、协作关系和设备技术引进国别、厂商的初步分析。

（4）投资估算、资金筹措及还贷方案设想。

（5）项目进度安排。

（6）经济效益和社会效益的初步估计。

（7）环境影响的初步评价。

对于政府投资项目，项目建议书按要求编制完成后，应根据建设规模和限额划分分别报送有关部门审批。

三、项目的可行性研究

可行性研究是指对某工程项目在做出是否投资的决策之前，先对与该项目有关的技术、经济、社会、环境等所有方面进行调查研究，对项目各种可能的拟建方案认真地进行技术经济分析论证，研究项目在技术上的先进适用性，在经济上的合理性和建设上的可能性，对项目建成投产后的经济效益、社会效益、环境效益等进行科学的预测和评价，据此提出项目是否应该投资建设以及选定最佳投资建设方案等结论性意见，为项目投资决策部门提供决策的依据。

可行性研究广泛应用于新建、改建和扩建项目。在项目投资决策之前，通过做好可行性研究，使项目的投资决策工作建立在科学性和可靠性的基础之上，从而实现项目投资决策科学化，减少和避免投资决策的失误，提高项目投资的经济效益。

（一）可行性研究的作用

可行性研究是项目建设前期工作的重要组成部分，其作用体现在以下几个方面：

1. 可行性研究是建设项目投资决策的依据

由于可行性研究对与建设项目有关的各个方面都进行了调查研究和分析，并以大量数据论证了项目的先进性、合理性、经济性以及其他方面的可行性，所以可行性研究成为建设项目投资决策的首要环节，项目投资者主要根据项目可行性研究的评价结果，并结合国家的财政经济条件和国民经济发展的需要，做出此项目是否应该投资和如何进行投资的决定。

2. 可行性研究是项目筹集资金和向银行申请贷款的依据

银行通过审查项目可行性研究报告，确认项目的经济效益水平和偿还能力，在不承担过大风险时，银行才可能同意贷款。这对合理利用资金，提高投资的经济效益具有积极作用。

3. 可行性研究是项目科研试验、机构设置、职工培训、生产组织的依据

根据批准的可行性研究报告，进行与建设项目有关的科研试验，设置相宜的组织机构，进行职工培训以及合理的组织生产等工作安排。

4. 可行性研究是向当地政府、规划部门、环境保护部门申请建设执照的依据

可行性研究报告经审查，符合市政当局的规定或经济立法，对污染处理得当，不造成环境污染时，才能发给建设执照。

5. 可行性研究是项目建设的基础资料

建设项目的可行性研究报告，是项目建设的重要基础资料。项目建设过程中的技术性更改，应认真分析其对项目经济效益指标的影响程度。

6. 可行性研究是项目考核的依据

建设项目竣工，正式投产后的生产考核，应以可行性研究所制定的生产纲领、技术标准以及经济效果指标作为考核标准。

（二）可行性研究的目的

建设项目的可行性研究是项目进行投资决策和建设的基本先决条件和主要依据，可行性研究的主要目的可概括为以下几点：

1. 避免错误的项目投资决策

由于科学技术、经济和管理科学发展很快，市场竞争激烈，客观要求在进行项目投资决策之前做出准确无误的判断，避免错误的项目投资。

2. 减小项目的风险

现代化的建设项目规模大、投资额巨大，如果轻易做出投资决策，一旦遭到风险，损失太大。通过可行性研究中的风险分析，了解项目风险的程度，为项目决策提供依据。

3. 避免项目方案多变

建设项目的可选方案很多，通过可行性研究，确定项目方案。方案的可靠性、稳定性是非常重要的，因为项目方案的多变必然会造成人力、物力、财力的巨大浪费和时间的延误，这将大大影响建设项目的经济效益。

4. 保证项目不超支、不延误

通过项目可行性研究，确定项目的投资估算和建设工期，可以使项目在估算的投资额范围以内和预定的建设期限以内竣工交付使用，保证项目不超支、不延误。

5. 掌握项目可变因素

在项目可行性研究中，一般要分析影响项目经济效果变化的因素。通过项目可行性研究，对项目在建设过程中或项目竣工后，可能出现的相关因素的变化后果，做到心中有数。

6. 达到投资的最佳经济效果

由于投资者往往不满足于一定的资金利润率，要求在多个可能的投资方案中优选最佳方案。可行性研究为投资者提供了方案比较优选的依据，达到投资的最佳经济效果。

（三）可行性研究的阶段划分

项目可行性研究工作分为投资机会研究、初步可行性研究、详细可行性研究三个阶段。各个研究阶段的目的、任务、要求以及所需费用和时间各不相同，其研究的深度和可靠程度也不同。可行性研究工作是由建设部门或建设单位委托设计单位或工程咨询公司承担。可行性研究各阶段的目的及有关费用等方面的要求列于表4-1。

表 4-1　　　　　　　　　　　　　**可行性研究各阶段的深度要求**

深度要求 研究阶段	目　的	投资与成本 估算精度	研究费用占投资 总额比例（%）	所需时间 （月）
投资机会研究	鉴别与选择项目、寻找投资机会	±30%	0.2~1.0	1~2
初步可行性研究	对项目进行初步技术经济分析， 筛选项目方案	±20%	0.25~1.25	2~3
详细可行性研究	进行深入细致的技术经济分析， 多方案优选，提出结论性意见	±10%	大项目 0.2~1.0 小项目 1.0~3.0	3~6 或更长

（四）可行性研究的工作程序

建设项目可行性研究的工作程序从项目建议书开始，到最后的可行性研究报告的审批，其过程包括很多环节，见图 4-1 所示。

（五）可行性研究的内容

建设项目可行性研究的内容，是指与项目有关的各个方面分析论证其可行性，包括建设项目在技术上、财务上、经济上、管理上等方面的可行性。可行性研究报告的内容可概括为三大部分，第一部分是市场研究，包括产品的市场调查和预测研究，是项目可行性研究的前提和基础，其主要任务是要解决项目的"必要性"问题；第二部分是技术研究，即技术方案和建设条件研究，是项目可行性研究的技术基础，它要解决项目在技术上的"可行性"问题；第三部分是效益研究，即项目经济效益的分析和评价，是项目可行性研究的核心部分，主要解决项目在经济上的"合理性"问题。市场研究、技术研究和效益研究共同构成项目可行性研究的三大支柱，其中经济评价是可行性研究的核心。

具体来说，一般工业建设项目可行性研究包括以下内容：

1. 总论

总论主要说明项目提出的背景（改扩建项目要说明企业现有概况），投资的必要性和经济意义，可行性研究的依据和范围。

2. 市场需求预测和拟建规模

市场需求预测是建设项目可行性研究的重要环节，通过市场调查和预测，了解市场对项目产品的需求程度和发展趋势。

（1）项目产品在国内外市场的供需情况。通过市场调查和预测，摸清市场对该项目产品的目前和将来的需要品种、质量、数量以及当前的生产供应情况。

（2）项目产品的竞争和价格变化趋势。摸清目前项目产品的竞争情况和竞争发展趋势，各厂家在竞争中所采取的手段、措施等。同时应注意预测可能出现的产品最低销售价格，由此确定项目产品的允许成本，这关系到项目的生产规模、设备选择、协作情况等。

（3）影响市场渗透的因素。影响市场渗透的因素很多，如销售组织、销售策略、销售服务、广告宣传、推销技巧、价格政策等，必须逐一摸清，从而采取相宜的销售渗透形式、政策和策略。

（4）估计项目产品的渗透程度和生命力。在综合研究分析以上情况的基础上，对拟

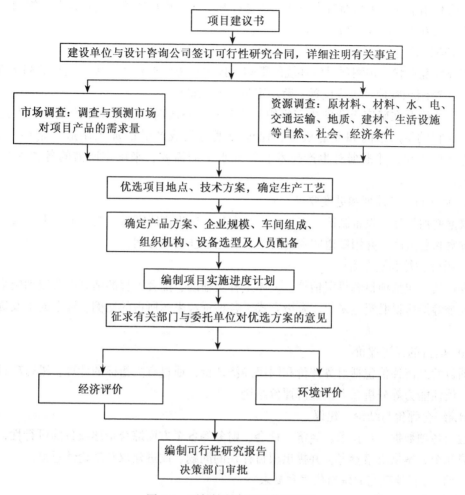

图 4-1　可行性研究的工作程序图

建项目的产品可能达到的渗透程度及其发展变化趋势、现在和将来的销售量以及产品的生命力做出估计，并了解进入国际市场的前景。

3. 资源、原材料、燃料、电及公用设施条件

研究资源储量、品位、成分以及开采利用条件；原料、辅助材料、燃料、电和其他输入品的种类、数量、质量、单价、来源和供应的可能性；所需公共设施的数量、供应方式和供应条件。

4. 项目建设条件和项目位置选择

调查项目建设的地理位置、气象、水文、地质、地形条件和社会经济现状，分析交通、运输及水、电、气的现状和发展趋势。对项目位置进行多方案比较，并提出选择性意见。

5. 项目设计方案

确定项目的构成范围、技术来源和生产方法、主要技术工艺和设备选型方案的比较，

引进技术、设备的来源、国别，与外商合作制造设备的设想。改扩建项目要说明对原有固定资产的利用情况。项目布置方案的初步选择和土建工程量估算。公用辅助设施和项目内外交通运输方式的比较和初步选择。

6. 环境保护

调查环境现状，预测项目对环境的影响，提出环境保护和"三废"治理的初步方案。

7. 生产组织管理、机构设置、劳动定员、职工培训

可行性研究在确定企业的生产组织形式和管理系统时，应根据生产纲领、工艺流程来组织相宜的生产车间和职能机构，保证合理地完成产品的加工制造、储存、运输、销售等各项工作，并根据对生产技术和管理水平的需要，来确定所需的各类人员和培训方案。

8. 项目的施工计划和进度要求

根据勘察设计、设备制造、工程施工、安装、试生产所需时间与进度要求，选择项目实施方案和总进度，并用横道图和网络图来表述最佳实施方案。

9. 投资估算和资金筹措

投资估算包括项目总投资估算，主体工程及辅助、配套工程的估算以及流动资金的估算；资金筹措应说明资金来源、筹措方式、各种资金来源所占的比例、资金成本及贷款的偿还方式。

10. 项目的经济评价

项目的经济评价包括财务评价和国民经济评价，通过有关指标的计算，进行项目盈利能力、偿债能力等分析，得出经济评价结论。

11. 综合评价与结论、建议

运用各项数据，从技术、经济、社会、财务等各个方面综合论述项目的可行性，推荐一个或几个方案供决策参考，并提出项目存在的问题、改进建议和结论性意见。

（六）可行性研究的编制依据和要求

1. 可行性研究的编制依据

编制建设项目可行性研究报告的主要依据有：

（1）国民经济发展的长远规划，国家经济建设的方针、任务和技术经济政策

按照国民经济发展的长远规划、经济建设的方针和政策及地区和部门发展规划，确定项目的投资方向和规模，提出需要进行可行性研究的项目建议书。在宏观投资意向的控制下安排微观的投资项目，并结合市场需求，有计划地统筹安排好各地区、各部门与企业的产品生产和协作配套。

（2）项目建议书和委托单位的要求

项目建议书是做好各项准备工作和进行可行性研究的重要依据，只有经国家计划部门同意，并列入建设前期工作计划后，方可开展可行性研究的各项工作。建设单位在委托可行性研究任务时，应向承担可行性研究工作的单位，提出对建设项目的目标和要求，并说明有关市场、原料、资金来源以及工作范围等情况。

（3）有关的基础数据资料

进行项目位置选择、工程设计、技术经济分析需要可靠的自然、地理、气象、水文、

地质、社会、经济等基础数据资料以及交通运输与环境保护资料。

（4）有关工程技术经济方面的规范、标准、定额

国家正式颁布的技术法规和技术标准以及有关工程技术经济方面的规范、标准、定额等，都是考察项目技术方案的基本依据。

（5）国家或有关主管部门颁发的有关项目经济评价的基本参数和指标

国家或有关主管部门颁发的有关项目经济评价的基本参数主要有基准收益率、社会折现率、固定资产折旧率、汇率、价格水平、工资标准、同类项目的生产成本等，采用的指标有盈利能力指标、偿债能力指标等，这些参数和指标都是进行项目经济评价的基准和依据。

2. 可行性研究的编制要求

（1）编制单位必须具备承担可行性研究的条件

项目可行性研究报告的内容涉及面广，并且有一定的深度要求。因此，编制单位必须是具备一定的技术力量、技术装备、技术手段和相当实践经验等条件的工程咨询公司、设计院及专门单位。参加可行性研究的成员应由工业经济专家、市场分析专家、工程技术人员、机械工程师、土木工程师、企业管理人员、造价工程师、财会人员等组成。

（2）确保可行性研究报告的真实性和科学性

可行性研究工作是一项技术性、经济性、政策性很强的工作，要求编制单位必须保持独立性和公正性，在调查研究的基础上，按客观实际情况实事求是地进行技术经济论证、技术方案比较和优选，切忌主观臆断、行政干预、划框框、定调子，保证可行性研究的严肃性、客观性、真实性、科学性和可靠性，确保可行性研究的质量。

（3）可行性研究的内容和深度要规范化和标准化

不同行业、不同项目的可行性研究内容和深度可以各有侧重和区别，但其基本内容要完整，文件要齐全，研究深度要达到国家规定的标准，按照国家计委颁布的有关文件的要求进行编制，以满足投资决策的要求。

（4）可行性研究报告必须签字与审批

可行性研究报告编完之后，应由编制单位的行政、技术、经济方面的负责人签字，并对研究报告的质量负责。另外，还必须上报主管部门审批。

四、项目投资决策审批制度

根据《国务院关于投资体制改革的决定》（国发〔2004〕20号），政府投资项目实行审批制；非政府投资项目实行核准制或登记备案制。

1. 政府投资项目。（1）对于采用直接投资和资本金注入方式的政府投资项目，政府需要从投资决策的角度审批项目建议书和可行性研究报告，除特殊情况外不再审批开工报告，同时还要严格审批其初步设计和概算；（2）对于采用投资补助、转贷和贷款贴息方式的政府投资项目，则只审批资金申请报告。

2. 非政府投资项目。对于企业不使用政府资金投资建设的项目，政府不再进行投资决策性质的审批，区别不同情况实行核准制或登记备案制。

（1）核准制。企业投资建设《政府核准的投资项目目录》中的项目时，仅需向政府提交项目申请报告，不再经过批准项目建议书、可行性研究报告和开工报告的程序。

（2）备案制。对于《政府核准的投资项目目录》以外的企业投资项目，实行备案制。除国家另有规定外，由企业按照属地原则向地方政府投资主管部门备案。

第二节 建设项目投资估算

一、建设项目投资估算的基本概念

投资估算是指在投资决策过程中，依据现有的资源和一定的方法，对建设项目未来发生的全部费用进行预测和估算。建设项目投资估算的准确性直接影响到项目的投资方案、基建规模、工程设计方案、投资经济效果，并直接影响到项目建设能否顺利进行。

（一）建设项目投资估算的作用

1. 项目建议书阶段的投资估算，是项目主管部门审批项目建议书的依据之一，并对项目的规划、规模起参考作用。

2. 项目可行性研究阶段的投资估算，是项目投资决策的重要依据，也是研究、分析、计算项目投资经济效果的重要条件。当可行性研究报告被批准之后，其投资估算额就作为设计任务中下达的投资限额，即作为建设项目投资的最高限额，不得随意突破。

3. 项目投资估算对工程设计概算起控制作用，设计概算不得突破批准的投资估算额，并应控制在投资估算额以内。

4. 项目投资估算可作为项目资金筹措及制定建设贷款计划的依据，建设单位可根据批准的投资估算额，进行资金筹措和向银行申请贷款。

5. 项目投资估算是核算建设项目固定资产投资需要额和编制固定资产投资计划的重要依据。

6. 项目投资估算是进行工程设计招标、优选设计单位和设计方案的依据。在进行工程设计招标时，投标单位报送的标书中，除了具有设计方案的图纸说明、建设工期等之外，还应当包括项目的投资估算和经济性分析，以便衡量设计方案的经济合理性。

7. 项目投资估算是实行工程限额设计的依据。实行工程限额设计，要求设计者必须在一定的投资额范围内确定设计方案，以便控制项目建设和装饰的标准。

（二）投资估算的阶段划分与精度要求

在作初步设计之前的投资决策过程可分为项目规划阶段、项目建议书阶段、初步可行性研究阶段、详细可行性研究阶段、评估审查阶段、设计任务书阶段。不同阶段所掌握的资料和具备的条件不同，因而投资估算的准确程度不同，所起的作用也不同。项目投资估算的阶段划分、精度要求及其作用如表4-2所示。

表 4-2　　　　　　　　　投资估算阶段划分、精度与作用

投资估算阶段划分	投资估算误差率	投资估算的主要作用
项目规划阶段	≥±30%	1. 按规划的要求和内容，粗估项目所需投资额 2. 否定项目或决定是否进行深入研究的依据
项目建议书阶段	±30%内	1. 主管部门审批项目建议书的依据 2. 否定或判断项目是否需要进行下阶段的工作
初步可行性研究阶段	±20%内	据以确定项目是否进行详细可行性研究
详细可行性研究阶段	±10%内	1. 决定项目是否可行 2. 可据此列入项目年度基建计划
评估审查阶段	±10%内	1. 作为对可行性研究结果进行评价的依据 2. 作为对项目进行最后决定的依据
设计任务书阶段	±10%内	1. 作为编制投资计划，进行资金筹措及申请贷款的主要依据。 2. 作为控制初步设计概算和整个工程造价的最高限额

（三）投资估算的内容

根据工程造价的构成，建设项目的投资估算包括资产投资估算和流动资金估算。固定资产投资估算包括静态投资估算和动态投资估算。按照费用的性质划分，静态投资包括设备及工器具购置费、建筑安装工程费用、工程建设其他费用及基本预备费。动态投资则是在静态投资基础上加上建设期贷款利息、涨价预备费及固定资产投资方向调节税。

根据国家现行规定，新建、扩建和技术改造项目，必须将项目建成投产后所需的流动资金列入投资计划，流动资金不落实的，国家不予批准立项，银行不予贷款。

二、固定资产投资估算的编制方法

（一）静态固定资产投资估算

固定资产投资估算的编制方法很多，各有其适用条件和范围，而且其精度也各不相同。估算时应根据项目的性质，现有的技术经济资料和数据的具体情况，选用适宜的估算方法。其主要估算方法有以下几种：

1. 生产规模指数估算法

生产规模指数估算法是利用已建成项目的投资额或其设备投资额，估算同类而不同生产规模的项目投资或其设备投资的方法，其估算表达式为：

$$C_2 = C_1 \left(\frac{Q_2}{Q_1} \right)^n \times C_f \tag{4-1}$$

式中：C_2——拟建项目的投资额；

C_1——已建同类型项目的投资额；

Q_2——拟建项目的生产规模；

Q_1——已建同类型项目的生产规模；

C_f——增价系数；

n——生产规模指数。

生产规模指数估算法中生产规模指数 n 是一个关键因素。不同行业、性质、工艺流程、建设水平、生产率水平的项目，应取不同的指数值。选取 n 值的原则是：靠增大设备或装置的尺寸扩大生产规模时，n 取 $0.6\sim0.7$；靠增加相同的设备或装置的数量扩大生产规模时，n 取 $0.8\sim0.9$；化工系统 n 取 $0.6\sim0.7$。另外，拟估投资项目的生产能力与原有已知资料项目的生产能力的比值有一定限制范围，一般这一比值不能超过 50 倍，而在 10 倍以内效果较好。

例 4-1 已建的一座年产量60万吨的某生产装置的投资额为 12 亿元，现拟建一座年产 100 万吨的类似生产装置，试用生产能力指数法估算拟建生产装置的投资额是多少？（已知：$n=0.5$，$C_f=1$）

解：根据公式 $C_2 = C_1 \left(\dfrac{Q_2}{Q_1} \right)^n \times C_f$ 得

$$C_2 = 12 \times \left(\frac{100}{60} \right)^{0.5} \times 1 \text{ 亿元} = 15.49 \text{ 亿元}$$

拟建生产装置的投资额为 15.49 亿元。

2. 分项比例估算法

分项比例估算法是将项目的固定资产投资分为设备投资、建筑物与构筑物投资、其他投资三部分，先估算出设备的投资额，然后再按一定比例估算建筑物与构筑物的投资及其他投资，最后将这三部分投资加在一起。

（1）设备投资估算

设备投资按其出厂价格加上运输费、安装费等，其估算公式为：

$$K_1 = \sum_{i=1}^{n} Q_i \times P_i (1 + L_i) \tag{4-2}$$

式中：K_1——设备的投资估算值；

Q_i——第 i 种设备所需数量；

P_i——第 i 种设备的出厂价格；

L_i——同类项目同类设备的运输、安装费系数；

n——所需设备的种数。

（2）建筑物与构筑物投资估算

建筑物和构筑物投资估算计算公式为

$$K_2 = K_1 \times L_b \tag{4-3}$$

式中：K_2——建筑物与构筑物的投资估算值；

L_b——同类项目中建筑物与构筑物投资占设备投资的比例，露天工程取 $0.1\sim0.2$，室内工程取 $0.6\sim1.0$。

（3）其他投资估算

其他投资估算公式为

$$K_3 = K_1 \times L_w \tag{4-4}$$

式中：K_3——其他投资的估算值；

　　L_w——同类项目其他投资占设备投资的比例。

项目固定资产投资总额的估算值 K 则为：

$$K = (K_1 + K_2 + K_3) \times (1 + S\%) \tag{4-5}$$

式中：$S\%$ 为考虑不可预见因素而设定的费用系数，一般为 10%~15%。

3. 资金周转率法

资金周转率法是利用资金周转率指标来进行投资估算的。先根据已建类似项目的有关数据计算资金周转率，然后根据拟建项目的预计年产量和单价估算拟建项目投资。其计算公式如下：

$$资金周转率 = \frac{年销售总额}{总投资} = \frac{年产量 \times 单位产品售价}{总投资} \tag{4-6}$$

$$总投资 = \frac{预计年产量 \times 预计单位产品售价}{资金周转率} \tag{4-7}$$

该法简便易行，节约时间和费用。但投资估算的精度较低，因项目相关数据的确定性较差。

4. 单位面积综合指标估算法

单位面积综合指标估算法适用于单项工程的投资估算，投资包括土建、给排水、采暖、通风、空调、电气、动力管道等所需费用。其计算公式为：

$$\begin{matrix}单项工程\\投资额\end{matrix} = \begin{matrix}建筑\\面积\end{matrix} \times \begin{matrix}单位面\\积造价\end{matrix} \times \begin{matrix}价格浮\\动指数\end{matrix} \pm \begin{matrix}结构和建筑标\\准部分的价差\end{matrix} \tag{4-8}$$

5. 单元指标估算法

单元指标指每个估算单位的投资额。例如：啤酒厂单位生产能力投资指标、饭店单位客户房间投资指标、冷库单位储藏量投资指标、医院每个床位投资指标等。单元指标估算法在实际工作中使用较多。工业建设项目和民用建设项目的投资估算公式如下：

工业建设项目单元指标估算法：

$$项目投资额 = 单元指标 \times 生产能力 \times 物价浮动指数 \tag{4-9}$$

民用建设项目单元指标估算法：

$$项目投资额 = 单元指标 \times 民用建筑功能 \times 物价浮动指数 \tag{4-10}$$

（二）动态投资估算法

动态投资估算是指在投资估算过程中，考虑资金的时间价值。动态投资除了包括静态投资外，还包括价格变动增加的投资额、建设期贷款利息和固定资产投资方向调节税，具体见第二章的相关内容。

三、流动资金的估算方法

流动资金是指建设项目投产后维持正常生产经营所需购买原材料、燃料、支付工资及其他生产经营费用等所必不可少的周转资金。它是伴随着固定资产而发生的永久性流动资产投资，等于项目投产运营后所需全部流动资产扣除流动负债后的余额。流动资金的筹措可通过长期负债和资本金（权益融资）方式解决，流动资金借款部分的利息应计入财务费用，项目计算期末收回全部流动资金。

流动资金的估算一般采用两种方法。

（一）扩大指标估算法

扩大指标估算法是按照流动资金占某种基数的比率来估算流动资金的。一般常用的基数有销售收入、经营成本、总成本费用和固定资产投资等。究竟采用何种基数依行业习惯而定。所采用的比率根据经验确定，或根据现有同类企业的实际资料确定，或依行业、部门给定的参考值确定。扩大指标估算法简便易行，但准确度不高，适用于项目建议书阶段的估算。

1. 产值（或销售收入）资金率估算法

产值（或销售收入）资金率估算法计算公式如下：

$$流动资金额＝年产值（或年销售收入额）×产值（或销售收入）资金率 \quad (4\text{-}11)$$

例 4-2　某项目投产后的年产值为1.5亿元，其同类企业的百元产值流动资金占用额为18元，试求该项目的流动资金估算额。

解：采用产值资金率估算法计算如下：

$$该项目的流动资金估算额＝\frac{15\,000×18}{100}万元＝2\,700\ 万元$$

2. 经营成本（或总成本）资金率估算法

经营成本是一个反映物质、劳动消耗和技术水平、生产管理水平的综合指标。一些工业项目，尤其是采掘工业项目常用经营成本（或总成本）资金率估算流动资金。其估算公式如下：

$$流动资金额＝\genfrac{(}{)}{0pt}{}{年经营成本}{年总成本}×\genfrac{(}{)}{0pt}{}{经营成本资金率}{总成本资金率} \quad (4\text{-}12)$$

3. 固定资产投资资金率估算法

固定资产投资资金率是流动资金占固定资产投资的百分比。例如：化工项目流动资金占固定资产投资的15%～20%，一般工业项目流动资金占固定资产投资的5%～12%。其估算公式为：

$$流动资金额＝固定资产投资×固定资产投资资金率 \quad (4\text{-}13)$$

4. 单位产量资金率估算法

单位产量资金率即单位产量占用流动资金的数额，例如：生产每吨原煤占用流动资金数额为5.5元。其估算公式如下：

$$流动资金额＝年生产能力×单位产量资金率 \quad (4\text{-}14)$$

（二）分项详细估算法

分项详细估算法也称分项定额估算法。它是国际上通行的流动资金估算方法，按照下列公式分项详细估算。

$$流动资金＝流动资产－流动负债$$
$$流动资产＝现金＋应收及预付账款＋存货$$
$$流动负债＝应付账款＋预收账款$$
$$流动资金本年增加额＝本年流动资金－上年流动资金$$

流动资产和流动负债各项估算公式如下：

1. 现金的估算

现金估算公式如下：

$$现金 = \frac{年工资及福利费 + 年其他费用}{周转次数} \quad (4-15)$$

$$周转次数 = \frac{360\ 天}{最低需要周转天数} \quad (4-16)$$

年其他费用指制造费用、管理费用、销售费用、财务费用之和扣除这四项费用中所包含的工资及福利费、折旧费、维修费、摊销费、修理费及利息支出。

2. 应收（预付）账款的估算

应收账款是指企业已对外销售商品、提供劳务尚未收回的资金。应收（预付）账款的估算公式为：

$$应收账款 = \frac{年经营成本}{周转次数} \quad (4-17)$$

3. 存货的估算

存货包括各种外购原材料、燃料、包装物、低值易耗品、在产品、外购商品、协作件、自制半成品和产成品等。存货的估算一般仅考虑外购原材料、燃料、存产品、产成品，也可考虑备品备件。

$$外购原材料燃料 = \frac{年外购原材料燃料费用}{周转次数} \quad (4-18)$$

$$在产品 = \frac{年外购原材料动力费 + 年工资及福利费 + 年修理费 + 年其他制造费用}{周转次数}$$

4. 应付（预收）账款的估算

应付（预收）账款的估算公式为

$$应付账款 = \frac{年外购原材料燃料动力和商品备件费用}{周转次数} \quad (4-19)$$

在采用分项详细估算法时，需要分别确定现金、应收账款、存货和应付账款的最低周转天数。在确定周转天数时要根据实际情况，并考虑一定的保险系数。对于存货中的外购原材料、燃料要根据不同品种和来源，考虑运输方式和运输距离等因素确定。

四、投资估算的审查

为了保证项目投资估算的准确性和估算质量，必须加强对项目投资估算的审查工作。投资估算审查内容包括以下几个方面：

（一）审查投资估算编制依据的可信性

1. 审查选用的投资估算方法的科学性和适用性

因为投资估算方法很多，而每种投资估算方法都各有各的适用条件和范围，并具有不同的精确度。如果使用的投资估算方法与项目的客观条件不相适应，或者超出了该方法的适用范围，就不能保证投资估算的质量。

2. 审查投资估算采用数据资料的时效性和准确性

项目投资估算所需的数据资料很多，例如：已运行的同类型项目的投资、设备和材料价格、运杂费率、有关的定额、指标、标准以及有关规定等，这些资料都与时间有密切关系，都可能随时间发生不同程度的变化。因此，进行投资估算时必须注意数据的时效性和准确性。

（二）审查投资估算的编制内容与规定、规划要求的一致性

1. 审查项目投资估算包括的工程内容与规定要求是否一致，是否漏掉了某些辅助工程、室外工程等的建设费用。

2. 审查项目投资估算的项目产品生产装置的先进水平和自动化程度等是否符合规划要求的先进程度。

3. 审查是否对拟建项目与已运行项目在工程成本、工艺水平、规模大小、自然条件、环境因素等方面的差异作了适当的调整。

（三）审查投资估算的费用项目、费用数额的符实性

1. 审查费用项目与规定要求、实际情况是否相符，是否漏项或产生多项现象，估算的费用项目是否符合国家规定，是否针对具体情况作了适当的增减。

2. 审查"三废"处理所需投资是否进行了估算，其估算数额是否符合实际。

3. 审查是否考虑了物价上涨和汇率变动对投资额的影响，考虑的波动变化幅度是否合适。

4. 审查是否考虑了采用新技术、新材料以及现行标准和规范比已运行项目的要求提高所需增加的投资额，考虑的额度是否合适。

第三节　建设项目财务评价

一、建设项目国民经济评价与财务评价的关系

建设项目的经济评价是可行性研究的核心，经济评价又可以分为国民经济评价和财务评价两个层次。国民经济评价是从国家和全社会角度出发，采用影子价格、影子工资、影子汇率、社会折现率等经济参数，计算项目需要国家付出的代价和项目对实现国家经济发展的战略目标以及对社会效益的贡献大小，即从国民经济的角度判别建设项目经济效果的好坏，分析建设项目的国家盈利性，决策部门可根据项目国民经济评价结论，决定项目的取舍。对建设项目进行国民经济评价的目的，在于寻求用尽可能少的投资费用，取得能产生尽可能大的社会效益的最佳方案。

建设项目的财务评价是从企业或项目的角度出发，根据国家现行财政、税收制度和现行市场价格，计算项目的投资费用、产品成本、产品销售收入、税金等财务数据，进而考察项目在财务上的潜在获利能力，据此判断建设项目的财务可行性和财务可接受性，并得

出财务评价的结论。投资者可根据项目财务评价结论，项目投资的财务经济效果和投资所承担的风险程度，决定项目是否应该投资建设。

建设项目的国民经济评价与财务评价是项目经济评价中两个不同的层次，但两者具有共同的特征：

（1）两者的评价目的相同。它们都要寻求以最小的投入获得最大的产出。

（2）两者的评价基础相同。它们都是在完成市场需求预测、工程技术方案、资金筹备的基础上进行评价。

（3）两者的计算期相同。它们都要通过计算包括项目的建设期、生产期全过程的费用效益来评价项目方案的优劣，从而得出项目方案是否可行的结论。

项目国民经济评价与财务评价作为经济评价中的两个层次，两者的区别表现在以下几个方面：

（1）评价的目的和角度不同

国民经济评价是以国家、全社会的整体角度考虑项目对国家的净贡献，即考察项目的国民经济效益，以确定投资行为的宏观可行性。它是以国民收入最大化为目标的盈利性评价，属宏观经济评价。财务评价是站在企业或项目自身立场上，以财务角度考察项目的货币收支和财务盈利水平以及借款偿还能力，以确定投资行为的财务可行性，它是以企业净收入最大化为目标的盈利性评价，属微观经济评价。

（2）收益与费用的划分范围不同

国民经济评价是根据项目所耗费的有用资源和项目对社会提供的有用产品和服务来考察项目的费用和收益，凡是增加国民收入的就是国民经济收益，凡是减少国民收入的就是国民经济费用，除了考虑项目的直接经济效果之外，还要考虑项目的间接效果，一般不考虑通货膨胀、税金、国内贷款利息和税金等转移支付。财务评价是根据项目的实际收支情况来确定项目的财务收益和费用，凡增加项目收入的就是财务收益，凡是减少企业收入的就是财务费用，一般要考虑通货膨胀、税金、利息。在计算项目的收益和费用时只考虑项目的直接效果。

（3）采用的价格和参数不同

财务评价对投入物和产出物采用现行的市场实际价格，而国民经济评价采用根据机会成本和供求关系确定的影子价格。财务评价采用因行业而异的基准收益率作为贴现率，而国民经济评价采用国家统一测定的社会贴现率（社会贴现率是一个国家参数，由国家有关部门制定）；财务评价采用官方汇率，而国民经济评价采用国家统一测定的影子汇率；财务评价采用当地通常的工资水平，而国民经济评价采用影子工资。

二、建设项目财务评价的作用和内容

（一）建设项目财务评价的作用

项目的财务评价无论是对项目投资主体，还是对为项目建设和生产经营提供资金的其他机构或个人，均具有十分重要的作用。其主要作用表现在：

1. 为项目制定适宜的资金规划

确定项目实施所需资金的数额，根据资金的可能来源及资金的使用效益，安排恰当的用款计划及选择适宜的筹资方案，是财务评价要解决的问题。项目资金的提供者据此安排各自的出资计划，以保证项目所需资金能及时到位。

2. 考察项目的财务盈利能力

项目的财务盈利水平如何，能否达到国家规定的基准收益率，项目投资的主体能否取得预期的投资效益，项目的清偿能力如何，是否低于国家规定的投资回收期，项目债权人权益是否有保障等，是项目投资主体、债权人以及国家、地方各级决策部门、财政部门共同关心的问题。因此，一个项目是否值得兴建，首先要考察项目的财务盈利能力等各项经济指标，进行财务评价。

3. 为协调企业利益和国家利益提供依据

有些投资项目是国计民生所急需的，其国民经济评价结论好，但财务评价不可行。为了使这些项目具有财务生存能力，国家需要用经济手段予以调节。财务评价可以通过考察有关经济参数（如价格、税收、利率等）变动对分析结果的影响，寻找经济调节的方式和幅度，使企业利益和国家利益趋于一致。

（二）项目财务评价的内容

判断一个项目财务上可行的主要标准是：项目盈利能力、债务清偿能力、外汇平衡能力及承受风险的能力。由此，为判别项目的财务可行性所进行的财务评价应该包括以下基本内容：

1. 识别财务收益和费用

识别财务收益和费用是项目财务评价的前提。收益和费用是针对特定目标而言的。收益是对目标的贡献；费用则是对目标的反贡献，是负收益。项目的财务目标是获取尽可能大的利润。因此，正确识别项目的财务收益和费用应以项目为界，以项目的直接收入和支出为目标。项目的财务效益主要表现为生产经营的产品销售（营业）收入；财务费用主要表现为建设项目投资、经营成本和税金等各项支出。此外，项目得到的各种补贴、项目寿命期末回收的固定资产余值和流动资金等，也是项目得到的收入，在财务评价中视做收益处理。

2. 收集、预测财务评价的基础数据

收集、预测的数据主要包括：预计产品销售量及各年度产量；预计的产品价格，包括近期价格和预计的价格变动幅度；固定资产、无形资产、递延资产和流动资金投资估算；成本及其构成估算。这些数据大部分是预测数，因此这一步骤又称为财务预测。财务预测的质量是决定财务分析成败和质量的关键。

3. 编制财务报表

为分析项目的盈利能力需编制的主要报表有：现金流量表、损益表及相应的辅助报表；为分析项目的清偿能力需编制的主要报表有：资产负债表、资金来源与运用表及相应的辅助报表；对于涉及外贸、外资及影响外汇流量的项目为考察项目的外汇平衡情况，尚需编制项目的财务外汇平衡表。

4. 财务评价指标的计算与评价

由上述财务报表，可对项目的盈利能力、清偿能力及外汇平衡等财务状况做出评价，判别项目的财务可行性。财务评价的盈利能力分析要计算财务内部收益率、净现值、投资回收期等主要评价指标，根据项目的特点及实际需要，也可计算投资利润率、投资利税率、资本金利润率等指标。清偿能力分析要计算资产负债率、借款偿还期、流动比率、速动比率等指标。

三、建设项目财务评价的程序

建设项目的财务评价是在做好市场调查研究、预测、项目技术水平研究和设计方案以及具备一系列财务数据的基础上进行的，其基本程序如下：

（一）收集、整理和计算有关基础财务数据资料，编制基础财务报表

财务数据资料是进行项目财务评价的基本依据，所以在进行财务评价之前，必须先预测有关的财务数据。财务数据主要有：

（1）项目投入物和产出物的价格。它是一个重要的基础财务数据，在对项目进行财务评价时，必须科学地、合理地选用价格，而且应说明选用某价格水平的依据，列出价格选用依据表。

（2）根据项目建设期间分年度投资支出额和项目投资总额，编制投资估算表。

（3）根据项目资金来源方式、数额、利息率，编制资金筹措表。

（4）根据投资形成的资产估算值及财政部门规定的折旧额与摊销费计算办法，计算固定资产年折旧额、无形资产及递延资产年摊销费，编制折旧与摊销估算表。

（5）根据借款计划、还款办法及可供还款的资金来源编制债务偿还表。

（6）按成本构成分项估算各年预测值，并计算各年成本费用总额，编制成本费用估算表。

（7）根据预测的销售量和价格计算销售收入，按税务部门规定计算销售税金。编制销售收入、税金估算表。

（二）编制主要财务报表

财务评价所需主要财务报表一般有：财务现金流量表（包括全部投资及自有资金两种财务现金流量表）、损益表、资金来源与运用表、资产负债表，基础财务报表与主要财务报表之间的关系见图4-2。

（三）财务评价结论

运用财务报表的数据计算项目的各项财务评价指标值，并进行财务可行性分析，得出项目财务评价结论。

四、建设项目财务评价的指标体系

评价项目财务效果的好坏，一方面取决于基础数据的可靠性，另一方面则取决于评价指标体系的合理性，只有选取正确的评价指标体系，财务评价的结果才能与实际情况相吻合，才具有实际意义。一般项目的财务评价指标体系包括盈利能力指标、清偿能力指标，如果项目的产品涉及进出口，还要进行外汇平衡能力分析。由于投资者投资目标的多样

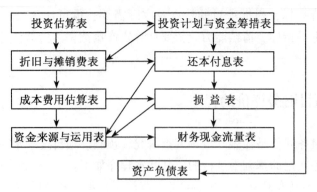

图 4-2　财务评价报表关系

性，项目的财务评价指标体系也不是唯一的，根据不同的评价深度要求和可获得资料的多少以及项目本身所处条件的不同，可选用不同的指标，这些指标有主有次，可以从不同侧面反映投资项目的经济效果。

（一）反映建设项目盈利能力的指标

项目财务盈利能力指标主要考察项目投资的盈利水平，反映项目盈利能力的指标主要有财务净现值、财务内部收益率、投资回收期等，通过现金流量表可以计算，现金流量表格式见本章案例。

1. 财务净现值（ENPV）

根据全部投资（或自有资金）的现金流量表计算的全部投资（或自有资金）财务净现值，是指按行业的基准收益率或设定的折现率（i_c），将项目计算期内各年净现金流量折现到建设期初的现值之和。它是考查项目在计算期内盈利能力的动态评价指标，其表达式为：

$$\text{ENPV} = \sum_{t=0}^{n} (\text{CI} - \text{CO})_t (1 + i_c)^{-t} \tag{4-20}$$

式中：CI——现金流入量；

　　　　CO——现金流出量；

　　　　$(\text{CI-CO})_t$——第 t 年的净现金流量；

　　　　n——计算期；

　　　　i_c——基准收益率或设定的折现率。

当财务净现值大于或等于零时，表明项目在计算期内可获得大于或等于基准收益水平的收益额。因此，当财务净现值 ENPV≥0 时，则表明项目在财务上可以接受。

2. 财务内部收益率（FIRR）

财务内部收益率是使项目整个计算期内各年净现金流量现值累计等于零时的折现率。它反映项目所占用资金的盈利率，是考查项目盈利能力的主要动态评价指标，其表达式为：

$$\sum_{t=0}^{n} (CI - CO)_t (1 + FIRR)^{-t} = 0 \tag{4-21}$$

财务内部收益率的具体计算可根据现金流量表中净现金流量用试差法进行。具体计算公式为：

$$FIRR = i_1 + \frac{ENPV(i_1)}{ENPV(i_1) + |ENPV(i_2)|}(i_2 - i_1) \tag{4-22}$$

式中：i_1——较低的试算折现率，使 ENPV $(i_1) \geq 0$；

i_2——较高的试算折现率，使 ENPV $(i_2) \leq 0$。

$$ENPV(i_1) = \sum_{t=1}^{n} (CI - CO)_t (1 + i_1)^{-t} \tag{4-23}$$

$$ENPV(i_2) = \sum_{t=1}^{n} (CI - CO)_t (1 + i_2)^{-t} \tag{4-24}$$

公式（4-22）的应用还必须满足：$|i_1 - i_2| \leq 5\%$。

财务内部收益率是反映项目在设定的计算期内全部投资的盈利能力指标，财务内部收益率与行业的基准收益率或设定的折现率（i_c）比较，当 $FIRR \geq i_c$ 时，则认为项目盈利能力已满足最低要求，在财务上可以考虑被接受。

3. 投资回收期（P_t）

投资回收期包括静态投资回收期和动态投资回收期。

（1）静态投资回收期

静态投资回收期是指以项目的净收益抵偿全部投资（固定资产投资、流动资金）所需的时间。它是考查项目在财务上的投资回收能力的主要静态评价指标。投资回收期以年表示，一般从建设开始年算起，其表达式为：

$$\sum_{t=0}^{P_t} (CI - CO)_t = 0 \tag{4-25}$$

投资回收期可根据全部投资的现金流量表，分别计算出项目所得税前及所得税后的全部投资回收期。实用计算公式为：

$$P_t = (T - 1) + \frac{\text{第}(T-1)\text{年累计净现金流量的绝对值}}{\text{第 } T \text{ 年净现金流量}} \tag{4-26}$$

式中：T——累计净现金流量开始出现正值的年份数。

静态投资回收期（P_t）与行业的基准静态投资回收期（P_c）进行比较，当 $P_t \leq P_c$ 时，表明项目投资能在规定的时间内收回，则项目在财务上可以考虑被接受。

（2）动态投资回收期

动态投资回收期是指以项目的净收益现值抵偿全部投资（固定资产投资、流动资金）现值所需的时间。它是考察项目在财务上的投资回收能力的主要动态评价指标。动态投资回收期的计算公式如下：

$$\sum_{t=0}^{P_t^*} (CI - CO)_t (1 + i_0)^{-t} = 0$$

其实用计算公式为：

$$P_t^* = (T - 1) + \frac{\text{第}(T - 1)\text{年累计净现值绝对值}}{\text{第}T\text{年净现值}} \qquad (4-27)$$

式中：T——累计净现值开始出现正值的年份数。

P_t^* 与基准的动态投资回收期（P_c^*）进行比较，当 $P_t^* \leqslant P_c^*$ 时，表明项目在财务上可行。

4. 投资利润率

投资利润率是指项目达到设计生产能力后的一个正常生产年份的年利润总额与项目总投资的比率。它是考察项目单位投资盈利能力的静态指标。对生产期内各年的利润总额变化幅度较大的项目，应计算生产期平均利润总额与项目总投资的比率，其计算公式为：

$$\text{投资利润率} = \frac{\text{年利润总额或年平均利润总额}}{\text{项目总利润}} \times 100\% \qquad (4-28)$$

$$\text{项目总投资} = \text{固定资产投资} + \text{全部流动资金}$$

投资利润率可根据损益表中的有关数据计算求得，投资利润率与行业平均投资利润率比较，当投资利润率大于行业平均投资利润率时，表明项目单位投资盈利能力达到本行业的平均水平，则项目在财务上可以考虑被接受。

5. 投资利税率

投资利税率是指项目达到设计生产能力后的一个正常生产年份的年利税总额或项目生产期内的年平均利税总额与项目总投资的比率。它是反映项目单位投资盈利能力和对财政所作贡献的指标，其计算公式为：

$$\text{投资利税率} = \frac{\text{年利税总额或年平均利税总额}}{\text{项目总投资}} \times 100\% \qquad (4-29)$$

$$\text{年利税总额} = \text{年产品销售（营业）收入} - \text{年总成本费用}$$

$$\text{年利税总额} = \text{年利润总额} + \text{年销售税金及附加}$$

投资利税率可根据损益表中的有关数据得到。将投资利税率与行业平均投资利税率对比，当投资利税率大于行业平均投资利税率时，表明项目单位投资对国家积累的贡献水平达到本行业的平均水平，项目在财务上可以考虑被接受。

6. 资本金利润率

资本金利润率是指项目达到设计生产能力后的一个正常生产年份的年利润总额或项目生产期内的年平均利润总额与资本金的比率。它反映投入项目的资本金的盈利能力。其计算公式为：

$$\text{资本金利润率} = \frac{\text{年利润总额或年平均利润总额}}{\text{资本金}} \qquad (4-30)$$

（二）反映建设项目清偿能力的指标

项目清偿能力分析主要是考察项目计算期内各年的财务状况及偿债能力。反映项目清偿能力的指标有借款偿还期、财务比率等，财务比率指资产负债率、流动比率、速动比率。

1. 固定资产投资国内借款偿还期

　　固定资产投资国内借款偿还期简称借款偿还期，是指在国家财政规定及项目具体财务条件下，以项目投产后可用于还款的资金偿还固定资产投资国内借款本金和建设期利息（不包括已用自有资金支付的建设期利息）所需要的时间。其表达式为：

$$\sum_{t=1}^{P_d} R_t - I_d = 0 \qquad (4\text{-}31)$$

式中：I_d——固定资产投资国内借款本金和建设期利息（不包括已用自有资金支付的部分）之和；

　　　P_d——固定资产投资国内借款偿还期（从借款开始年计算，当从投产年算起时，应予注明）；

　　　R_t——第 t 年可用于还款的资金，包括利润、折旧、摊销及其他还款资金。

　　借款偿还期可由资金来源与运用表、（国内）借款还本付息计算表直接推算，以年表示。其计算公式为：

$$P_d = T - t + \frac{R'_T}{R_T} \qquad (4\text{-}32)$$

式中：T——借款偿还后开始出现盈余年份数；

　　　t——开始借款年份数（从投产年算起时，为投产年年份数）；

　　　R'_T——第 T 年偿还借款额；

　　　R_T——第 T 年可用于还款的资金额。

　　当借款偿还期在规定的时间内，表明项目清偿能力较强。

　2. 财务比率

　　根据资产负债表可以计算资产负债率、流动比率和速动比率等财务比率，以分析项目的清偿能力。

　（1）资产负债率

　　资产负债率是负债总额与资产总额之比，是反映项目各年所面临的财务风险程度及偿债能力的指标。该比率越小，则偿债能力越强。计算公式为：

$$资产负债率 = \frac{负债总额}{资产总额} \times 100\% \qquad (4\text{-}33)$$

　（2）流动比率

　　流动比率是流动资产总额与流动负债总额之比，是反映项目各年偿付流动负债能力的指标。该比率越高，则偿还短期负债的能力越强。

$$流动比率 = \frac{流动资产总额}{流动负债总额} \times 100\% \qquad (4\text{-}34)$$

　（3）速动比率

　　速动比率是速动资产与流动负债总额的比率，速动资产是流动资产减去存货后的差额。速动比率是反映项目各年快速偿付流动负债能力的指标。速动比率越高，则在很短的时间内偿还短期债务的能力越强。

$$速动比率 = \frac{速动资产 - 存货}{流动负债总额} \times 100\% \qquad (4\text{-}35)$$

以上财务比率指标，很难对不同行业制定统一的标准判据，在财务评价中应根据具体情况及行业特点进行分析。

（三）反映创汇、节汇能力的指标及外汇平衡分析

涉及创汇、节汇的项目应进行外汇效果分析，计算财务外汇净现值、换汇成本及节汇成本等，进行外汇平衡分析。

1. 财务外汇净现值（NPVF）

财务外汇净现值（NPVF）指标可以通过外汇流量表直接求得，该指标衡量项目对国家创汇的净贡献（创汇）或净消耗（用汇）。NPVF 的计算式如下：

$$NPVF = \sum_{t=0}^{n} (FI - FO)_t (1 + i)^{-t} \tag{4-36}$$

式中：FI——外汇流入量；

　　　FO——外汇流出量；

　　　$(FI-FO)_t$——第 t 年的净外汇流量；

　　　i——折现率，一般可取外汇贷款利率；

　　　n——计算期。

当项目有产品替代进口时，可按净外汇效果计算外汇净现值。

2. 财务换汇成本及财务节汇成本

财务换汇成本是指换取 1 美元外汇所需要的人民币金额，以项目计算期内生产出口产品所投入的国内资源的现值与出口产品的外汇净现值之比表示，其计算式为：

$$财务换汇成本 = \frac{\sum_{t=0}^{n} DR_t (1 + i)^{-t}}{\sum_{t=0}^{n} (FI - FO)_t (1 + i)^{-t}} \tag{4-37}$$

式中：DR_t——第 t 年生产出口产品投入的国内资源（包括投资、原材料、工资及其他投入）。

当项目产品内销属于替代进口时，也应计算财务节汇成本，即节约 1 美元外汇所需要的人民币金额。它等于项目计算期内生产替代进口产品所投入的国内资源现值与生产替代进口产品的外汇净现值之比。

3. 外汇平衡分析

项目外汇平衡分析主要是考察涉及外汇收支的项目在计算期内各年的外汇余缺程度，需编制财务外汇平衡表。由表 4-3 中"外汇余缺"项可直接反映项目计算期内各年外汇余缺程度，进行外汇平衡分析。对外汇不能平衡的项目，即"外汇余缺"出现负值的项目应根据其外汇短缺程度，提出切实可行的具体解决方案。

财务外汇平衡表格式见表 4-3。"外汇余缺"可由该表中其他各项数据按照外汇来源等于外汇运用的等式直接推算。其他各项数据分别来自与收入、投资、资金筹措、成本费用、借款偿还等相关的估算报表或估算资料。

表 4-3 　　　　　　　　　　　　　　　　财务外汇平衡表

序号	年份　　　　项目	建设期		投产期		达到设计能力生产期			
		1	2	3	4	5	6	……	n
	生产负荷（%）								
1	外汇来源								
1.1	产品销售外汇收入								
1.2	外汇借款								
1.3	其他外汇收入								
2	外汇运用								
2.1	固定资产投资中外汇支出								
2.2	进口原材料								
2.3	进口零部件								
2.4	技术转让费								
2.5	偿付外汇借款利息								
2.6	其他外汇支出								
2.7	外汇余缺								

注：1. 其他外汇包括自筹外汇等。

　　2. 技术转让费是指生产期支付的技术转让费。

第四节　案例分析

【案例一】

背景：

某工业引进项目，基础数据如下：

1. 项目建设前期为 1 年，建设期为 2 年，该项目的实施计划为：第一年完成项目的全部投资 40%，第二年完成 60%，第三年项目投产并且达到 100% 设计生产能力，预计年产量为 3 000 万吨。

2. 全套设备拟从国外进口，重量 1 850 吨，装运港船上交货价为 460 万美元，国际运费标准为 330 美元/吨，海上运输保险费率为 0.267%，中国银行费率为 0.45%，外贸手续费率为 1.7%，关税税率为 22%，增值税税率为 17%，美元对人民币的银行牌价为 1：6.7，设备的国内运杂费率为 2.3%。

3. 根据已建同类项目统计情况，一般建筑工程占设备购置投资的 27.6%，安装工程占设备购置投资的10%，工程建设其他费用占设备购置投资的7.7%，以上三项的综合调整系数分别为：1.23，1.15，1.08。

4. 本项目固定资产投资中有2 000万元来自银行贷款，其余为自有资金，且不论借款还是自有资金均按计划比例投入。根据借款协议，贷款利率按10%计算，按季计息。基本预备费费率10%，建设期内涨价预备费平均费率为6%。

5. 根据已建成同类项目资料，每万吨产品占用流动资金为1.3万元。

问题：

1. 计算项目设备购置投资。

2. 估算项目固定资产投资额。

3. 试用扩大指标法估算流动资金。

4. 估算该项目的总投资。

（注：计算结果保留小数点后2位）

分析要点：

该案例属于建设项目投资估算类，综合了进口设备购置费计算、设备系数估算法、预备费计算、建设期贷款利息计算、扩大指标法估算流动资金等多个知识点。具体考核点如下：

问题1涉及运用进口设备各从属费用计算公式计算拟建项目的设备购置投资，以此为基础计算其他各项费用。

问题2具体步骤为：（1）以设备购置投资为基础，运用设备系数估算法计算出设备购置费、建筑安装费、工程建设其他费用三项之和；（2）以上述三项费用之和为基数计算出基本预备费和价差预备费；（3）将名义利率转化为实际利率后，按照具体贷款额计算出建设期贷款利息；（4）将上述各项费用累加计算出拟建项目的固定资产投资额。

问题3主要考查运用扩大指标估算拟建项目流动资金。

问题4估算项目总投资，将固定资产投资估算额与流动资金估算额相加。

答案：

问题1：

进口设备货价 = 460 × 6.7 = 3 082(万元)

国际运费 = 1 850 × 330 × 6.7 = 409.04(万元)

国外运输保险费 = $\frac{3\ 082 + 409.04}{(1 - 0.267\%)} \times 0.267\% = 9.35$(万元)

银行财务费 = 3 082 × 0.45% = 13.87(万元)

外贸手续费 = (3 082 + 409.04 + 9.35) × 1.7% = 59.51(万元)

进口关税 = (3 082 + 409.04 + 9.35) × 22% = 770.10(万元)

增值税 = (3 082 + 409.04 + 9.35 + 770.10) × 17% = 725.98(万元)

进口设备原价 = 3 082 + 409.04 + 9.35 + 13.87 + 59.51 + 770.10 + 725.98

　　　　　 = 5 069.88(万元)

设备购置原价 = 5 069.88 × (1 + 2.3%) = 5 186.49(万元)

问题 2：

由设备系数估算法：

设备购置价+建安工程费+工程建设其他费用 = 5 186.49×（1+27.6%×1.23+10%×1.15+7.7%×1.08）= 7 974.95（万元）

基本预备费 = 7 974.95×10% = 797.50（万元）

差价预备费 = (7 974.95 + 797.50) × 40% × [(1 + 6%)¹(1 + 6%)⁰·⁵(1 + 6%)¹⁻¹ − 1] + (7 974.95 + 797.50) × 60% × [(1 + 6%)¹(1 + 6%)⁰·⁵(1 + 6%)²⁻¹ − 1] = 1 145.90(万元)

$$贷款实际利率 = (1 + \frac{10\%}{4})^4 - 1 = 10.38\%$$

$$建设期第一年贷款利息 = \frac{1}{2} × 2 000 × 40\% × 10.38\% = 41.52(万元)$$

$$建设期第二年贷款利息 = (2 000×40\%+41.52+\frac{1}{2}×2 000×60\%)×10.38\% = 149.63（万元）$$

建设贷款利息 = 41.52 + 149.63 = 191.15(万元)

固定资产投资 = 7 974.95+797.50+1 145.90+191.15 = 10 109.50（万元）

问题 3：

流动资金 = 3 000÷1.3 = 3 900.00（万元）

问题 4：

项目总投资 = 10 109.50+3 900 = 14 009.50（万元）

【案例二】

背景①：

某建设项目的建设期为 2 年，运营期为 6 年。项目的固定资产总额为 3 000 万元，固定资产使用年限为 10 年，固定资产残值率为 4%，固定资产残值在项目运营期期末收回。项目的无形资产和递延资产为 540 万元，在运营期的 6 年中，均匀摊入成本。项目的流动资金为 800 万元，在项目的生命周期期末全额收回。项目设计生产能力为年产量 120 万件，产品售价为 45 元/件，销售税金及附加的税率为 6%，所得税税率为 33%，行业基准收益率为 8%。

长期借款在运营期的 6 年中，按照每年等额本金偿还法进行偿还（即第 3 年到第 8 年）。长期贷款利率为 6%，利息按年计算。还款资金来源为折旧、摊销和利润。流动资金贷款年利率为 4%。管理费用为经营成本的 5%，年修理费用按照折旧费的 40% 计算。项目所在行业的平均投资利润率为 20%，平均投资利税率为 25%。

① 案例引自全国造价工程师执业资格考试培训教材编写委员会编写的《工程造价案例分析》。

项目其他有关数据见表4-4所示。

表4-4　　　　　　　　　　　　**某项目有关基础数据**　　　　　　　　（单位：万元）

序号	年　份 科　目	1	2	3	4	5~8
1	建设投资 　自有部分 　贷款（不含建设期利息）	1 200	340 2 000			
2	流动资金 　自有部分 　贷款部分			300 100	400	
3	年销售量（万件）			60	90	120
4	经营成本			1 682	2 360	3 230

问题：

1. 编制项目借款还本付息表。

2. 编制项目总成本费用表。

3. 编制项目损益表，并计算项目的投资利润率、投资利税率和资本金利润率。

4. 编制项目全部现金流量表，并计算项目的税前和税后净现值、静态与动态的项目投资回收期。

5. 编制项目自有资金现金流量表，并计算项目的税后净现值、静态和动态的项目投资回收期。

6. 从项目财务评价的角度，全面分析判断该项目的可行性。

答案：

问题1：

1. 计算借款还本付息表

$$每年应付利息=\left(年初借款本息累计+\frac{本年借款额}{2}\right)\times年实际利率$$

借款还本付息表计算见表4-5。

表4-5　　　　　　　　　　　　　**借款还本付息表**　　　　　　　　　　（单位：万元）

序号	年份 项目	1	2	3	4	5	6	7	8
1	年初借款累计	0	0	2 060	1 717	1 373	1 030	686.8	343.3
2	本年借款	0	2 000	0	0	0	0	0	0
3	本年应计利息	0	60	123.6	103.0	82.4	61.8	41.2	20.6
4	本年应还本息	0	0	466.9	446.3	425.7	405.1	384.5	363.9
4.1	本年应还本金	0	0	343.3	343.3	343.3	343.3	343.3	343.3
4.2	本年应还利息	0	0	123.6	103.0	82.4	61.8	41.2	20.6

问题 2：

编制项目总成本费用表（见表 4-6）

$$年折旧费 = \frac{固定资产总额 \times (1-残值率)}{固定资产使用年限} = \frac{3\,000 \times (1-4\%)}{10} = 288（万元）$$

$$年摊销费 = 无形资产递延资产/摊销年限 = 540/6 = 90（万元）$$

表 4-6　　　　　　　　　　　　　　　**项目总成本费用表**　　　　　　　　　　（单位：万元）

序号	年份\项目	3	4	5	6	7	8
1	经营成本	1 682	2 360	3 230	3 230	3 230	3 230
2	折旧费	288	288	288	288	288	288
3	摊销费	90	90	90	90	90	90
4	财务费用	127.6	123.0	102.4	81.8	61.2	40.6
4.1	建设投资贷款利息	123.6	103.0	82.4	61.8	41.2	20.6
4.2	流动资金贷款利息	4	20	20	20	20	20
5	总成本费用	2 187.6	2 861.0	3 710.4	3 689.9	3 669.2	3 648.6

问题 3：

编制项目损益表（见表 4-7）

根据相关数据及公式，计算损益表中的各项：

销售总收入 = 销售价格 × 销售数量

销售税金及附加 = 销售总收入 × 销售税金及附加的税率

$$年平均利润总额 = \left(\sum 各年利润总额 \right) / 年数 = 1\,147（万元）$$

$$投资利润率 = 年平均利润总额 / 总投资 \times 100\% = 26.4\%$$

$$年平均利税总额 = \left(\sum 各年利税总额 \right) / 年数 = 1\,430（万元）$$

$$投资利税额 = 年平均利税总额/总投资 \times 100\% = 32.9\%$$

$$资本金利润额 = 年平均利润总额/自有资金 \times 100\% = 62.3\%$$

表 4-7　　　　　　　　　　　　　　　**项目损益表**　　　　　　　　　　（单位：万元）

序号	年份\项目	3	4	5	6	7	8
1	销售收入	2 700	4 050	5 400	5 400	5 400	5 400
2	总成本费用	2 187.6	2 861.0	3 710.4	3 689.8	3 669.2	3 648.6
3	销售税金及附加	162	243	324	324	324	324

续表

序号	项目＼年份	3	4	5	6	7	8
4	利润总额	350.4	946	1 365.6	1 386.2	1 406.8	1 427.4
5	所得税额	115.6	312.2	450.6	457.4	464.2	471.0
6	税后利润	234.8	633.8	915.0	928.8	942.6	956.4
7	盈余公积金	23.5	63.4	91.5	92.9	94.3	95.7
8	可供分配利润	211.3	570.4	823.5	835.9	848.3	860.8

问题 4:

编制项目全投资现金流量表

根据给出和已计算得到的数据，编制项目全投资现金流量表（见表4-8）。

表4-8 　　　　　　　　　　　　**项目全投资现金流量表** 　　　　　　　（单位：万元）

序号	项目＼年份	1	2	3	4	5	6	7	8
1	现金流入			2 700	4 050	5 400	5 400	5 400	7 472
1.1	销售收入			2 700	4 050	5 400	5 400	5 400	5 400
1.2	固定资产余值								1 272
1.3	流动资产余值								800
2	现金流出	1 200	2 340	2 359	3 315	4 004	4 011	4 018	4 025
2.1	建设投资	1 200	2 340						
2.2	流动资金			400	400				
2.3	经营成本			1 682	2 360	3 230	3 230	3 230	3 230
2.4	销售税金及附加			162	243	324	324	324	324
2.5	所得税			115	312	450	457	464	471
3	净现金流量	1 200	2 340	340	734	1 395	1 388	1 381	3 447
4	累计净现金流量	1 200	3 540	3 199	2 464	1 069	319	1 701	5 148
5	净现金流现值	1 111	2 006	270	540	949	875	806	1 862
6	累计净现金流现值	1 111	3 117	2 847	2 307	1 357	482	324	2 186

序号	年份 项目	1	2	3	4	5	6	7	8
7	税前净现金流	1 200	2 340	456	1 047	1 846	1 846	1 846	3 918
8	税前净现金流现值	1 111	2 006	362	769	1 256	1 163	1 077	2 116
9	税前净现金流现值	1 111	3 117	2 755	1 985	729	434	1 511	3 628

各项税后指标：项目净现值 = 2 186 万元　　财务内部收益率 = 21.60%

　　　　　　　静态投资回收期 = 5.8 年　　动态投资回收期 = 6.6 年

各项税前指标：项目净现值 = 3 628 万元　　财务内部收益率 = 29.05%

　　　　　　　静态投资回收期 = 5.1 年　　动态投资回收期 = 5.6 年

问题 5：

编制该项目的自有资金现金流量表

根据给出的及计算得到的数据，可以编制自有资金现金流量表（见表 4-9）。

表 4-9　　　　　　　　　　　　　　**项目自有资金现金流量表**　　　　　　　　　（单位：万元）

序号	年份 项目	1	2	3	4	5	6	7	8
1	现金流入			2 700	4 050	5 400	5 400	5 400	7 472
1.1	销售收入			2 700	4 050	5 400	5 400	5 400	5 490
1.2	固定资产余值								1 272
1.3	流动资产余值								800
2	现金流出	1 200	340	2 730	3 381	4 450	4 436	4 422	4 928
2.1	自有资金	1 200	340	300					
2.2	经营成本			1 682	2 360	3 230	3 230	3 230	3 230
2.3	偿还借款								
2.3.1	长期借款本金偿还			343	343	343	343	343	343
2.3.2	长期借款利息偿还			123.6	103	82.4	61.8	41.2	20.6
2.3.3	流动资金借款还本								500
2.3.4	流动资金借款还息			4	20	20	20	20	20
2.4	销售税金及附加			162	243	324	324	324	324
2.5	所得税			115	312	450	457	464	471

续表

序号	年份 项目	1	2	3	4	5	6	7	8
3	净现金流量	1 200	340	30.5	668.5	949.7	963.3	977.3	2 543
4	累计净现金流量	1 200	1 540	1 571	902	47.7	1 011	1 988	4 531
5	净现金流现值	1 111	291	24.2	491.4	646.3	607	570.2	1 374
6	累计净现金流现值	1 111	1 402	1 426	935	289	317	888	2 262

各项税后的指标：项目净现值=2 262 万元　　财务内部收益率=30.08%
静态投资回收期=4.9 年　　动态投资回收期=5.5 年

问题 6：

根据上述计算结果，对项目财务评价如下：

（1）本项目的投资利润率为 26.4%，大于项目所在行业的平均投资利润率 20%；本项目的投资利税率为 32.9%，大于项目所在行业的平均投资利税率；本项目的资本金利润率为 62.3%，所以从项目财务静态指标分析，本项目是可行的。

（2）本项目全投资的税后指标为：项目净现值为 2 186 万元，静态投资回收期为 5.8 年，动态投资回收期为 6.6 年，财务内部收益率为 21.60%；本项目全投资的税前指标为：项目净现值为 3 628 万元，静态投资回收期为 5.1 年，动态投资回收期为 5.6 年，财务内部收益率为 29.05%，因此从全投资角度分析其在财务上是可行的。

（3）本项目自有资金的税后指标为：项目净现值为 2 262 万元，静态投资回收期为 4.9 年，动态投资回收期为 5.5 年，财务内部收益率为 30.08%，因此从自有资金角度分析其在财务上是可行的。

由上述分析可知，该项目在财务上是可行的。

本章小结

项目可行性研究是指对某工程项目在做出是否投资的决策之前，对项目在技术上的先进适用性、经济上的合理性和建设上的可能性进行论证，提出项目是否应该投资建设的结论性意见。项目可行性研究工作分为投资机会研究、初步可行性研究、详细可行性研究三个阶段。各个研究阶段的目的、任务、要求以及所需费用和时间各不相同，其研究的深度和可靠程度也不同。

投资估算是指在投资决策过程中，依据现有的资源和一定的方法，对建设项目未来发生的全部费用进行预测和估算，包括固定资产投资估算和流动资产投资估算。固定资产投资估算的方法主要有生产规模指数估算法、分项比例估算法、资金周转率法、单位面积综合指标估算法。

流动资金的估算一般采用两种方法，第一种是扩大指标估算法，它包括产值（或销售收入）资金率估算法、经营成本（或总成本）资金率估算法、固定资产投资资金率估算法、单位产量资金率估算法；第二种是分项详细估算法，也称分项定额估算法，它是国际上通行的流动资金估算方法，能对流动资金各项分项详细估算。

建设项目的财务评价，是从企业或项目的角度出发，根据国家现行财政、税收制度和现行市场价格，考察项目在财务上的潜在获利能力，据此判断建设项目的财务可行性和财务可接受性，并得出财务评价的结论。

一般项目的财务评价指标体系包括盈利能力指标、清偿能力指标，如果项目的产品涉及进出口，还要进行外汇平衡能力分析。

复习思考题

1. 简述项目可行性研究的概念及作用。
2. 简述投资估算的概念及内容。
3. 简述各投资估算方法的适用范围及特点。
4. 财务评价的内容是什么？
5. 简述财务评价的指标体系。
6. 分析基础财务报表和主要财务报表的关系。
7. 某拟建项目年经营成本估算为 15 000 万元，存货资金占用估算为 4 800 万元，全部职工数为 1 000 人，每年工资及福利费估算为 9 700 万元，年其他费用估算为 3 600 万元，年外购原材料、燃料及动力费为 15 000 万元，各项资金的周转天数为：应收账款为 30 天，现金为 15 天，应付账款为 30 天。试估算该建设项目的流动资金额。
8. 某建设项目建设期为 2 年，正常运营期为 6 年，基础数据如下：建设期投入 1 100 万元，在两年中等比例投入，固定资产形成率为 100%，固定资产余值回收为 600 万元。第三年注入流动资金 220 万元，运营期末一次性全部回收。正常生产年份的销售收入为 850 万元，经营成本为 350 万元，年总成本费用为 420 万元，销售税金及附加按 6% 的税率计算，所得税率为 33%。行业的基准动态投资回收期为 7 年，基准折现率取 10%。

根据上述基本数据，试列出现金流量表，计算该项目的静态投资回收期、动态投资回收期、净现值和内部收益率，并对财务可行性进行评述。

第五章　建设项目设计阶段工程造价管理

设计阶段工程造价包括设计概算和设计预算（施工图预算），是设计阶段确定建设项目的全部建设费用。在项目建设过程中，设计阶段确定的设计概算是工程造价控制的上限，设计预算（施工图预算）代表了完成施工图设计内容的社会平均生产力水平，是投资人投资建设项目的期望值。因此对建设项目设计阶段工程造价的合理确定和有效控制具有重要意义。

第一节　设计经济合理性提高的途径

一、执行设计标准

设计标准是国家经济建设的重要技术规范，是进行工程建设勘察、设计、施工及验收的重要依据。各类建设的设计部门制定与执行相应的不同层次的设计标准规范，对于提高工程设计阶段的造价控制水平是十分必要的。

（一）设计标准的作用

（1）对建设工程规模、内容、建造标准进行控制；

（2）保证工程的安全性和预期的使用功能；

（3）提供设计所必需的指标、定额、计算方法和构造措施；

（4）为控制工程造价提供方法和依据；

（5）减少设计工作量、提高设计效率；

（6）促进建筑工业化、装配化，加快建设速度。

（二）设计标准化的要求

正确地理解和运用设计标准是做好设计阶段造价控制工作的前提，其基本要求如下：

（1）充分了解工程设计项目的使用对象、规模功能要求，选择相应的设计标准规范作为依据，合理地确定项目等级和面积分配、功能分类以及材料、设备、装修标准和单位面积造价的控制指标；

（2）根据建设地点的自然、地质、地理、物资供应等条件和使用功能，制定合理的设计方案，明确方案应遵循的标准规范；

（3）施工图设计前应检查是否符合标准规范的规定；

（4）当各层次标准出现矛盾时，应以上级标准或管理部门的相关标准为准。在使用功能方面应遵守上限标准（不超标）；在安全、卫生等方面应注意下线标准（不降低要求）；

（5）当遇到特殊情况难以执行标准规范时，特别是涉及安全、卫生防火、环保等问题时，应取得当地有关管理部门的批准或认可。

二、推行标准设计

工程标准设计通常指在工程设计中，可在一定范围内通用的标准图、通用图和复用图，一般统称为标准图。在工程设计中采用标准设计可促进工业化水平、加快工程进度、节约材料、降低建设投资。据统计，采用标准设计一般可加快设计进度 1~2 倍，节约建设投资 10%~15%。

（一）标准设计的特点

（1）以图形表示为主，对操作要求和使用方法作文字说明；

（2）具有设计、施工、经济标准各项要求的综合性；

（3）设计人员选用后可直接用于工程建设，具有产品标准的作用；

（4）对地域、环境的适应性要求强，地方性标准较多；

（5）除特殊情况可作少量修改外，一般情况下设计人员不得自行修改标准设计。

（二）标准设计的分类

（1）国家标准设计指在全国范围内需要统一的标准设计；

（2）部级标准设计指在全国各行业范围内需要统一的标准设计，应由主编单位提出并报告主管部门审批颁发；

（3）省、市、自治区标准设计指在本地区范围内需要统一的标准设计，由主编单位提出并报省、市、自治区主管基建的综合部门审批颁发；

（4）设计单位自行制定的标准设计是指在本单位范围内需要统一的标准设计，是在本单位内部使用的设计技术原则、设计技术规定，由设计单位批准执行，并报上一级主管部门备案。

（三）标准设计一般要求

标准设计覆盖范围很广，重复建造的建筑类型及生产能力相同的企业、单独的房屋构筑物均应采用标准设计或通用设计。在设计阶段造价控制工作中，对不同用途和要求的建筑物，应按统一的建筑模数、建筑标准、设计规范技术规定等进行设计。若房屋或构筑物整体不便定型化时，应将其中重复出现的建筑单元、房间和主要的结构节点构造，在构配件标准化的基础上定型化。建筑物和构筑物的柱网、层高及其他构件参数尺寸应力求统一化，在基本满足使用要求和修建条件的情况下，尽可能具有通用互换性。

（四）推广标准设计的意义

（1）加快提供设计图纸的速度、缩短设计周期、节约设计费用；

（2）可使工艺定型、易提高工人技术水平、易使生产均衡、提高劳动生产率和节约材料，有益于较大幅度地降低建设投资；

（3）可加快施工准备和定制预制构件等项工作，并能使施工速度大大加快，既有利于保证工程质量，又降低了建筑安装工程费用；

（4）按通用性条件编制、按规定程序审批，可供大量重复使用，做到既经济又优质；

（5）贯彻执行国家的技术经济政策，密切结合自然条件和技术发展水平，合理利用资源和材料设备，考虑施工、生产、使用和维修的要求，便于工业化生产。

三、推行限额设计

（一）限额设计的含义

限额设计就是按批准的投资估算控制初步设计，按批准的初步设计总概算控制施工图设计，即将上阶段设计审定的投资额和工程量先行分解到各专业，然后再分解到各单位工程和分部工程。各专业在保证使用功能的前提下，按分配的投资限额控制设计，严格控制技术设计和施工图设计的不合理变更，以保证总投资限额不被突破。

（二）限额设计的目标设置

先将上一阶段审定的投资额作为下一设计阶段投资控制的总体目标，再将该项总体限额目标层层分解后确定各专业、各工程或各分部分项工程的分项目标。该项工作中，提高投资估算的合理性与准确性是进行限额设计目标设置的关键环节，特别是各专业和各单位工程或分部分项工程如何合理划分、分解到的限额数量的多少、设计指标制定的高低等都将约束项目投资目标的实现，都将对项目的建造标准、使用功能、工程质量等方面产生影响。

限额设计体现了设计标准、规模、原则的合理确定和有关概算基础资料的合理取定，是衡量勘察设计工作质量的综合标志，应将之作为提高设计质量工作的管理目标。

最终实现设计阶段造价（投资）控制的目标，必须对设计工作的各个环节进行多层次的控制与管理，同时实现对设计规模、设计标准、工程量与概算指标等各个方面的多维控制。

（三）限额设计控制工作的主要内容

限额设计贯穿项目可行性研究、初步勘察、初步设计、详细勘察、技术设计、施工图设计各个阶段，并且在每一个阶段中贯穿于各个专业的每一道工序。在每个专业、每项设计中都应将限额设计作为重点工作内容，明确限额目标，实行工序管理。各专业限额设计的实现是限额目标得以实现的重要保证。限额设计控制工作包括如下内容：

1. 重视初步设计的方案选择

初步设计应为多方案比较选择的结果，是项目投资估算的进一步具体化。在初步设计开始时，项目总设计师应将可行性研究报告的设计原则、建设方案和各项控制经济指标向设计人员交底，对关键设备、工艺流程、总图方案、主要建筑和各项费用指标要提出技术经济比选方案，要研究实现可行性研究报告中投资限额的可能性。特别要注意对投资有较大影响的因素并将任务与规定的投资限额分专业下达到设计人员，促使设计人员进行多方案比选。如果发现重大设计方案或某项设计指标超出批准可行性研究报告中的投资限额，应及时反映并提出解决的方法。不应该等到概算编出后发现超投资再压低投资、减项目、减设备，以至影响设计进度，造成设计上的不合理，给施工图设计埋下超出限额的隐患。

在初步设计限额设计中，各专业设计人员应强化控制建设投资意识，在拟定设计原则、技术方案和选择设备材料过程中应先掌握工程的参考造价和工程量，严格按照限额设计所分解的投资额和控制工程量进行设计，并以单位工程为考核单元，事先做好专业内部平衡调整，提出节约投资的措施，力求将造价和工程量控制在限额范围之内。

2. 控制施工图预算

施工图设计是指导工程建设的主要文件，是设计单位的最终产品。限额设计控制就是将施工图预算严格控制在批准的设计概算范围内并有所节约。施工图设计必须严格按照批准的初步设计确定的原则、范围、内容、项目和投资额进行。施工图阶段限额设计的重点应放在初步设计工程量控制方面，控制工程量一经审定，即作为施工图设计工程量的最高限额，不得突破。

当初步设计受外界条件的限制时，如地质报告、工程地质、设备、材料的供应、协作条件、物质采购供应价格变化以及人们的主观认识的局部修改、变更，可能引起已经确认的概算价值的变化，这种正常的变化在一定范围内允许，但必须经过核算与调整。当建设规模、产品方案、工艺方案、工艺流程或设计方案发生重大变更时，原初步设计已失去指导施工图设计的意义，此时必须重新编制或修改初步文件，另行编制修改初步设计的概算报原审批单位审批。

3. 加强设计变更管理

除非不得不进行设计变更，否则任何人员无权擅自更改设计。如果能预料到设计将要发生变更，则设计变更发生越早越好。若在设计阶段变更，只需修改图纸，其他费用尚未发生，若在建设期间发生变更，除花费上述费用外，已建工程还可能将被拆除，势必造成重大变更损失。

为了做好限额设计控制工作，应建立相应的设计管理制度，尽可能地将设计变更控制在设计阶段，对影响工程造价的重大设计变更，需进行由多方人员参加的技术经济论证，获得有关管理部门批准后方可进行，使建设成本得到有效控制。

四、设计方案优选

设计方案选择就是通过对工程设计方案的经济分析，从若干设计方案中选出最佳方案的过程。由于设计方案的经济效果不仅取决于技术条件，而且还受不同地区的自然条件和社会条件的影响，设计方案选择时，需要综合考虑各方面因素，对方案进行全方位的技术经济分析与比较，也需要结合当时当地的实际条件，选择功能完善、技术先进、经济合理的设计方案。其中，设计方案选择最常用的方法是比较分析方法。

第二节　价值工程

一、价值工程原理

（一）价值工程的含义

价值工程是通过各相关领域的协作，对所研究对象的功能与成本进行系统分析，不断创新，旨在提高所研究对象价值的思想方法和管理技术。这里"价值"定义可以用如下公式表示：

$$V = \frac{F}{C} \tag{5-1}$$

式中：V 为价值（Value）、F 为功能（Function）、C 为成本或费用（Cost）。

价值工程的定义包括以下几方面的含义：

（1）价值工程的性质属于一种"思想方法和管理技术"。

（2）价值工程的核心内容是对"功能与成本进行系统分析"和"不断创新"。

（3）价值工程的目的旨在提高产品的"价值"。若把价值的定义结合起来，便应理解为旨在提高功能对成本的比值。

（4）价值工程通常是由多个领域协作而开展的活动。

（二）价值工程的特点

1. 以使用者的功能需求为出发点

价值工程出发点的选择应满足使用者对功能的需求。

2. 研究对象进行功能分析并系统研究功能与成本之间的关系

价值工程对功能进行分析的技术内容特别丰富，既要辨别必要功能和不必要功能、过剩功能和不足功能，又要计算出不同方案的功能量化值；还要考虑功能与其载体的有分有合问题。通过功能与成本进行比较，形成比较价值的概念和量值。由于功能与成本关系的复杂性，必须用系统的观点和方法对其进行深入研究。

3. 致力于提高价值的创造性活动

提高功能与成本的比值是一项创造性活动，要求技术创新。提高功能或降低成本，都必须创造出新的功能载体或者创造新的载体加工制造的方法。

4. 有组织、有计划、有步骤地开展工作

开展价值工程活动的过程涉及各个部门的各方面人员。在他们之间，要沟通思想、交换意见、统一认识、协调行动，要步调一致地开展工作。

（三）价值工程的一般工作程序

开展价值工程活动一般分为 4 个阶段、12 个步骤，如表 5-1 所示。

表 5-1　　　　　　　　　　　价值工程的一般工作程序

阶　段	步　骤	应回答的问题
准备阶段	1. 对象选择 2. 组成价值工程小组 3. 制定工作计划	VE 的对象是什么？
分析阶段	4. 搜集整理信息资料 5. 功能系统分析 6. 功能评价	该对象的用途是什么？ 成本和价值是多少？
创新阶段	7. 方案创新 8. 方案评价 9. 提案编写	是否有替代方案？ 新方案的成本是多少？能否满足要求？
实施阶段	10. 审批 11. 实施与检查 12. 成果鉴定	

二、价值工程主要工作内容

（一）对象选择

1. 对象选择的一般原则

选择价值工程对象时一般应遵循以下两条原则：一是优先考虑企业生产经营上迫切要求改进的主要产品，或是对国计民生有重大影响的项目；二是对企业经济效益影响大的产品（或项目）。其具体包括以下几个方面：

（1）设计方面：选择结构复杂、体大量重、技术性能差、能源消耗高、原材料消耗大或是稀有的、贵重的、奇缺的产品；

（2）施工生产方面：选择产量大、工序繁琐、工艺复杂、工艺落后、返修率高、废品率高、质量难以保证的产品；

（3）销售方面：选择用户意见大、退货索赔多、竞争力差、销售量下降或市场占有率低的产品；

（4）成本方面：选择成本高、利润低的产品或在成本构成中比重大的产品。

2. 对象选择的方法

对象选择的方法有很多，每种方法有各自的优点和适应性。

（1）经验分析法。该方法也称为因素分析法，是一种定性分析的方法，即凭借开展价值工程活动人员的经验和智慧，根据对象选择应考虑的因素，通过定性分析来选择对象的方法。其优点是能综合、全面地考虑问题且简便易行，不需要特殊训练，特别是在时间紧迫或信息资料不充分的情况下，利用此法较为方便。其缺点是缺乏定量依据，分析质量受工作人员的工作态度和知识经验水平的影响较大。若本方法与其他定量方法相结合使用往往能取得较好效果。

（2）百分比法。百分比即按某种费用或资源在不同项目中所占的比重大小来选择价值工程对象的方法。

（3）ABC分析法。运用数理统计分析原理，按局部成本在总成本中比重的大小选择价值工程对象。一般来说，企业产品的成本往往集中在少数关键部件上。在选择对象产品或部件时，为便于抓住重点，把产品（或部件）种类按成本大小顺序划分为A、B、C三类。

ABC分析法的优点在于简单易行，能抓住成本中的主要矛盾，但企业在生产多品种、各品种之间不一定表现出均匀分布规律时应采用其他方法。该方法的缺点是有时部件虽属C类，但功能却较重要，有时因成本在部件或要素项目之间分配不合理，则会发生遗漏或顺序推后而未被选上。这种情况可通过结合运用其他分析方法来避免。

（4）强制确定法。该方法在选择价值工程对象、功能评价和方案评价中都可以使用。在对象选择中，通过对每个部件与其他各部件的功能重要程度进行逐一对比打分，相对重要的得1分，不重要的得0分，即01法。以各部件功能得分占总分的比例确定功能评价系数，根据功能评价系数和成本系数确定价值系数。

$$部件功能系数\ F_i = \frac{某部件的功能得分值}{全部部件功能得分值} \tag{5-2}$$

$$部件成本系数\ C_i = \frac{该部件目前成本}{全部部件成本} \tag{5-3}$$

$$部件价值系数\ V_i = \frac{部件功能评价系数}{部件成本系数} \tag{5-4}$$

当$V_i<1$时，部件i作为VE对象；当$V_i=1$时不作为VE对象；当$V_i>1$时视情况而定。

（二）信息资料的搜集

明确搜集资料的目的，确定资料的内容和调查范围，有针对性地搜集信息。搜集信息资料的首要目的就是要了解活动的对象，明确价值工程对象的范围，信息资料有利于帮助价值工程人员统一认识、确保功能、降低物耗。只有在以充分的信息作为依据的基础上，才能创造性地运用各种有效手段，正确地进行对象选择、功能分析和创新方案。

不同价值工程对象所需搜集的信息资料内容不尽相同。一般包括市场信息、用户信息、竞争对手信息、设计技术方面的信息、制造及外协方面的信息、经济方面的信息、本企业的基本情况、国家和社会方面的情况等。搜集信息资料是一项周密而系统的调查研究活动，应有计划、有组织、有目的地进行。

搜集信息资料的方法通常有：①面谈法。通过直接交谈搜集信息资料；②观察法。通过直接观察VE对象搜集信息资料；③书面调查法。将所需资料以问答形式预先归纳为若干问题然后通过资料问卷的回答来取得信息资料。

（三）功能系统分析

功能系统分析是价值工程活动的中心环节，具有明确用户的功能要求、转向对功能的研究、可靠实现必要的功能三个方面的作用。功能系统分析中的功能定义、功能整理、功能计量紧密衔接，有机地结合为一体运行。三者的作用和相互关系如表5-2所示。

表 5-2   功能系统分析步骤

分析步骤	分析目的	分析类别	回答问题
功能定义	部件的功能本质	功能单元的定性分析	它的功能是什么？
↓功能整理	↓功能之间的相互关系	↓功能相互关系的定性分析	它的目的或手段是什么？
↓功能计量	↓必要功能的价值标值	↓单元功能的量化	它的功能是多少？

（四）功能评价

功能评价包括研究对象的价值评价和成本评价两个方面的内容。价值评价着重计算、分析、研究对象的成本与功能间的关系是否协调、平衡，评价功能价值的高低，评定需要改进的具体对象。功能价值的一般计算公式与对象选择的价值的基本计算公式相同，所不同的是功能价值计算所用的成本按功能统计，而不是按部件统计。

$$V_i = \frac{F_i}{C_i} \tag{5-5}$$

式中：F_i——对象的功能评价值（元）；

C_i——对象 i 功能目前成本（元）；

V_i——对象的价值（系数）。

成本评价是计算对象的目前成本和目标成本，分析、测算成本降低期望值，排列改进对象的优先顺序。成本评价的计算公式如下：

$$\Delta C = C - C' \tag{5-6}$$

式中：C'——对象的目标成本（元）；

C——对象的目前成本（元）；

ΔC——成本降低期望值（元）。

（五）方案创新的技术方法

方案创新的方法很多，都强调发挥人的聪明才智，积极地进行思考，设想出技术经济效果更好的新方案。下面为常用的两种方法：

1. 头脑风暴法

头脑风暴法指无拘无束、自由奔放地思考问题的方法。其具体步骤如下：

（1）组织对本问题有经验的专家召开会议；

（2）会议鼓励对本问题自由鸣放，相互不指责批判；

（3）提出大量方案；

（4）结合他人意见提出设想。

2. 哥顿法

哥顿法是会议主持人将拟解决的问题抽象后抛出，与会人员共同讨论并充分发表看法，在适当时机会议主持人再将原问题抛出继续讨论的方法。

（六）方案评价与提案编写

方案评价就是从众多的备选方案中选出价值最高的可行方案。方案评价可分为概略评价和详细评价，两者都包括技术评价、经济评价和社会评价等方面的内容。将这三个方面联系起来进行权衡则称为综合评价。技术评价是对方案功能的必要性及必要程度和实施的可能性进行分析评价；经济评价是对方案实施的经济效果进行分析评价；社会评价是方案为国家和社会带来影响和后果的分析评价。综合评价又称价值评价，是根据以上三个方面的评价内容，对方案价值大小所做的综合评价。

为争取决策部门的理解和支持，使提案获得批准，要有侧重地撰写出具有充分说服力的提案书（表）。提案编写应扼要阐明提案内容，如改善对象的名称及现状、改善的原因及效果、改善后方案将达到的功能水平与成本水平、功能的满足程度、试验途径和办法以及必要的测试数据等。提案应具有说服力，使决策者理解并采纳提案。

第三节　设计概算的编制与审查

一、设计概算的内容和作用

（一）设计概算的内容

设计概算是在初步设计或扩大设计阶段，由设计单位按照设计要求概略地计算拟建工程从立项开始到交付使用为止全过程所发生的建设费用的文件，是设计文件的重要组成部分。在报请审批初步设计或扩大初步设计时，作为完整的技术文件必须附有相应的设计概算。

设计概算分为单位工程概算、单项工程综合概算、建设工程总概算三级，如图 5-1 所示。单位工程综合概算分为各单位建筑工程概算和设备及安装工程概算两大类，是确定单项工程中各单位工程建设费用的文件，是编制单项工程综合概算的依据，其中，建筑工程概算分为一般土建工程概算、给排水工程概算、采暖工程概算，通风工程概算分为机械设备及安装工程概算、电器设备及安装工程概算。

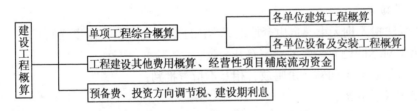

图 5-1　设计概算的编制内容及相互关系

单项工程综合概算是确定一个单项工程所需建设费用的文件，是根据单项工程内各专业单位工程概算汇总编制而成的。单项工程综合概算的组成内容如图 5-2 所示。

建设工程总概算是确定整个建设工程从立项到竣工验收全过程所需要费用的文件。它由各单项工程综合概算以及工程建设其他费用和预备费用概算等汇总编制而成。

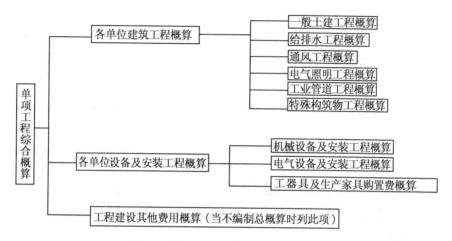

图 5-2　单项工程综合概算的组成内容

（二）设计概算的作用

1. 国家确定和控制基本建设投资、编制基本建设计划的依据

初步设计及总概算按规定程序报请有关部门批准后即为建设工程总投资的最高限额，不得任意突破，如果确实需要突破时需报原审批部门批准。

2. 设计方案经济评价与选择的依据

设计人员根据设计概算进行设计方案技术经济分析、多方案评价并优选方案，以提高工程项目设计质量和经济效果。同时，设计概算为下阶段施工图设计确定了投资控制的目标。

3. 实行建设工程投资包干的依据

在进行概算包干时，单项工程综合概算及建设工程总概算是投资包干指标商定和确定的基础，尤其是经上级主管部门批准的设计概算和修正概算，是主管单位和包干单位签订包干合同、控制包干数额的依据。

4. 基本建设核算、"三算"对比、考核建设工程成本和投资效果的依据

设计概算是建设单位进行项目核算、建设工程"三算"对比、考核项目成本和投资经济效果的重要依据。

二、设计概算的编制方法

设计概算是从最基本的单位工程概算编制开始逐级汇总而成。

（一）设计概算的编制依据和编制原则

1. 设计概算的编制依据

设计概算的编制依据是：（1）经批准的有关文件、上级有关文件、指标；（2）工程地质勘测资料；（3）经批准的设计文件；（4）水、电和原材料供应情况；（5）交通运输情况及运输价格；（6）地区工资标准、已批准的材料预算价格及机械台班价格；（7）国

家或省市颁发的概算定额或概算指标、建筑安装工程间接费定额、其他有关取费标准；（8）国家或省市规定的其他工程费用指标、机电设备价目表；（9）类似工程概算及技术经济指标。

2. 设计概算的编制原则

编制设计概算应掌握如下原则：（1）应深入进行调查研究；（2）结合实际情况合理确定工程费用；（3）抓住重点环节、严格控制工程概算造价；（4）应全面地、完整地反映设计内容；（5）严格执行国家的建设方针和经济政策。

（二）单位工程概算的主要编制方法

1. 建筑工程概算的编制方法

编制建筑单位工程概算的方法一般有扩大单价法、概算指标法两种，可根据编制条件、依据和要求的不同适当选取。

（1）扩大单价法

首先根据概算定额编制成扩大单位估价表（概算定额基价）。扩大单位估价表是确定单位工程中各扩大分部分项工程或完整的结构构件所需的全部材料费、人工费、施工机械使用费之和的文件。其计算公式为：

$$概算定额基价 = \frac{概算定额}{单位材料费} + \frac{概算定额单}{位人工费} + \frac{概算定额}{单位施工机械使用费}$$

$$= \sum \left(\begin{matrix} 概算定额中 \\ 材料消耗量 \end{matrix} \times \begin{matrix} 材料预 \\ 算价格 \end{matrix} \right) + \sum \left(\begin{matrix} 概算定额中 \\ 人工工日消耗量 \end{matrix} \times \begin{matrix} 人工工 \\ 资单价 \end{matrix} \right)$$

$$+ \sum \left(\begin{matrix} 概算定额中施工 \\ 机械台班消耗量 \end{matrix} \times \begin{matrix} 机械台班 \\ 费用单价 \end{matrix} \right) \tag{5-7}$$

将扩大分部分项工程的工程量乘以扩大单位估价进行计算。其中工程量的计算，必须按定额中规定的各个分部分项工程内容，遵循定额中规定的计量单位、工程量计算规则及方法来进行。完整的编制步骤如下：

① 根据初步设计图纸和说明书，按概算定额中划分的项目计算工程量。有些无法直接计算的零星工程，如洒水、台阶、厕所蹲台等，可根据概算定额的规定，按主要工程费用的百分率（一般为 5%~8%）计算；

② 根据计算的工程量套用相应的扩大单位估价，计算出材料费、人工费、施工机械使用费三者之和；

③ 根据有关取费标准计算措施费、间接费、利润和税金；

④ 将上述各项费用累加，其和为建筑工程概算造价。

采用扩大单价法编制建筑工程概算比较准确，但计算过程较繁琐。具备一定的设计基础知识、熟悉概算定额时才能弄清分部分项工程的扩大综合内容，才能正确计算扩大分部分项工程的工程量。同时在套用扩大单位估价表时，若所在地区的工资标准及材料预算价格与概算定额不相符，则需要重新编制扩大单位估价或将测定系数加以修正。当初步设计达到一定深度、建筑结构比较明确时，可采用这种方法编制建筑工程概算。

（2）概算指标法

由于设计深度不够等原因，对一般附属、辅助和服务工程等项目以及住宅和文化福利工程项目或投资比较小、比较简单的工程项目，可采用概算指标法编制概算。用概算指标法编制概算的方法有如下两种：

第一种方法：直接用概算指标编制单位工程概算。

当设计对象的结构特征符合概算指标的结构特征时，可直接用概算指标编制概算。

① 根据概算指标计算出直接费用，然后再编制概算。其具体步骤如下：

a. 计算人工费、材料费、施工机械使用费即直接费。

根据概算指标中每 100 平方米建筑面积或每 1 000 立方米建筑体积的人工和材料消耗指标，结合本地的工资标准、材料预算价格计算人工费和材料费。

$$人工费 = 概算指标规定的工日数 \times 人工单价 \tag{5-8}$$

$$材料费 = 主要材料费 + 其他材料费 \tag{5-9}$$

式中：主要材料费＝概算指标的主要材料用量×地区材料预算价格 (5-10)

$$其他材料费 = \sum（主要材料费 \times 其他材料占主要材料费的百分比） \tag{5-11}$$

有的地区可直接从概算指标中查出其他材料费，而施工机械使用费则在概算指标中直接查找。汇总上述费用，即得概算指标直接费：

概算指标直接费＝人工费+材料费+施工机械使用费（元/100m² 或元/1 000m³） (5-12)

b. 计算单位直接费。单位直接费根据概算指标直接费进行计算。

单位直接费＝概算指标直接费/100（或 1 000）（元/m² 或元/1 000m³） (5-13)

c. 计算措施费、利润、税金及概算单价。各项费用计算方法与用概算定额编制概算相同，概算单价为各项费用之和。

d. 计算单位工程概算价值。

单位工程概算价值＝单位工程建筑面积或建筑体积×概算单价 (5-14)

e. 计算技术经济指标。

② 根据基价调整系数计算调整后基价，然后编制概算。其编制步骤如下：

a. 计算调整后基价。

调整后基价＝概算指标规定的基价×基价调整系数 (5-15)

b. 计算工程直接费。

直接费＝单位工程建筑面积或建筑体积×调整后基价 (5-16)

c. 计算单位工程概算价值。

根据所计算的其他直接费、现场经费、间接费、利润、税金确定单位工程概算价值和技术经济指标，计算方法同前。

第二种方法：用修正后概算指标编制单位工程概算。

当设计对象的结构特征与概算指标的结构特征有局部差别时，可用修正后概算指标及单位价值，算出工程概算价值。其基本步骤如下：

①根据概算指标算出每平方米建筑面积或每立方米建筑体积的直接费（方法同前）。

②换算与设计不符的结构构件价值，即：

换出（人）结构构件价值＝换出（人）结构构件工程量×相应概算定额的地区单价/100（或 1 000）（元/m² 或元/m³） (5-17)

③求出修正后的单位直接费。

单位直接费修正值=原概算指标单位直接费−换出结构构件价值

　　　　　　　　+换入结构构件价值　　　　　　　　　　　　　　　　　（5-18）

求出修正后的单位直接费用后再按编制单位工程概算的方法编制出一般土建工程概算。

修正概算指标法还可用另一种方式进行，即从原工料数量和机械使用费中换出与设计对象不同的结构构件的工料数量和机械使用费。这种方法是直接修正概算指标中的工料数量和机械使用费，从而将按概算指标和地区预算价格计算单价和修正单价的工作一次计算即可完成。

2. 设备及安装工程概算的编制

设备及安装工程分为机械设备及安装工程和电气设备及安装工程两部分。设备及安装工程的概算由设备购置费和安装工程费两部分组成。

（1）设备购置概算的编制方法

设备购置费由设备原价和设备运输费组成，见第二章设备购置费的构成和计算。

（2）设备安装工程概算的编制

①预算单价法。当初步设计有详细设备清单时，可直接按预算单位（预算定额单价）编制设备安装工程概算。根据计算的设备安装工程量，乘以安装工程预算单价，经汇总求得。用预算单价法编制概算，计算比较具体，精确性较高。

②扩大单价法。当初步设计的设备清单不完备或仅有成套设备的重量时，可采用主体设备，成套设备或工艺线的综合扩大安装单价编制概算。

③概算指标法。当初步设计的设备清单不完备或安装预算单价及扩大综合单价不全，无法采用预算单价法和扩大单价法时，可采用概算指标编制概算。概算指标形式较多，概括起来主要可按以下几种指标进行计算：

a. 按占设备价值的百分比（安装费费率）的概算指标计算。

　　　　　　　　设备安装费=设备原价×设备安装费费率　　　　　　　　（5-19）

b. 按每吨设备安装费的概算指标计算。

　　　　　　　　设备安装费=设备总吨数×每吨设备安装费（元/t）　　　　（5-20）

c. 按座、台、套、组、根、功率等为计量单位的概算指标计算。例如：工业炉按每台安装费指标计算；冷水箱按每组安装费指标计算安装费等。

d. 按设备安装工程每平方米建筑面积的概算指标计算。设备安装工程有时可按不同的专业内容（如通风、动力、管道等）采用每平方米建筑面积的安装费用概算指标计算安装费。

（三）单项工程综合概算的编制

综合概算是以单项工程为编制对象，确定建成后可独立发挥作用的建筑物所需全部建设费用的文件，由该单项工程内各单位工程概算书汇总而成。

综合概算书是工程项目总概算书的组成部分，是编制总概算书的基础文件，一般由编制说明和综合概算表两个部分组成。

1. 编制说明

编制说明主要包括以下几项内容：

（1）编制依据；

（2）编制方法；

（3）主要材料和设备数量；

（4）其他有关问题。

2. 综合概算表

综合概算表的填写如表 5-3 所示。

表 5-3 综合概算表

工程项目名称：×××

单项工程名称：×××

概算价值：××× 万元

序号	综合概算编号	工程或费用名称	概算价值（万元）						技术经济指标			占投资总额%	备注
			建筑工程费	安装工程费	设备购置费	工家器具购置及生费生产	其他费用	合计	单位	数量	单位价值（元）		
1	2	3	4	5	6	7	8	9	10	11	12	13	14
1	6-1	一、建筑工程	×					×	×	×	×	×	
2	6-2	土建工程	×					×	×	×	×	×	
3	6-3	给排水工程	×					×	×	×	×	×	
4	6-4	采暖工程	×					×	×	×	×	×	
5		电气照明工程	×					×	×	×	×	×	
		小计	×					×	×	×	×	×	
6	6-5	二、设备及安装工程 机械设备及安装工程		×	×			×	×	×	×	×	
7	6-6	电气设备及安装工程		×	×			×	×	×	×	×	
		小计		×	×			×	×	×	×	×	
8		三、工器具及生产家具购置费				×		×	×	×	×	×	
9		总 计	×	×	×	×		×	×	×	×	×	

审核： 核对： 编制： 年 月 日

3. 技术经济指标的计算

综合概算的技术经济指标应根据综合概算价值和相应的计量单位计算。计量单位选择应能反映该单项工程的特点，具有代表性。例如：年产量、设备重量（t）等。

（四）总概算的编制

总概算是以整个工程项目为对象，确定项目从立项开始，到竣工交付使用整个过程全部建设费用的文件。它由各单项工程综合概算及其他工程和费用概算综合汇编而成。

1. 总概算书的内容

总概算书一般由封面、签署页及目录、编制说明、总概算表及所含综合概算表、其他工程费用概算表、工程量计算表、工程数量汇总表、分年度投资汇总表、分年度资金流量汇总表等组成。

（1）工程概况：说明工程建设地址、建设条件、期限、名称、产量、品种、规模、功用及厂外工程的主要情况等。

（2）编制依据：说明设计文件、定额、价格及费用指标等依据。

（3）编制范围：说明总概算书包括与未包括的工程项目和费用。

（4）编制方法：说明采用何种方法编制等。

（5）投资分析：分析各项工程费用所占比重、各项费用构成、投资效果等。此外，还要与类似工程进行类似比较，分析投资高低原因以及论证该设计是否经济合理。

（6）主要设备和材料数量：说明主要机械设备、电气设备及主要建筑材料的数量。

（7）其他有关的问题：说明在编制概算文件过程中存在的其他有关问题。

2. 总概算表的编制方法

将各单项工程综合概算及其他工程和费用概算等汇总即为工程项目概算。

（1）按总概算组成的顺序和各项费用的性质，将各个单项工程综合概算及其他工程和费用概算汇总列入总概算表，如表5-4所示。

表5-4 总 概 算 表

工程项目：×××

总概算价值：××× 其中回收金额：×××

序号	概算表编号	工程或费用名称	概算价值（万元）						技术经济指标			占投资总额（%）	备注
			建筑工程费	安装工程费	设备购置费	工器具购置及生产费家	其他费用	合计	单位	数量	单位价值（元）		
1	2	3	4	5	6	7	8	9	10	11	12	13	14
1 2		第一部分工程费用 一、主要生产工程项目 　×××厂房 　×××厂房 　： 小　计	× × ×	× × ×	× × ×	× × ×		× × ×	× × ×	× × ×	× × ×	× × ×	
3 4		二、辅助生产项目 　机修车间 　木工车间 　： 小　计	× × ×	× × ×	× × ×	× × ×		× × ×	× × ×	× × ×	× × ×	× × ×	

序号	概算表编号	工程或费用名称	概算价值（万元）						技术经济指标			占投资总额（%）	备注
			建筑工程费	安装工程费	设备购置费	工家器具购置及生费产	其他费用	合计	单位	数量	单位价值（元）		
1	2	3	4	5	6	7	8	9	10	11	12	13	14
5 6		三、公用设施工程项目 　变电所 　锅炉房 　⋮ 　小　计	× × ×	× × ×	× × ×			× × ×	× × ×	× × ×	× × ×	× × ×	
7 8		四、生活、福利、文化教育及服务项目、职工住宅、办公楼 　⋮ 　小　计	× × ×	 ×	 ×	× × ×	 ×	× × ×	× × 	× × 	× × 	× × 	
9 10		第二部分其他工程和费用项目 　土地征购费 　勘察设计费 　⋮ 第二部分其他工程和费用 　合计					× × × ×	× × × ×					
		第一、二部分工程费用总计	×	×	×	×	×	×					
11 12 13 14 15 16 17		预备费 建设期利息 固定资产投资方向调节税 铺底流动资金 总概算价值 其中：回收金额 投资比例（%）	 × ×	 × ×	 × ×	 × ×	× × × × × × ×	× × × × × × ×					

审核：　　　　核对：　　　　编制：　　　　　　　　　　　年　　月　　日

（2）将工程项目和费用名称及各项数值填入相应各栏内，然后按各栏分别汇总。

（3）以汇总后总额为基础，按取费标准计算预备费用、建设期利息、固定资产投资方向调节税、铺底流动资金。

（4）计算回收金额。回收金额是指在整个基本建设过程中所获得的各种收入。例如：

原有房屋拆除所回收的材料和旧设备等的变现收入的计算方法应按地区主管部门的规定执行。

(5) 计算总概算价值。

总概算价值=第一部分费用+第二部分费用+预备费+建设期利息

$$+固定资产投资方向调节税+铺底流动资金-回收金额 \qquad (5-21)$$

1) 计算技术经济指标。整个项目的技术经济指标应选择有代表性和能说明投资效果的指标填列。

2) 投资分析。为对基本建设投资分配、构成等情况进行分析，应在总概算表中计算出各项工程和费用投资占总投资的比例，在表的末栏计算出每项费用的投资占总投资的比例。

三、设计概算的审查

(一) 设计概算审查的意义

(1) 有利于合理分配投资资金、加强投资计划管理。设计概算偏高或偏低，都会影响投资计划的真实性，从而影响投资资金的合理分配。进行设计概算审查是遵循客观经济规律的需要，通过审查可以提高投资的准确性与合理性。

(2) 有助于概算编制人员严格执行国家有关概算的编制规定和费用标准，提高概算的编制质量。

(3) 有助于促进设计的技术先进性与经济合理性的统一。概算中的技术经济指标是概算水平的综合反映，合理、准确的设计概算是技术经济协调统一的具体体现。

(4) 合理、准确的设计概算可使下阶段投资控制目标更加科学合理，堵塞了投资缺口或突破投资的漏洞，缩小了概算与预算之间的差距，可提高项目投资的经济效益。

(二) 审查的主要内容

1. 审查设计概算的编制依据

(1) 合法性审查。采用的各种编制依据必须经过国家或授权机关的批准，符合国家的编制规定。未经过批准的不得以任何借口采用，不得以特殊理由擅自提高费用标准。

(2) 时效性审查。对定额、指标、价格、取费标准等各种依据，都应根据国家有关部门的现行规定执行。对颁发时间较长、已不能全部适用的应按有关部门作的调整系数执行。

(3) 适用范围审查。各主管部门、各地区规定的各种定额及其取费标准均有其各自的适用范围，特别是各地区的材料预算价格区域性差别较大，在审查时应予以高度重视。

2. 单位工程设计概算构成的审查

(1) 建筑工程概算的审查

1) 工程量审查。根据初步设计图纸、概算定额、工程量计算规则的要求进行审查。

2) 采用的定额或缺项指标的审查。审查定额或指标的使用范围、定额基价、指标的调整、定额或缺项指标的补充等。其中，在审查补充的定额或指标时，其项目划分、内容组成、编制原则等须与现行定额水平一致。

3）材料预算价格的审查。以耗用量最大的主要材料作为审查的重点，同时着重审查材料原价、运输费用及节约材料运输费用的措施。

4）各项费用的审查。审查各项费用所包含的具体内容是否重复计算或遗漏、取费标准是否符合国家有关部门或地方的规定。

（2）设备及安装工程概算的审查

设备及安装工程概算审查的重点是设备清单与安装费用的计算。

1）非标准设备原价，应根据设备所被管辖的范围，审查各级规定的统一价格标准。

2）标准设备原价，除审查价格的估算依据、估算方法外还要分析研究非标准设备估价准确度的有关因素及价格变动规律。

3）设备运杂费审查，需注意：设备运杂费率应按主管部门或省、自治区、直辖市规定的标准执行；若设备价格中已包括包装费和供销部门手续费时不应重复计算，应相应降低设备运杂费率。

4）进口设备费用的审查，应根据设备费用各组成部分及国家设备进口、外汇管理、海关、税务等有关部门不同时期的规定进行。

5）设备安装工程概算的审查，除编制方法、编制依据外，还应注意审查：采用预算单价或扩大综合单价计算安装费时的各种单价是否合适、工程量计算是否符合规则要求、是否准确无误；当采用概算指标计算安装费时采用的概算指标是否合理、计算结果是否达到规定的要求；审查所需计算安装费的设备及种类是否符合设计要求，避免某些不需安装的设备安装费计入在内。

3. 综合概算和总概算的审查

（1）审查概算的编制是否符合国家经济建设方针和政策的要求，根据当地自然条件、施工条件和影响造价的各种因素，实事求是地确定项目总投资。

（2）审查概算文件的组成。①概算文件反映的内容是否完整、工程项目确定是否满足设计要求、设计文件内的项目是否遗漏、设计文件外的项目是否列入；②建设规模、建筑结构、建筑面积、建筑标准、总投资是否符合设计文件的要求；③非生产性建设工程是否符合规定的要求、结构和材料的选择是否进行了技术经济比较、是否超标等。

（3）审查总图设计和工艺流程。①总图设计是否符合生产和工艺要求、场区运输和仓库布置是否优化或进行方案比较、分期建设的工程项目是否统筹考虑、总图占地面积是否符合"规划指标"和节约用地要求。②工程项目是否按生产要求和工艺流程合理安排、主要车间生产工艺是否合理。

（4）审查经济概算是设计的经济反映，除对投资进行全面审查外，还要审查建设周期、原材料来源、生产条件、产品销路、资金回收和盈利等社会效益因素。

（5）审查项目的环保。设计项目必须满足环境改善及污染整治的要求，对未作安排或漏列的项目，应按国家规定要求列入项目内容并计入总投资。

（6）审查其他具体项目。①审查各项技术经济指标是否经济合理；②审查建筑工程费用；③审查设备和安装工程费；④审查各项其他费用，特别注意要落实以下几项费用：土地补偿和安置补助费，按规定列明的临时工程设施费用，施工机构迁移费和大型机器进退场费。

（三）审查的方式

设计概算审查一般采用集中会审的方式进行。由会审单位分头审查，然后集中研究共同定案；或组织有关部门成立专门审查班子，根据审查人员的业务专长分组，再将概算费用进行分解，分别审查，最后集中讨论定案。

设计概算审查是一项复杂而细致的技术经济工作，审查人员既要懂得有关专业技术知识，又要具有熟练编制概算的能力，一般情况下可按如下步骤进行：

1. 概算审查的准备

概算审查的准备工作包括了解设计概算的内容组成、编制依据和方法；了解建设规模、设计能力和工艺流程；熟悉设计图纸和说明书；掌握概算费用的构成和有关技术经济指标；明确概算各种表格的内涵；搜集概算定额、概算指标、取费标准等有关规定的文件资料。

2. 进行概算审查

根据审查的主要内容，分别对设计概算的编制依据、单位工程设计概算、综合概算、总概算进行逐级审查。

3. 进行技术经济对比分析

利用规定的概算定额或指标以及有关的技术经济指标与设计概算进行分析对比，根据设计和概算列明的工程性质、结构类型、建设条件、费用构成、投资比例、占地面积、生产规模、建筑面积、设备数量、造价指标、劳动定员等与国内外同类型工程规模进行对比分析，找出与同类型项目的主要差距。

4. 调查研究

对概算审查中出现的问题进行对比分析，在找出差距的基础上深入现场进行实际调查研究。了解设计是否经济合理、概算编制依据是否符合现行规定和施工现场实际、有无扩大规模、多估投资或预留缺口等情况，并及时核实概算投资。对于当地没有同类型的项目而不能进行对比分析时，可向国内同类型企业进行调查，搜集资料，作为审查时的参考。经过会审决定的定案问题应及时调整概算，并经原批准单位下发文件。

5. 积累资料

对审查过程中发现的问题要逐一理清，对建成项目的实际成本和有关数据资料等进行搜集并整理成册，为今后审查同类工程概算和国家修订概算定额提供依据。

第四节　施工图预算的编制与审查

一、施工图预算的内容

施工图预算是要根据批准的施工图设计、预算定额和单位计价表、施工组织设计文件以及各种费用定额等有关资料进行计算和编制的单位工程预算造价的文件。施工图预算是拟建工程设计概算的具体文件，也是单项工程综合预算的基础文件。施工图预算的编制对象为单位工程，因此也称单位工程预算。施工图预算通常分为建筑工程预算和设备安装工程预算两大类。根据单位工程和设备的性质、用途的不同，建筑工程预算可分为一般土建工程预算、卫生工程预算、工业管道工程预算、特殊构筑物工程预算和电气照明工程预算；设备安装工程预算又可分为机械设备安装工程预算、电气设备安装工程预算。

二、施工图预算的编制依据

1. 经批准和会审的施工图设计文件及有关标准图集

编制施工图预算所用的施工图纸须经主管部门批准，须经业主、设计工程师参加的图纸会审并签署"图纸会审纪要"，应有与图纸有关的各类标准图集。通过上述资料可熟悉编制对象的工程性质、内容、构造等工程情况。

2. 施工组织设计

施工组织设计是编制施工图预算的重要依据之一，通过它可充分了解各分部分项工程的施工方法、施工进度计划、施工机械的选择、施工平面图的布置及主要技术措施等内容，与工程量计算、定额的套用密切相关。

3. 工程预算定额

工程预算定额是编制施工图预算的基础资料，是分项工程项目划分、分项工程工作内容、工程量计算的重要依据。

4. 经批准的设计概算文件

经批准的设计概算文件是控制工程拨款或贷款的最高限额，也是控制单位工程预算的主要依据。若工程预算确定的投资总额超过设计概算，必须补做调整设计概算，经原批准机构批准后方可实施。

5. 单位计价表

地区单位计价表是单价法编制施工图预算最直接的基础资料。

6. 工程费用定额

将直接费（或人工费）作为计算基数，根据地区和工程类别的不同套用相应的确定费用标准，确定工程预算造价。

7. 材料预算价格

各地区材料预算价格是确定材料价差的依据，是编制施工图预算的必备资料。

8. 工程承包合同或协议书

预算编制时须认真执行合同或协议书规定的有关条款，例如：预算包干费等。

9. 预算工作手册

预算工作手册是编制预算必备的工具书之一，主要有各种常用数据、计算公式、金属材料的规格、单位重量等项内容。

10. 国家及各地区造价管理的政策法规。

三、施工图预算的编制方法

（一）单价法

单价法就是用地区统一单位计价表中各项工料单价乘以相应的各分项工程的工程量，求和后得到包括人工费、材料费和机械使用费在内的单位工程直接费。据此计算出其他直接费、现场经费、间接费以及计划利润和税金，经汇总即可得到单位工程的施工图预算。

其他直接费、现场经费、间接费和利润可根据统一规定的费率乘以相应的计取基数求得，单价法编制施工图预算的直接费计算公式及编制的基本步骤如下：

$$单位工程施工图预算直接费 = \sum（工程量 \times 工料单价） \tag{5-22}$$

用单价法编制施工图预算的完整步骤如图 5-3 所示。

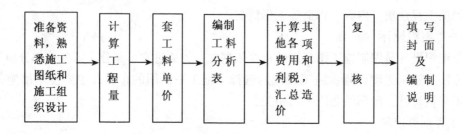

图 5-3　施工图预算的完整步骤

1. 准备资料，熟悉施工图纸和施工组织设计

搜集、准备施工图纸、施工组织设计、施工方案、现行建筑安装定额、取费标准、统一工程量计算规则和地区材料预算价格等各种资料。在此基础上对施工图纸进行详细了解，全面分析各分部分项工程，充分了解施工组织设计和施工方案，注意影响费用的关键因素。

2. 计算工程量

工程量计算一般按如下步骤进行：①根据工程内容和定额项目，列出计算工程量分部分项工程；②根据一定的计算顺序和计算规则，列出计算式；③根据施工图纸上的设计尺寸及有关数据，代入计算式进行数值计算；④对计算结果的计量单位进行调整，使之与定额中相应的分部分项工程的计量单位保持一致。

3. 套工料单价

核对计算结果后，按单位工程施工图预算直接费计算公式求得单位工程人工费、材料费和机械使用费之和。同时注意以下几项内容：

（1）分项工程的名称、规格、计量单位必须与预算定额工料单价或单位计价表中所列内容完全一致，以防重套、漏套或错套工料单位而产生偏差；

（2）进行局部换算或调整时，换算指定额中已计价的主要材料因品种不同而进行的换价，一般不调整数量；调整指施工工艺条件不同而对人工、机械的数量增减，一般调整数量不换价；

（3）若分项工程不能直接套用定额、不能换算和调整时，应编制补充单位计价表；

（4）定额说明允许换算与调整以外部分不得任意修改。

4. 编制工料分析表

根据各分部分项工程项目实物工程量和预算额中项目所列的用工及材料数量，计算各分部分项工程所需人工及材料数量，汇总后算出该单位工程所需各类人工、材料的数量。

5. 计算并汇总造价

根据规定的税率、费率和相应的计取基数，分别计算其他直接费、现场经费、间接费、利润、税金等。将上述费用累计后与直接费进行汇总，求出单位工程预算造价。

6. 复核

对项目填列、工程量计算公式、计算结果、套用的单价、采用的各项取费费率、数字计算、数据精确度等进行全面复核，以便用时发现差错，及时修改，提高预算的准确性。

7. 填写封面及编制说明

封面应写明工程编号、工程名称、工程量、预算总造价和单方造价、编制单位名称、负责人和编制日期以及审核单位的名称、负责人和审核日期等。编制说明主要应写明预算所包括的工程内容范围、依据的图纸编号、承包企业的等级和承包方式、有关部门现行的调价文件号、套用单价需要补充说明的问题及其他需要说明的问题等。

（二）实物法

实物法编制施工图预算是先用计算出的各分项工程的实物工程量分别套取预算定额，按类相加求出单位工程所需的各种人工、材料、施工机械台班的消耗量，再分别乘以当时当地各种人工、材料、机械台班的实际单价，求得人工费、材料费和施工机械使用费并汇总求和。实物法中单位工程预算直接费的计算公式为：

单位工程预算直接费 = $\sum$（工程量 × 材料预算定额用量 × 当时当地材料预算价格）+

$\sum$（工程量 × 人工预算定额用量 × 当时当地人工工资单价）+

$\sum$（工程量 × 施工机械预算定额台班用量 × 当时当地机械台班单价）　　　　　　　　　　　　　　　　　　（5-23）

对于其他直接费、现场经费、间接费、计划利润和税金等费用的计算，则根据当时当地建筑市场供求情况予以确定。实物法编制施工图预算的步骤与单价法基本相似，但在具体计算人工费、材料费和机械使用费及汇总三种费用之和方面事实上有区别。其步骤如图5-4所示。

1. 准备资料，熟悉施工图纸

全面搜集各种人工、材料、机械的当时当地的实际价格，包括不同品种，不同规格的材料预算价格；不同工种、不同等级的人工工资单价；不同种类、不同型号的机械台班单价等。要求获得的各种实际价格应全面、系统、真实、可靠。具体可参考单价法相应步骤的内容。

2. 计算工程量

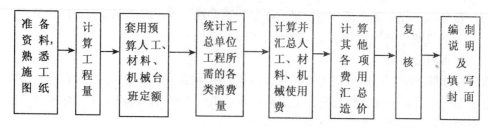

图 5-4　单价编制施工图预算步骤

本步骤的内容与单价法相同，不再赘述。

3. 套用预算人工、材料、机械台班定额

定额消耗量中的"量"在相关规范和工艺水平等未有较大突破性变化之前具有相对稳定性，据此确定符合国家技术规范和质量标准要求，并反映当时施工工艺水平的分项工程计价所需的人工、材料、施工机械的消耗量。

4. 统计汇总单位工程所需的各类消耗量

根据预算人工定额所列各类人工工日的数量，乘以各分项工程的工程量，计算出各分项工程所需各类人工工日的数量，统计汇总后确定单位工程所需的各类人工工日消耗量。同理，根据预算材料定额、预算机械台班定额分别确定出单位工程各类材料消耗数量和各类施工机械台班数量。

5. 计算并汇总人工费、材料费、机械使用费

根据当时当地工程造价管理部门定期发布的或企业根据自己实际情况自行确定的人工单价、材料价格、施工机械台班单位分别乘以人工、材料、机械消耗量，汇总后即为单位工程人工费、材料费和机械使用费。

6. 计算其他各项费用，汇总造价

上述各项费用包括单位工程直接费、现场经费、计划利润、税金等。

7. 复核

检查人工、材料、机械台班的消耗量计算是否准确，有无漏算、重算或多算；套取的定额，是否正确；检查采用的实际价格是否合理。其他内容可参考单价法相应步骤的介绍。

8. 填写封面及编制说明

本步骤的内容和方法与单价法相同。

实物法编制施工图预算所用人工、材料和机械台班的单价都是当时当地的实际价格，编制出的预算可较准确地反映实际水平，误差较小，适用于市场经济条件下价格波动较大的情况。由于采用该方法需要统计人工、材料、机械台班消耗量，还需搜集相应的实际价格，因而工作量较大、计算过程繁琐。但随着建筑市场的开放、价格信息系统的建立、竞争机制作用的发挥和计算机的普及，实物法将是一种与统一"量"、指导"价"、竞争"费"的工程造价管理机制相适应，与国际建筑市场接轨，符合发展潮流的预算编制方法。

四、施工图预算的审查

（一）审查的内容

审查的重点是施工图预算的工程量计算是否准确、定额或单价套用是否合理、各项取费标准是否符合现行的规定等方面。审查的详细内容如下：

1. 审查工程量

（1）土方工程

①平整场地、地槽与地坑等土方工程量的计算是否符合定额的计算规定；施工图纸标示尺寸、土壤类别是否与勘察资料一致；地槽与地坑放坡、挡土板是否符合设计要求、有无重算或漏算。

②地槽、地坑回填土的体积是否扣除了基础所占的体积、地面和室内填土的厚度是否符合设计要求。运土距离、运土数量。回填土土方的扣除等。

③桩料长度是否符合设计要求、需要接桩时的接头数是否正确。

（2）砖石工程

①墙基与墙身的划分是否符合规定。

②不同厚度的内墙和外墙是否分别计算、是否扣除门窗洞口及埋入墙体各种钢筋混凝土梁、柱等所占用的体积。

③同砂浆强度的墙和定额规定按立方米或平方米计算的墙是否有混淆、错算或漏算。

（3）混凝土及钢筋混凝土工程

①现浇构件与预制构件是否分别计算，是否有混淆。

②现浇柱与梁、主梁与次梁及各种构件计算是否符合规定，有无重算或漏算。

③有筋和无筋的是否按设计规定分别计算，是否有混淆。

④钢筋混凝土的含钢量与预算定额含钢量存在差异时，是否按规定进行增减调整。

（4）结构工程

①门窗是否按不同种类、按框外面积或扇外面积计算。

②木装修的工程量是否按规定分别以延长米或平方米进行计算。

（5）地面工程

①楼梯抹面是否按踏步和休息平台部分的水平投影面积计算。

②当细石混凝土地面找平层的设计厚度与定额厚度不同时，是否按其厚度进行换算。

（6）屋面工程

①卷材屋面工程是否与屋面找平层工程量相符。

②屋面找平层的工程量是否按屋面层的建筑面积乘以保温层平均厚度计算，不做保温层的挑檐部分是否按规定不作计算。

（7）构筑物工程

烟囱和水塔脚手架是否以座为单位编制，地下部分是否有重算。

（8）装饰工程

内墙抹灰的工程量是否按墙面的净高和净宽计算，有无重算和漏算。

（9）金属构件制作

各种类型钢、钢板等金属构件制作工程量是否以吨为单位，其形体尺寸计算是否正确，是否符合现行规定。

（10）水暖工程

①室内外排水管道、暖气管道的划分是否符合规定。

②各种管道的长度、口径是否按设计规定计算。

③对室内给水管道不应扣除阀门，接头零件所占长度是否多扣；应扣除卫生设备本身所附带管道长度的是否漏扣。

④室内排水采用插铸铁管时是否将异形管及检查口所占长度错误地扣除、有无漏算。

⑤室外排水管道是否已扣除检查井与连接井所占的长度。

⑥暖气片的数量是否与设计相一致。

（11）电气照明工程

①灯具的种类、型号、数量是否与设计图一致。

②线路的敷设方法、线材品种是否达到设计标准，有无重复计算预留线的工程量。

（12）设备及安装工程

①设备的品种、规格、数量是否与设计相符。

②需要安装的设备和不需要安装的设备是否分清，有无将不需要安装的设备作为需要安装的设备多计工程量。

2. 审查定额或单价的套用

（1）预算中所列各分项工程单价是否与预算定额的预算单价相符；其名称、规格、计量单位和所包括的工程内容是否与预算定额一致。

（2）单价换算时应审查换算的分项工程是否符合定额规定及换算是否正确。

（3）对补充定额和单位计价表的使用应审查补充定额是否符合编制原则、单位计价表计算是否正确。

3. 审查其他有关费用

其他有关费用包括的内容有地区差异，具体审查时应注意是否符合当地规定和定额的要求。

（1）是否按本项目的工程性质计取费用、有无高套取费标准。

（2）间接费的计取基础是否符合规定。

（3）预算外调整的材料差价是否计取间接费；直接费或人工费增减后，有关费用是否做了相应调整。

（4）有无将不需安装的设备计取在安装工程的间接费中。

（5）有无巧立名目、乱摊费用的情况。

（6）计划利润和税金的审查，重点应放在计取基础和费率是否符合当地有关部门的现行规定、有无多算或重算。

（二）审查的步骤

1. 审查前准备工作

（1）熟悉施工图纸。施工图纸是编制与审查预算分项数量的重要依据，必须全面熟悉了解。

（2）根据预算编制说明，了解预算包括的工程范围。如配套设施、室外管线、道路，以及会审图纸后的设计变更等。

（3）弄清所用单位工程计价表的适用范围，搜集并熟悉相应的单价、定额资料。

2. 选择审查方法、审查相应内容

工程规模、繁简程度不同，编制工程预算繁简和质量就不同，应选择适当的审查方法进行审查。

3. 整理审查资料并调整定案

综合整理审查资料，同编制单位交换意见，定案后编制调整预算。经审查如发现差错，应与编制单位协商，统一意见后进行相应增加或核减的修正。

（三）审查的方法

1. 逐项审查法

逐项审查法又称全面审查法，即按定额顺序或施工顺序，对各分项工程中的工程项目逐项、全面、详细审查的一种方法。其优点是全面、细致，审查质量高、效果好。其缺点是工作量大，时间较长。这种方法适用于一些工程量较小、工艺比较简单的工程。

2. 标准预算审查法

标准预算审查法就是对利用标准图纸或通用图纸施工的工程，先集中力量编制标准预算，以此为准来审查工程预算的一种方法。按标准设计图纸或通用图纸施工的工程，一般上部结构和做法相同，只是根据现场施工条件或地质情况不同，仅对基础部分作局部改变。凡这样的工程，以标准预算为准，对局部修改部分单独审查即可，不需逐一详细审查。该方法的优点是时间短、效果好、易定案。其缺点是适用范围小，仅适用于采用标准图纸的工程。

3. 分组计算审查法

分组计算审查法就是预算中有关项目按类别划分若干组，利用同组中的一组数据审查分项工程量的一种方法。这种方法首先将若干分部分项工程按相邻且有一定内在联系的项目进行编组，利用同组分项工程间具有相同或相近计算基数的关系，审查一个分项工程数量，由此判断同组中其他几个分项工程的准确程序。例如：一般的建筑工程中将底层建筑面积、地面面层、地面垫层、楼面面层、楼面找平层、楼板体积、天棚抹灰、天棚刷浆及屋面层可编为一组。先计算底层建筑面积或楼（地）面面积，从而得知楼面找平层、天棚抹灰、刷白的面积。该面积与垫层厚度乘积即为垫层的工程量，与楼板折算厚度乘积即为楼板的工程量等，依次类推。该方法的特点是审查速度快、工作量小。

4. 对比审查法

对比审查法是当工程条件相同时，用已完工程的预算或未完但已经过审查修正的工程预算对比审查拟建工程的同类工程预算的一种方法。采用该方法一般须符合下列条件。

（1）拟建工程与已完成工程采用同一施工图，但基础部分和现场施工条件不同，则相同部分可采用对比审查法。

（2）工程设计相同，但建筑面积不同，两个工程在建筑面积之比与两个工程各分部分项工程量之比大体一致。此时可按分项工程量的比例，审查拟建工程各分部分项工程的工程量，或用两个工程每平方米建筑面积造价、每平方米建筑面积的各分部分项工程量对比进行审查。

（3）两个工程面积相同，但设计图纸不完全相同，则对相同的部分，如厂房中的柱子、屋架、屋面、砖墙等，可进行工程量的对照审查。对不能对比的分部分项工程可按图纸计算。

5. "筛选法"审查法

"筛选法"是能较快发现问题的一种方法。建筑工程虽面积和高度不同，但其各分部分项工程的单位建筑面积指标变化却不大。将这样的分部分项工程加以汇集、优选，找出其单位建筑面积工程量、单价、用工的基本数值，归纳为工程量、价格、用工三个单方基本指标，并注明基本指标的适用范围。这些基本指标用来筛选各分部分项工程，对不符合条件的进行详细审查，若审查对象的预算标准与基本指标的标准不符，就应对其进行调整。

"筛选法"的优点是简单易懂，便于掌握，审查速度快，便于发现问题但问题出现的原因尚需继续审查。该方法适用于审查住宅工程或不具备全面审查条件的工程。

6. 重点审查法

重点审查法就是抓住工程预算中的重点进行审核的方法。审查的重点一般是工程量较大或者造价较高的各种工程、补充定额以及各项费用（计取基础、取费标准）等。重点审查法的优点是重点突出、审查时间短、效果好。

第五节　案例分析[①]

【案例一】

背景：

某开发公司造价工程师针对设计院提出的某商品住宅项目的 A、B、C 三个设计方案进行了技术经济分析和专家调查，得到表 5-5 所示数据。

表 5-5　　　　　　　　　　　　　**方案功能数据**

方案功能	方案功能得分			方案功能重要系数
	A	B	C	
平面布局	9	8	10	0.25
采光通风	8	9	9	0.15
建筑保温	9	9	8	0.15
坚固耐用	7	8	9	0.2

---

① 案例引自全国造价师执业资格考试培训教材编审委员会编写的《工程造价案例分析》，在局部作适当调整。

续表

方案功能	方案功能得分			方案功能重要系数
	A	B	C	
建筑造型	10	9	9	0.1
室外装修	9	8	9	0.1
环境设计	8	7	9	0.05
每平方米造价（元）	1 345	1 128	1 230	

问题：

1. 在表5-6中计算各方案成本系数、功能系数和价值系数，计算结果保留小数点后4位（其中功能系数要求列出计算式），并确定最优方案。

2. 简述价值工程的工作步骤和阶段划分。

表5-6   价值系数计算表

方案名称	单方造价	成本系数	功能系数	价值系数	最优方案
A					
B					
C					
合计					

分析要点：

本案例主要考察价值工程的工作程序以及利用价值工程方法进行方案评价。

问题1：对方案进行评价的方法很多，其中在利用价值工程的原理对方案进行综合评价的方法中，常用的是加权评分法。加权评分法是一种用权数大小来表示评价值的重要程度，用满足程度评分表示方案某项指标水平的高低，以方案的综合评分作为择优根据的方法。它的主要特点是同时考虑功能与成本两方面的因素，以价值系数大者为最优。

问题2：价值工程的工作程序是根据价值工程的理论体系和方法特点系统展开的，应按照《价值工程 第1部分：基本术语》（GB/T8223.1-2009）的相关规定。

答案：

问题1：

1. 计算方案的成本系数

$$方案的成本系数 = \frac{该方案成本}{\sum 各方案成本}$$

$$方案A成本系数 = \frac{1\ 345}{1\ 345 + 1\ 128 + 1\ 230} = 0.363\ 2$$

$$方案 B 成本系数 = \frac{1\ 128}{1\ 345 + 1\ 128 + 1\ 230} = 0.304\ 6$$

$$方案 C 成本系数 = \frac{1\ 230}{1\ 345 + 1\ 128 + 1\ 230} = 0.332\ 2$$

2. 计算方案的评价系数

$$某方案功能评价系数 = \frac{方案评定总分}{\sum 各方案评定总分}$$

方案评定总分 $= \sum$ (各功能重要性系数 × 方案对各功能的满足程度得分)

方案 A 评定总分 = 9×0.25+8×0.15+9×0.15+7×0.2+10×0.1+9×0.1+8×0.05 = 8.5

方案 B 评定总分 = 8×0.25+9×0.15+9×0.15+8×0.2+9×0.1+8×0.1+7×0.05 = 8.35

方案 C 评定总分 = 10×0.25+9×0.15+8×0.15+9×0.2+9×0.1+9×0.1+9×0.05 = 9.1

$$方案 A 功能系数评价 = \frac{8.5}{8.5+8.35+9.1} = 0.3276$$

$$方案 B 功能系数评价 = \frac{8.35}{8.5+8.35+9.1} = 0.3218$$

$$方案 C 功能系数评价 = \frac{9.1}{8.5+8.35+9.1} = 0.3507$$

3. 计算各方案的价值系数

$$某方案价值系数 = \frac{该方案功能评价系数}{该方案的成本系数}$$

计算结果见表5-7。

表 5-7　　　　　　　　　　　　　　　　功能系数表

方案名称	单方造价	成本系数	功能系数	价值系数	最优方案
A	1 345	0.363 2	0.327 6	0.902 0	
B	1 128	0.304 6	0.321 8	1.056 5	√
C	1 230	0.332 2	0.350 7	1.055 7	
合计	3 703	1	1		

问题 2：

表 5-8　　　　　　　　　　　　　　　价值工程的一般工作程序

阶段	步骤	说　明
准备阶段	1. 对象选择	应明确目标、限制条件和分析范围
	2. 组成价值工程领导小组	一般由项目负责人、专业技术人员、熟悉价值工程的人员组成
	3. 制定工作计划	包括具体执行人、执行日期、工作目标等

续表

阶段	步骤	说 明
分析阶段	4. 收集整理信息资料	此项工作应贯穿于价值工程的全过程
	5. 功能系统分析	明确功能特性要求，并绘制功能系统图
	6. 功能评价	确定功能目标成本，确定功能改进区域
创新阶段	7. 方案创新	提出各种不同的实现功能的方案
	8. 方案评价	从技术、经济和社会等方面综合评价各种方案达到预定目标的可行性
	9. 提案编写	将选出的方案及资料编写成册
实施阶段	10. 审批	由主管部门组织进行
	11. 实施与检查	制定实施计划，组织实施，并跟踪检查
	12. 成果鉴定	对实施后取得的技术经济效果进行成果鉴定

【案例二】

背景：

某市住宅试点小区拟建 3 幢综合楼，设计方案对比项目如下：

A 楼方案：结构方案为大柱网架轻墙体系，采用预应力大跨度叠合楼板，墙体材料采用多孔砖及移动式可拆装分室隔墙，窗户采用单框双玻璃钢塑窗，面积利用系数 93%，单方造价为 1 437.58 元/m²。

B 楼方案：结构方案同 A 楼方案，采用内浇外砌，窗户采用单框双玻璃空腹钢窗，面积利用系数 87%，单方造价 1 108 元/m²。

C 楼方案：结构方案采用砖混结构体系，采用多孔预应力板，墙体材料采用标准粘土砖，窗户采用单玻璃空腹板钢窗，面积利用系数为 70.69%，单方造价 1 081.8 元/m²。

方案功能得分及重要系数见表 5-9。

表 5-9　　　　　　　　　　　**方案功能得分及重要系数表**

方案功能	方案功能得分			方案功能重要系数
	A	B	C	
结构体系 f_1	10	10	8	0.25
模板类型 f_2	10	10	9	0.05
墙体材料 f_3	8	9	7	0.2
面积系数 f_4	9	8	7	0.35
窗户类型 f_5	9	7	8	0.10

问题：

1. 试应用价值工程方法选择最优设计方案

2. 为控制工程造价和进一步降低费用，拟针对所选的最优设计方案的土建工程部分，以工程材料费为对象开展价值工程分析。将土建工程划分为4个功能项目，各功能项目评分值及其目前成本见表5-10。按限额设计要求目标成本额应控制在12 170万元。试分析各功能项目的目标成本及其成本可能降低的幅度，并确定出功能改进顺序。

表5-10　　　　　　　　　　　　　　基本资料表

序号	功能项目	功能评分	目前成本（万元）
1	A. 桩基维护工程	11	1 520
2	B. 地下室工程	10	1 482
3	C. 主体结构工程	35	4 705
4	D. 装饰工程	38	5 105
合计		94	12 812

分析要点：

问题一：考核运用价值工程进行设计方案评价的方法、过程和原理。

问题二：考核运用价值工程进行设计方案优化和工程造价控制的方法。价值工程要求方案满足必要功能的费用，清除不必要功能的费用。

（1）$V_i = 1.0$ 说明功能重要性与其成本比重大体相当，这是合理的，不必再进行价值分析。

（2）$V_i < 1.0$ 说明功能不太重要，成本比重偏高，应作重点分析，寻找降低成本的途径。

（3）$V_i > 1.0$ 这是价值工程所追求的目标。如该功能很重要，适当增加一点成本以充分实现这一功能是允许的。

（4）确定目标成本的方法是将预计成本按功能系数大小分摊到各分项上。

答：

问题1：

（1）成本系数计算（见表5-11）

表5-11　　　　　　　　　　　　　　成本系数计算表

方案名称	造价（元/m²）	成本系数
A	1 437.48	0.396 3
B	1 108	0.305 5
C	1 081.8	0.298 2
合计	3 627.28	1.000 0

（2）功能因素评分与功能系数计算（见表 5-12）

表 5-12　　　　　　　　　　　　功能因素评分与功能系数计算表

功能因素	重要系数	方案功能得分加权值		
结构体系 f_1	0.25	2.5	2.5	2.0
模板类型 f_2	0.05	0.5	0.5	0.45
墙体材料 f_3	0.2	2.0	2.25	1.75
面积系数 f_4	0.35	3.15	2.8	2.45
窗户类型 f_5	0.10	0.9	0.7	0.8
方案加权平均总分		9.05	8.75	7.45
功能系数		0.358	0.347	0.295

（3）计算各方案价值系数（见表 5-13）

表 5-13　　　　　　　　　　　　各方案价值系数计算表

方案名称	功能系数	成本系数	价值系数	选优
A	0.358	0.396 3	0.903	最优
B	0.347	0.305 5	1.136	
C	0.295	0.298 2	0.989	

（4）结论

根据对 A、B、C 方案进行价值工程分析，B 方案价值系数最高，为最优方案。

问题 2：

本案例按分析要点的思路以桩基围护为例分析如下：

本项功能评分为 11，功能系数 $F = 11/94 = 0.117\ 0$；目前成本为 1 520，成本系数 $C = 1\ 520/12\ 811 = 0.118\ 6 = 0.986\ 5 < 1$，成本比重偏高，需作重点分析，寻找降低成本的途径。根据其功能系数 0.117 0，目标成本只能确定为 $12\ 170 \times 0.117\ 0 = 1\ 423.89$，需降低成本 $1\ 520 - 1\ 423.89 = 96.11$（万元）。

其他项目分析都是按功能系数计算目标成本及成本降低幅度，计算结果见表 5-14。

表 5-14　　　　　　　　　　　　成本降低幅度表

序号	功能项目	功能评分	功能系数	目前成本	成本系数	价值系数	目标成本	成本降低幅度
1	A 桩基围护工程	11	0.117 0	1 520	0.118 6	0.986 5	1 423.89	96.11
2	B 地下室工程	10	0.106 4	1 482	0.115 7	0.919 6	1 294.89	187.11

续表

序号	功能项目	功能评分	功能系数	目前成本	成本系数	价值系数	目标成本	成本降低幅度
3	C 主体结构工程	35	0.372 3	4 705	0.367 2	1.013 9	4 530.89	174.11
4	D 装饰工程	38	0.404 3	5 105	0.398 5	1.014 6	4 920.33	184.67
	合计	91	1.000 0	12 812	1.000 0		12 170	642

本章小结

推广标准化设计和限额设计是确定和控制建设项目工程造价的重要措施。根据价值工程原理，对所研究对象的功能与成本进行系统分析，可以对不同的设计思路与方案进行比选，确定最佳的设计方案和设计值，从而在满足一定资源约束条件下，使设计达到最优。设计概算和施工图预算的编制与审查是确定工程造价的依据。

复习思考题

1. 设计标准化的作用是什么？项目实施过程中如何推广应用？
2. 项目在设计阶段推广标准设计具有哪些实际意义？
3. 限额设计的目标如何设置？其控制工作的内容有哪些？
4. 如何对设方案进行经济性比较？
5. 什么是价值工程？
6. 价值工程的特点是什么？工作步骤有哪些？
7. 在设计阶段如何开展价值工程活动？
8. 设计概算包括哪些类别的内容？编制的方法及各自适用范围有哪些？
9. 单位工程设计概算、单项工程综合概算、工程项目总概算的审查内容包括哪些？
10. 设计概算审查的步骤有哪些？
11. 施工图预算的作用及其编制的内容和依据是什么？
12. 如何用单价法、实物法编制单位工程施工图预算？
13. 为什么要对施工图预算进行审查？审查的具体内容有哪些？
14. 施工图预算审查的步骤是什么？方法有哪些？

第六章 建设工程招标投标阶段工程造价管理

招标投标是一种商品交易行为，是市场经济的要求，是一种竞争性采购方式。2000年1月1日《中华人民共和国招标投标法》（以下简称《招标投标法》）颁布实施了，这意味着把竞争机制引入了建设工程管理体制，打破了部门垄断和地区分割，在相对平等的条件下进行招标承包，择优选择工程承包单位和设备材料供应单位，以促使这些单位改善经营管理，提高应变能力和竞争能力，合理地确定合同价格，降低工程造价。

第一节 概述

一、建设工程招标投标

（一）建设工程招标投标的概念及范围

1. 建设工程招标投标的概念

所谓"建设工程的招标"就是指招标人（或招标单位）在发包工程项目前，按照公布的招标条件，公开或书面邀请投标人（或投标单位）在接受招标文件要求的前提下前来投标，以便招标人从中择优选定的一种交易行为。

所谓"投标"就是具有合法资格和能力的投标人（或投标单位）在同意招标人拟定的招标文件的前提下，对招标项目提出自己的报价和相应的条件，通过竞争企图为招标人选中的一种交易方式。这种方式是投标人之间的直接竞争，而不通过中间人，在规定的期限内以比较合适的条件达到招标人要达到的目的。

招标单位又叫发包单位，中标单位又叫承包单位。

招标投标实质上是一种市场竞争行为。建设工程招标投标是以工程设计或施工，或以工程所需的物资、设备、建筑材料等为对象，在招标人和若干个投标人之间进行的。它是商品经济发展到一定阶段的产物。在市场经济条件下，它是一种最普遍、最常见的择优方式。招标人通过招标活动来选择条件优越者，使其力争用最优的技术、最佳的质量、最低的价格和最短的周期完成工程项目任务。投标人也通过这种方式选择项目和招标人，以使自己获得更丰厚的利润。

2. 建设工程招标投标的范围

根据《招标投标法》，凡在中华人民共和国境内进行下列工程建设项目包括项目的勘察、设计、施工、监理以及与工程建设有关的重要设备、材料等的采购，必须进行招标：

（1）大型基础设施、公用事业等关系社会公共利益、公众安全的项目。关系社会公共利益、公众安全的基础设施项目的范围包括：煤炭、石油、天然气、电力、新能源等能源项目；铁路、石油、管道、水运、航空以及其他交通运输业项目；邮政、电信枢纽、通信、信息网络等邮电通信项目；防洪、灌溉、排涝、引（供）水、滩涂治理、水土保持、水利枢纽等水利项目；道路、桥梁、地铁和轻轨交通、污水排放及处理、垃圾处理、地下管道、公共停车场等城市设施项目；生态环境保护项目；其他基础设施项目。

关系社会公共利益、公众安全的公用事业项目的范围包括：供水、供电、供气、供热等市政工程项目；科技、教育、文化等项目；体育、旅游等项目；卫生、社会福利等项目；商品住宅，包括经济适用住房；其他公用事业项目。

（2）全部或部分使用国有资金投资或者国家融资的项目。使用国有资金投资项目的范围包括：使用各级财政预算资金的项目；使用纳入财政管理的各种政府性专项建设基金的项目；使用国有企业事业单位自有资金，并且国有资产投资者实际拥有控制权的项目。

国有融资项目的范围包括：使用国家发行债券所筹资金的项目；使用国家对外借款或者担保所筹资金的项目；使用国家政策性贷款的项目；国家授权投资主体融资的项目；国家特许的融资项目。

（3）使用国际组织或者外国政府贷款、援助资金的项目。其范围包括：使用世界银行贷款、亚洲开发银行等国际组织贷款资金的项目；使用外国政府及其机构贷款资金的项目；使用国际组织或者外国政府援助资金的项目。

上述规定范围内的各类工程建设项目包括项目的勘察、设计、施工、监理以及与工程建设有关的重要设备、材料等的采购，达到下列标准之一者，必须进行招标：第一，单项合同估算价在 200 万元人民币以上的；第二，重要设备、材料等货物的采购，单项合同估算价在 100 万元人民币以上的；第三，勘察、设计、监理等服务的采购，单项合同估算价在 50 万元人民币以上的；第四，单项合同估算价低于前 3 项规定的标准，但项目总投资在 3 000 万元人民币以上的。

根据建设部第 89 号令《房屋建筑和市政基础设施工程施工招标投标管理办法》中的规定对于涉及国家安全、国家秘密、抢险救灾或者属于利用扶贫资金实行以工代赈、需要使用农民工等特殊情况，不适宜进行招标的项目，按照国家有关规定可以不进行招标。

（二）建设工程招标的方式及基本原则

1. 建设工程招标的方式

建设招标投标的方式包括公开招标、邀请招标。

（1）公开招标。它又称竞争性招标，是指由招标人在报刊、电子网络或其他媒体上刊登招标公告，吸引众多投标人参加投标竞争，招标人从中择优选择中标单位的招标方式。按照竞争程度，公开招标可分为国际竞争性招标和国内竞争性招标。采用公开招标的优点是：第一，由于投标人范围广，竞争激烈，一般招标人可以获得质优价廉的标的；第二，在国际竞争性招标中，可以引进先进的设备、技术和工程技术及管理经验；第三，可以保证所有合格的投标人都有参加投标的机会，有助于打破垄断，实行平等竞争。公开招标也存在一些缺陷，主要是：第一，公开招标耗时长；第二，公开招标耗费大，所需准备的文件较多，投入的人力、物力大和招标文件要明确规范各种技术规格、评标标准以及买卖双方的义务等内容。

（2）邀请招标。它也称有限竞争性招标或选择性招标，是指由招标单位选择一定数目的企业，向其发出投标邀请书，邀请它们参加招标竞争。一般都选择 3～10 个投标人参加较为适宜，当然要视具体的招标项目的规模大小而定。虽然招标组织工作比公开招标简单一些，但采用这种形式的前提是对投标人充分了解，由于邀请招标限制了充分的竞争，因此在我国建设市场中应尽量采用公开招标。

邀请招标的特点是：招标不使用公开的公告形式；只有接受邀请的单位才是合格投标人；投标人的数量有限。邀请招标与公开招标相比，邀请招标具有如下优缺点：第一，缩短了招标有效期，由于不用在媒体上刊登公告，招标文件只送几家，减少了工作量；第二，节约了招标费用，例如：刊登公告的费用，招标文件的制作费用，减少了投入的人力等；第三，提高了投标人的中标机会；第四，由于接受邀请的单位才是合格的投标人，所以有可能排除了许多更有竞争实力的单位；第五，中标价格可能高于公开招标的价格。

实行公开招标的工程，必须在有形建筑市场或建设行政主管部门指定的报刊上发布招标公告，也可以同时在其他全国性或国外报刊上刊登招标公告。实行邀请招标的工程，也应在有形建筑市场发布招标信息，由招标单位向符合承包条件的单位发出邀请。凡按照规定应该招标的工程不进行招标，应该公开招标的工程不公开招标的，招标单位所确定的承包单位一律无效。建设行政主管部门按照《建筑法》第八条的规定，不予颁发施工许可证；对于违反规定擅自施工的，依据《建筑法》第六十四条的规定，追究其法律责任。

2. 建设工程招标投标的基本原则

建设工程招标投标的基本原则有：公开原则、公平原则、公正原则、诚实信用原则。

（1）公开原则。它是指有关招标投标的法律、政策、程序和招标投标活动都要公开，即招标采购前发布公告，公开发售招标文件，公开开标，中标后公开中标结果，使每个投标者拥有同样的信息、同等的竞争机会和获得中标的权利。任何一方不得以不正当的方式取得招标和投标信息上的优势，使采购具有较高透明度。

（2）公平原则。它是指所有参加竞争的投标商机会均等，并受到同等待遇。

（3）公正原则。它是指在招标投标的立法、管理和进行过程中，立法者应制定法律和规则，司法者和管理者按照法律和规则公正地执行法律和规则，对一切被监管者给予公正待遇。所谓公正，即公平、正义之意。公平、公开和公正三个原则互相补充，互相涵盖。公开原则是公平、公正原则的前提和保障，是实现公平、公正原则的必要措施。公平、公正原则也正是公开原则所追寻的目标。

（4）诚实信用原则。它是指民事主体在从事民事活动时，应诚实守信，以善意的方式履行其义务，不得滥用权利及规避法律或合同规定的义务，在招标投标活动中体现为购买者、中标者在依法进行采购和招标投标活动中要有良好的信用。

二、建设工程招标投标对工程造价的重要影响

建设工程招投标制是我国建筑市场走向规范化、完善化的重要举措之一。建设工程招投标制的推行，使计划经济条件下建设任务的发包从以计划分配为主转变到以投标竞争为主，使我国承发包方式发生了质的变化。推行建设工程招投标制，对降低工程造价，进而使工程造价得到合理的控制具有非常重要的影响。

（一）推行招投标制基本形成了由市场定价的价格机制，使工程价格更加趋于合理

在建设市场推行招标投标制最直接、最集中的表现就是在价格上的竞争。通过竞争确定出工程价格，使其趋于合理或下降，这将有利于节约投资、提高投资效益。

（二）推行招投标制能够不断降低社会平均劳动消耗水平，使工程价格得到有效控制

在建筑市场中，不同投标者的个别成本是有差异的。通过推行招标制总是那些个别成本最低或接近最低、生产力水平较高的投标者获胜，这样便实现了生产力资源的较优配置，也对不同投标者实行了优胜劣汰。面对激烈竞争的压力，为了自身的生存与发展，每个投标者都必须切实在降低自己个别劳动消耗水平上下工夫，这样将逐步而全面地降低社会平均劳动消耗水平，使工程价格更为合理。

（三）推行招投标制便于供求双方更好地相互选择，使工程价格更加符合价值基础，进而更好地控制工程造价

采用招标投标方式为供求双方在较大范围内进行相互选择创造了条件，为需求者（如业主）与供给者（如勘察设计单位、承包商、供应商）在最佳点上结合提供了可能。需求者对供给者选择的基本出发点是"择优选择"，即选择那些报价较低、工期较短、质量较高、具有良好业绩和管理水平的供给者，这样即为合理控制工程造价奠定了基础。

（四）推行招投标制有利于规范价格行为，使公开、公平、公正的原则得以贯彻

我国招标投标活动有特定的机构进行管理，有严格的程序来遵循，有高素质的专家提供支持。工程技术人员的群体评估与决策，能够避免盲目过度的竞争和徇私舞弊现象的发生，对建筑领域中的腐败现象起到强有力的遏制作用，使价格形成过程变得透明而规范。

（五）推行招投标制能够减少交易费用，节省人力、物力、财力，进而使工程造价有所降低

我国目前从招标、投标、开标、评标直至定标，均有一些法律、法规规定，已进入制度化操作。招投标中，若干投标人在同一时间、地点报价竞争，在专家支持系统的评估下，以群体决策方式确定中标者，必然减少交易过程的费用，这本身就意味着招标人收益的增加，对工程造价必然产生积极的影响。

三、建设工程招标

（一）招标人应具备的条件

根据我国《招标投标法》的规定，招标人是依法提出要进行招标的项目，公布招标

的内容，并面向社会进行招标的法人或者其他组织。招标人既可以是依法已取得法人资格的组织（如具备法人资格的国有公司、企业、股份公司、有限责任公司等），也可以是未取得法人资格的公司、企业、事业单位、机关、团体等。是否具备法人资格不是认定招标人资格的必备条件。在整个招标投标制度中，招标人始终处于主导地位，其掌握着选择投标人与投资决策的大权。因此，招标人必须做好前期有关招标项目的具体规划、落实资金、设计、招标文件与合同条件等一系列准备工作。这些准备工作的内容，就形成了招标项目的基本框架。

1. 施工招标人应具备的条件

按照建设部的有关规定，依法必须进行施工招标的工程，招标人自行办理施工招标事宜的，除应具备一般招标人的条件外，还应具备：

（1）有专门的施工招标组织机构；

（2）有与工程规模、复杂程度相适应并具有同类工程施工招标经验、熟悉有关工程施工招标法律法规的工程技术、工程造价及工程管理的专业人员。

不具备上述条件的，招标人应当委托具有相应资格的工程招标代理机构代理施工招标。

2. 设备招标人应具备的条件

按照我国 1995 年 11 月颁布的《建设工程设备招标投标管理试行办法》的规定，承担设备招标的单位应当具备下列条件：

（1）法人资格；

（2）有组织建设工程设备供应工作的经验；

（3）对国家和地区大中型基建、技改项目的成套设备招标单位，应当具有国家有关部门资格审查认证的相应的甲、乙级资格；

（4）具有编制招标文件和标底的能力；

（5）具有对投标单位进行资格审查和组织评标的能力；

（6）建设工程项目单位自行组织招标的，应符合上述条件，如果不具备上述条件应委托招标代理机构进行招标。

（二）建设工程施工公开招标程序

建设工程施工公开招标的程序见图 6-1。

（三）建设工程项目施工招标的条件

按照原国家建设部 1992 年 12 月颁布的《工程建设施工招标投标管理办法》的规定，建设工程项目施工招标必须具备以下条件：

1. 概算已经批准，招标范围内所需资金已经落实；

2. 建设工程项目已正式列入国家、部门或地方的年度固定资产投资计划；

3. 已经向招标投标管理机构办理报批登记；

4. 有能够满足施工需要的施工图纸及技术资料；

5. 建设资金和主要建筑材料、设备的来源已经落实；

6. 已经建设工程项目所在地规划部门批准，施工现场的"三通一平"已经完成或一并列入施工招标范围。

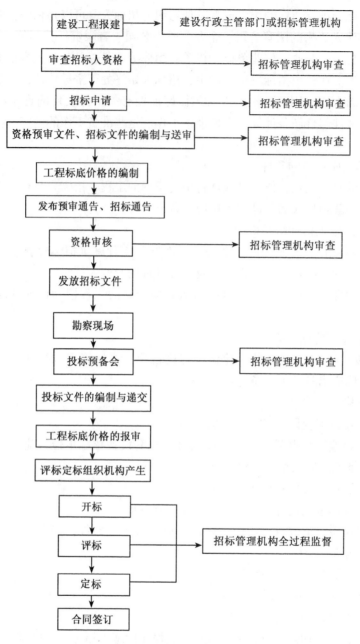

图 6-1 建设工程施工公开招标程序流程图

（四）招标公告和投标邀请书的编制

招标公告是指采用公开招标方式的招标人（包括招标代理机构）通过报刊或者其他媒介向所有潜在的投标人发出的一种广泛的通告。招标公告的目的是使所有潜在的投标人都具有公平的投标竞争的机会。

投标邀请书是指采用邀请招标方式的招标人，向三个或三个以上具备承担招标项目能力、资信良好的特定法人或者其他组织发出的参加投标的邀请。

招标人采用公开招标方式的，应当发布招标公告；招标人采用邀请招标方式的，应当发布投标邀请书。我国法学界一般认为，招标人发出的招标项目的公告是要约邀请，而投标是要约，中标通知书是承诺。

按照《招标投标法》的规定，招标公告与投标邀请书应当载明同样的事项，具体包括以下主要内容：

（1）招标人的名称、地址、联系人、电话，委托代理机构进行招标的，还应注明机构的名称和地址。

（2）招标项目的简介，包括招标项目的性质、数量、项目名称、项目的实施地点、结构类型、装修标准、质量要求和工期要求；

（3）项目的投资金额及资金来源；

（4）招标方式；

（5）对投标人资质的要求以及应提供的有关文件；

（6）获取招标文件的办法（发售办法）地点、时间以及招标日程安排；

（7）承包方式、材料、设备的供应方式；

（8）其他要说明的问题。

（五）资格审查

招标人采用公开招标时，要对投标人进行资格审查，审查的时间一般在招标开始之前或招标后开标前。为了排除那些不合格的投标人，进而降低招标人的采购成本，提高招标工作的效率，招标人对申请参加投标的潜在投标人进行资质条件、业绩、信誉、技术、资金等多方面情况进行资格审查。只有通过资格审查的潜在投标人（或投标人），才可以参加投标。

招标人在规定时间内，按照资格预审文件中规定的标准和方法，对提交资格预审申请书的潜在投标人资格进行审查。其内容包括：

（1）投标人的组织与机构；

（2）施工经历，包括以往承担类似项目的业绩，履行合同的情况等；

（3）为履行合同任务而配备的机械、设备以及施工方案等情况；

（4）财务状况，包括申请人已审计的资产负债表、现金流量表等，以及财产是否处于被接管、冻结、破产等状态；

（5）为承担本项目所配备的人员状况，包括技术人员和管理人员的名单和简历；

（6）各种奖励或处罚。

如果是联营体投标应填报联营体每一位成员的以上资料，并提交联营体的合作协议或意向。

经资格预审后，招标人应当向资格审查合格的投标申请人发出资格审查合格通知书，告知获取招标文件的时间、地点和方法，并同时向资格审查不合格的投标申请人告知资格审查结果。

（六）编制和发售招标文件

根据我国《招标投标法》的规定，招标文件应当包括招标项目的技术要求，对投标人资格审查的标准、投标报价要求和评标标准等所有实质性要求和条件以及拟签合同的主要条款。建设工程招标文件是由招标单位或其委托的咨询机构编制发布的。它既是投标单位编制投标文件的依据，也是招标单位与将来中标单位签订工程承包合同的基础，招标文件中提出的各项要求，对整个招标工作乃至承发包双方都有约束力。建设工程招投标分为许多不同种类，每个种类招投标文件编制内容及要求不尽相同，这里我们重点介绍施工招投标文件和设备、材料招投标文件的内容和编制。

1. 施工招标文件应当包括的内容

（1）投标须知，目的是使投标者了解在投标活动中应遵循的规定和注意事项，包括的内容有工程概况，招标范围，资格审查条件，工程资金来源或者落实情况（包括银行出具的资金证明），标段划分，工期要求，质量标准，现场踏勘和答疑安排，投标文件编制、提交、修改、撤回的要求，投标报价要求，投标有效期，投标保证金或保函的金额与出具保函单位的要求、开标的时间和地点，评标的方法和标准等；

（2）招标工程的技术要求和标准；

（3）设计文件及图纸；

（4）采用工程量清单招标的，应当提供工程量清单；

（5）投标函的格式及附录；

（6）拟签订合同的主要条款；

（7）评标办法；

（8）要求投标人提交的其他材料。

2. 设备、材料招标文件应当包括的内容

根据财政部编制的《世界银行贷款项目国内竞争性招标采购指南》规定，设备、材料采购招标文件的内容包括：

①投标人须知，包括投标有效期，投标保函的金额与出具保函单位的要求、答疑安排、开标的时间和地点，评标的方法和标准，采购货物一览表（包括序号、货物名称、数量、主要技术规格、交货期、交货地点等）等；

②投标使用的各种格式，如保证金格式；

③合同格式；

④通用和专用条款；

⑤技术规格（规范）；

⑥货物清单；

⑦图纸；

⑧附件。

3. 招标文件的发售、澄清与修改

（1）招标文件的发售。招标文件一般发售给通过资格审查、获得投标资格的投标人或各级代理商及制造商。招标文件的价格没有具体的规定，一般等于编制、印刷这些招标文件的成本，招标活动中的其他费用（如发布招标公告等）不应计入该成本。投标人购买招标文件的费用，不论中标与否都不予退还。其中的设计文件招标人可以酌收押金，对于开标后将设计文件退还的，招标人应当退还押金。

（2）招标文件的修改。招标人对已发出的招标文件进行必要的修改时，应当在招标文件要求提交投标文件截止时间前一段时间（施工招标的时间至少是 15 天，设备、材料招标的时间至少是 10 天），以书面形式通知所有投标人。

二、建设工程投标

根据我国《招标投标法》，投标人是响应招标、参加投标竞争的法人或者其他组织。投标人应当具备承担招标项目的能力，应当具备相应的施工企业资质，并在工程业绩、技术能力、项目经理资格条件、财务状况等方面满足招标文件提出的要求。

（一）投标文件编制

投标又称报价，是指作为承包方的投标人根据招标人的招标条件，向招标人提交其依照招标文件的要求所编制的投标文件，即向招标人提出自己的报价，以期承包到该招标项目的行为。在招标人以招标公告或者投标邀请书的方式发出投标邀请后，具备承担该招标项目能力的法人或者其他组织即可在招标文件要求提交投标文件的截止时间之前，向招标人提交投标文件，参加投标竞争。

1. 施工投标文件应当包括的内容

（1）投标函即投标人的正式报价信；

（2）施工组织设计或者施工方案，包括总平面布置图，主要施工方法，机械选用，施工进度安排，保证工期、质量及安全的具体措施，拟投入的人力、关键人员、物力，并写明项目负责人，项目技术负责人的职务、职称、工作简历等；

（3）投标报价，要说明报价总金额中未包含的内容和要求招标单位配合的条件，应写明项目、数量、金额和未予包含的理由。对招标单位的要求应具体明确，并提出在招标单位不能给予配合情况下的报价和要求，例如：报价增加多少，工期延长要求及其他要求条件等；

（4）对招标文件的确认或提出新的建议；

（5）降低造价的建议和措施说明；

（6）投标保证金；

（7）拟分包项目情况；

（8）招标文件要求提供的其他资料。

2. 设备、材料投标文件的内容

根据《建设工程设备招标投标管理试行办法》，投标需要有投标文件。投标文件是评标的主要依据之一，应当符合招标文件的要求。其基本内容包括：

（1）投标书；

（2）投标设备数量及价目表；

（3）偏差说明书，即对招标文件某些要求有不同意见的说明；

（4）证明投标单位资格的有关文件；

（5）投标企业法人代表授权书；

（6）投标保证金（根据需要定）；

（7）招标文件要求的其他需要说明的事项。

（二）投标文件的递交和修改

1. 投标文件的递交

投标文件编制完成后，按招标文件的要求将正本和副本装入投标书袋内，在袋口加贴密封条，并加盖单位公章和法人代表印鉴，在规定的时间内送达招标人指定地点。标书可派专人送达，亦可挂号邮寄。招标人接到投标书经检查确认密封无误后，应登记签收保存，不得开启。在招标文件要求提交投标文件的截止时间后送达的投标文件，招标人应当拒收。有关投标文件的递交还应注意以下问题：

（1）投标人在递交投标文件的同时，应按规定的金额、担保形式和投标保证金格式递交投标保证金，并作为其投标文件的组成部分。联合体投标的，其投标保证金由牵头人递交，并应符合规定。投标保证金除现金外，可以是银行出具的银行保函、保兑支票、银行汇票或现金支票。投标保证金的数额不得超过投标总价的 2%，且最高不超过 80 万元。依法必须进行招标的项目的境内投标单位，以现金或者支票形式提交的投标保证金应当从其基本账户转出。投标人不按要求提交投标保证金的，其投标文件应被否决。出现下列情况的，投标保证金将不予返还：

①投标人在规定的投标有效期内撤销或修改其投标文件；

②中标人在收到中标通知书后，无正当理由拒签合同协议书或未按招标文件规定提交履约担保。

（2）投标有效期从投标截止时间起开始计算，主要用作组织评标委员会评标、招标人定标、发出中标通知书，以及签订合同等工作，一般考虑以下因素：

①组织评标委员会完成评标需要的时间；

②确定中标人需要的时间；

③签订合同需要的时间。

一般项目投标有效期为 60~90 天，大型项目 120 天左右。投标保证金的有效期应与投标有效期保持一致。

出现特殊情况需要延长投标有效期的，招标人以书面形式通知所有投标人延长投标有效期。投标人同意延长的，应相应延长其投标保证金的有效期，但不得要求或被允许修改或撤销其投标文件；投标人拒绝延长的，其投标失效，但投标人有权收回其投标保证金。

（3）投标文件的密封和标识。投标文件的正本与副本应分开包装，加贴封条，并在封套上清楚标记"正本"或"副本"字样，于封口处加盖投标人单位章。

（4）投标文件的修改与撤回。在规定的投标截止时间前，投标人可以修改或撤回已递交的投标文件，但应以书面形式通知招标人。在招标文件规定的投标有效期内，投标人不得要求撤销或修改其投标文件。

（5）费用承担与保密责任。投标人准备和参加投标活动发生的费用自理。参与招标投标活动的各方应对招标文件和投标文件中的商业和技术等秘密保密，违者应对由此造成的后果承担法律责任。

2. 投标文件的修改和撤回

当投标文件发出后，如发现有遗漏或错误，允许进行补充修正，但必须在投标截止期前以正式函件送达招标人，否则无效。凡符合上述条件的补充修订文件，应视为标书附件，招标人不得拒收，并作为评标、决标的依据之一。如果当投标文件发出后，投标人认为有很大异议，可以书面形式在投标截止期前要求撤回投标文件，否则将作为正式投标文件进行评标、竞标。

第二节　建设工程承发包方式

承发包是一种商业交易行为，是指交易的一方负责为另一方完成某项工程、某项工作供应一批货物，并按一定的价格取得相应报酬的一种交易行为。委托任务并负责支付报酬的一方称为发包人；接受任务并负责按时完成而取得报酬的一方称为承包人。双方通过签订合同或协议来明确发包人和承包人之间的经济上的权利与义务等关系，并使其具有法律效力。

工程承发包是指承包商作为承包人，业主作为发包人，由业主把建筑安装工程任务委托给承包商，且双方在平等互利的基础上签订工程合同，明确各自的经济责任、权利和义务，以保证工程任务在合同造价内按期保质地全面完成。

工程承包是经营方式的一种。从工程施工的角度看，是指承包商向业主或施工服务对象提供建筑工程产品或服务的方式，即指企业获得任务的方式。就经营方式来讲，在实际工作中是多种多样的，例如：商品化经营方式，综合开发方式及承包方式等。而承包方式是最基本、采用最多且历史也最为悠久的一种。

一、工程承包范围

一个建设项目建设的全过程，大体上分为以下几个阶段：建设项目的可行性研究、勘察设计、材料设备购置与供应、工程施工、生产职工培训、竣工验收、交付使用等阶段。因此，建设工程承包范围包括：

（一）可行性研究

可行性研究是指在项目投资决策前，对拟建项目的所有方面（工程、技术、经济、财务、生产、销售、环境、法律等）进行全面的、综合的调查研究，对备选方案从技术的先进性、生产的可行性、建设的可能性、经济的合理性等方面进行比较评价，从中选出最佳方案的研究方法，是一种系统的投资决策分析研究方法。

可行性研究包括机会研究、初步可行性研究和可行性研究三个阶段。机会研究阶段是对项目投资提出原则设想；初步可行性研究阶段主要是判断机会研究提出的投资方向是否正确；可行性研究阶段要对工程项目进行技术经济综合分析，并对多种方案进行比较，为工程项目建设提供技术、生产、经济、商业等方面的依据。

可行性研究通常是由专业咨询或设计机构进行和承包，研究结论不论是可行还是不可行，也不论委托人是否采纳，都应按事先协议由委托者付酬。但是，可行性研究的结论如被采纳，而得到与结论相反的结果，使投资者蒙受经济损失，委托人可依法向承担研究的专业咨询或设计机构索取赔偿。

（二）勘察设计

勘察设计包括工程勘察和工程设计。

1. 工程勘察

工程勘察主要内容包括工程测量、水文地质勘察及工程地质勘察。工程测量的任务是为建设项目的选址、设计和施工提供有关地形地貌的科学依据；水文地质勘察的任务是为建设项目的设计提供有关供水、地下水源的详细资料；工程地质勘察的任务是为建设项目的选址、设计和施工提供工程地质方面的详细资料。工程勘察通常由专门的勘察机构担任和承包。

2. 工程设计

工程设计是根据批准的可行性研究报告进行的。建设项目技术上是否先进，经济上是否合理，设计将起着决定性的作用。设计文件是安排建设计划和组织施工的主要依据。一般建设项目按初步设计和施工图设计两个阶段进行设计。对于技术复杂而又缺乏经验的项目，需增加技术设计阶段。对大型联合企业，为解决总体部署和开发问题，还需进行总体规划设计或总体设计。为考核各设计阶段设计方案的经济性，建设项目应该在初步设计阶段编制设计概算，施工图设计阶段编制施工图预算。建设项目的设计工作由专业设计机构承包。

（三）设备及材料采购供应

建设项目所需的设备及建筑材料，其质量的好坏与价格的高低对项目的投资效益影响极大。业主可以自行或委托承包商或专门的供应商负责采购、运输、安装和调试。

（四）工程施工

工程施工的任务是按设计图纸要求，把建筑材料与设备转化为建筑产品（建筑物或构筑物），使预期的生产能力或使用功能得以实现。工程施工包括施工现场准备工作（即三通一平）、土建工程、设备安装工程及环境绿化工程等。上述通常由土建施工企业总承包，其他由各专业施工企业分包，各方通力协作配合施工。

（五）生产职工培训

为了使新建项目建成后能及时交付使用或投入生产，在建设期间就必须进行干部和技术工人的培训工作。这项工作通常由筹建单位负责组织，也可包括在承包单位的业务范围之内，并委托适当的专业机构完成培训任务。

（六）建筑工程管理

建筑工程管理是一项新兴的承包业务方式，服务对象可以是业主，也可以是承包商，其总任务可以概括为有效地利用有限的资金和资源，以确保工程项目总目标的实现。其具体内容因对象不同而有所差异，就业主而言，主要是确定设计方案、投资额、组织招标、安排合同并检查其执行情况等；就承包商而言，主要是制定施工进度计划、施工组织设计、拟订投标报价方案、组织材料供应和现场施工、进行质量控制和成本管理以及合同索赔等项活动。

二、我国建设市场中的承发包方式

我国建设市场中由于承发包内容和具体环境的影响，工程承包方式也是多种多样的，其分类可详见图6-2所示。现分述如下：

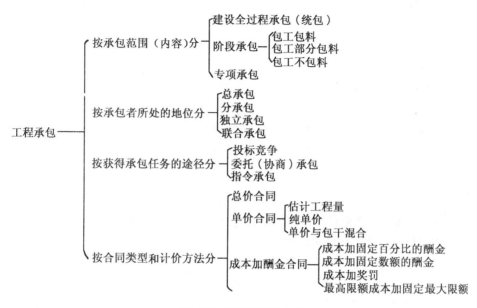

图6-2 工程承包的分类

（一）按承包内容和范围划分承包方式

1. 建设全过程承包

建设全过程承包又称"统包"或"一揽子承包"，即通常说的"交钥匙"工程。这种方式主要适用于大型工厂、住宅区和国防工程等。业主只提出使用要求和竣工期限。承包商从可行性研究、勘察设计、组织施工、竣工验收、交付使用等建设的各阶段负责完成。其优点是可以把筹建工作量减少和缩短建设周期。当然，这种方式要求承包商有丰富的经验和雄厚的实力。国外有些承包商与勘察设计单位组成一体化的承包公司，有的更进一步扩大到各种专业（包括器材）组成横向经济联合体。

2. 阶段承包

阶段承包是指对建设过程中某一阶段或某些阶段的工作进行承包。例如：可行性研究或设计任务书、勘察设计、建筑安装施工等。在施工阶段，还可依承包内容的不同，细分为三种方式：

（1）包工包料。即承包工程施工所用的全部人工和材料。这是国际上采用较为普遍的施工承包方式。

（2）包工部分包料。即承包者只负责提供施工的全部人工和一部分材料，其余部分则由业主或总包单位负责供应。

（3）包工不包料。即承包者（一般为分包）仅提供劳务而不承担供应任何材料的义务。目前在国内外的建筑工程中都存在这种承包方式。

3. 专项承包

专项承包是指对某一建设阶段中的某一专门项目进行承包。由于专业性较强，大多由专业分包单位承包。例如：可行性研究中的辅助研究项目，勘察设计阶段的工程地质勘察、供水水源勘察、基础或结构工程设计、工艺设计、供电系统、空调系统及防灾系统的设计，建设准备过程中的设备选购和生产技术人员培训以及施工阶段的深基础施工、金属结构制作和安装、通风设备安装和电梯安装等。

4. 政府和社会资本共同承包

国家发展改革委于 2014 年 12 月 4 日发布的《关于开展政府和社会资本合作的指导意见》（发改投资〔2014〕2724 号）中指出政府和社会资本合作模式（Public-Private Partnership），简称 PPP 模式，是指政府为增强公共产品和服务供给能力、提高供给效率，通过特许经营、购买服务、股权合作等方式，与社会资本建立的利益共享、风险分担及长期合作关系。其具体的承包模式见表 6-1。开展 PPP 模式，有利于创新投融资机制，拓宽社会资本投资渠道，增强经济增长内生动力；有利于推动各类资本相互融合、优势互补，促进投资主体多元化，发展混合所有制经济；有利于理顺政府与市场关系，加快政府职能转变，充分发挥市场配置资源的决定性作用。

表 6-1   **PPP 项目的具体形式**

外包类 （Outsourcing）	模块式外包（Component Outsourcing）	服务外包（Service Contract）
		管理外包（Management Contract）
	整体式外包（Turnkey）	设计-施工（Design-Build）
		设计-建造-主要维护（Design-Build-Major Maintenance）
		委托运营维护（Operation & Maintenance）
		设计-建造-经营（交钥匙）（Design-Build-Operate）
特许经营类 （Concession）	转让-运营-移交（Transfer-Operate-Transfer）	购买-更新-经营-转让（Purchase-Upgrade-Operate-Transfer）
		租赁-更新-运营-移交（Lease-Upgrade-Operate-Transfer）
	建设-运营-移交（Build-Operate-Transfer）	建设-租赁-经营-转让（Build-Lease-Operate-Transfer）
		建设-拥有-经营-转让（Build-Own-Operate-Transfer）
	其他（Others）	设计-建造-转移-经营（Design-Build-Transfer-Operate）
		设计-建造-投资-经营（Design-Build-Finance-Operate）
私有化 （Divestiture）	完全私有化（Completely Divestiture）	购买-更新-经营 PUO（Purchase-Upgrade-Operate）
		建设-拥有-运营（Build-Own-Operate）
	部分私有化（Partly Divestiture）	股权转让（Equity Transfer）
		合资新建（Joint Venture）
		其他（Others）

PPP 模式主要适用于政府负有提供责任又适宜市场化运作的公共服务、基础设施类项目。燃气、供电、供水、供热、污水及垃圾处理等市政设施，公路、铁路、机场、城市轨道交通等交通设施，医疗、旅游、教育培训、健康养老等公共服务项目，以及水利、资源环境和生态保护等项目均可推行 PPP 模式。各地的新建市政工程以及新型城镇化试点项目，应优先考虑采用 PPP 模式建设。

（二）按承包者所处地位划分承包方式

1. 总承包

总承包是指一个承包单位受业主委托负责组织一个建设项目全过程或其中某个阶段的全部工作，通常是以土建公司或设计施工一体化的大建筑公司作为总承包商。这个总承包单位可以将若干专业性工作交给不同的专业承包单位去完成，并统一协调和监督它们的工作，最终向业主交付合格或优质工程。《合同法》第 272 条中规定："发包人可以与总承包人订立建设工程合同，也可以分别与勘察人、设计人、施工人订立勘察、设计、施工承包合同。发包人不得将应由一个承包人完成的建设工程肢解成若干部分发包给几个承包人。"

2. 分承包

分承包是指承包者不与业主直接发生关系，而是从总承包单位任务中分包某一单位工程或专业工程，并对总承包者负全责。这种由总承包—分承包构成的责任体系，《合同法》第 272 条中也有明确规定："总承包人或者勘察、设计、施工承包人经发包人同意，可以将自己承包的部分工作交由第三人完成。第三人就其完成的工作成果与总承包人或者勘察、设计、施工承包人向发包人承担连带责任。"在工程承包实施中由总承包人全面负责，统筹安排。分承包对象的确定：一种是由业主指定，另一种是总承包人自行选择。分承包对总承包负责并签订分承包合同，总承包对业主负责并签订总承包合同。《建筑法》第 28 条中规定："禁止承包单位将其承包的全部建筑工程转包给他人，禁止承包单位将其承包的全部工程肢解以后以分包的名义分别转包给他人。"所谓"转包"，是指建设工程的承包人将其承包的建设工程倒手转让给他人，使他人实际上成为该建设工程新的承包人的行为。

3. 独立承包

独立承包是指承包单位依靠自身的力量完成承包任务，而不实行分包的承包方式，通常仅适用于规模较小、技术要求比较简单的工程以及修缮工程。

4. 联合承包

联合承包是指由两个或两个以上承包单位联合起来承包一项工程任务，由参加联合的各单位推荐代表统一与业主签订合同，共同对业主负责，并协调它们之间的关系。但参加联合的各单位仍是各自独立经营的企业，只是在共同承包的工程项目上，根据预先达成的协议，承担各自的义务和分享各自的权益，包括投入资金数额、工人和管理人员的派遣、机械设备和临时设施的费用分摊、利润的分享以及风险的分担等。这种承包方式由于多家联合，资金雄厚，技术和管理上可以取长补短，发挥各自的优势，有能力承包更大的工程任务。同时由于多家共同作价，在报价及投标策略上互相交流经验，也有助于提高竞争力，较易得标。在国际工程承包中，外国承包企业与工程所在国承包企业联合经营，也有利于对当地国情民俗、法规条例的了解和适应，便于工作的开展。

5. 直接承包

直接承包就是在同一工程项目上，不同承包单位分别与建设单位（业主）签订承包合同，各自直接对建设单位负责。各自承包单位之间不存在总分包关系，现场上的协调工作可由建设单位自己去做，或委托一个承包单位牵头去做，也可聘请专门的项目经理来管理。直接承包也叫平行式承包。项目业主把施工任务按照工程的构成特点划分成若干个可独立发包的单元、部位和专业，线性工程（道路、管线、线路）划分成若干个独立标段等，分别进行招标承包。各施工单位分别与发包方签订承包合同，独立组织施工，施工承包企业相互之间为平行关系。

（三）按获得承包任务的途径划分承包方式

1. 投标竞争

投标竞争是指通过投标竞争，优胜者获得工程任务，与业主签订承包合同。这是国内外通用的获得承包任务的方式。

2. 委托承包

委托承包又称协商承包，是指不需要经过投标竞争，而由业主与承包单位协商，签订委托其承包某项工程任务的合同，现已很少采用。

3. 指令承包

这是政府运用强制性的行政手段，指定工程承包单位。仅适用于很少一部分保密工程、特殊工程等。

（四）按合同类型和计价方法划分承包方式，可分为总价合同、单价合同、成本加酬金合同等

这部分内容将在本章第四节中阐述。

第三节　建设工程招标控制价及投标报价的确定

一、招标控制价的编制

按照《建设工程工程量清单计价规范》（GB50500—2013）的规定，国有资金投资的建设工程招标，招标人必须编制招标控制价。非国有资金投资的建设工程招标，按招标投标法实施条例的规定，招标人可以自行决定是否编制招标控制价或标底，一个招标项目只能有一个控制价或标底，控制价或标底必须保密。当采用无控制价（标底）招标方式进行工程招标时，招标人在招标时也需要对招标工程的建造费用做出估计，以期对各个投标价格的合理性做出理性的判断。

招标控制价是指根据国家或省级建设行政主管部门颁发的有关计价依据和办法，依据拟订的招标文件和招标工程量清单，结合工程具体情况发布的招标工程的最高投标限价。根据住房城乡建设部颁布的《建筑工程施工发包与承包计价管理办法》（住建部令第16

号）的规定，国有资金投资的建筑工程招标的，应当设有最高投标限价；非国有资金投资的建筑工程招标的，可以设有最高投标限价或者招标标底。

标底是指招标人自行或委托具有编制标底资格和能力的中介机构，根据招标项目的具体情况和国家规定的计价依据和计价方法以及其他有关规定，编制的完成招标项目所需的全部费用，是招标人或业主对建设工程的期望价格。

（一）编制招标控制价的规定

（1）国有资金投资的工程建设项目应实行工程量清单招标，招标人应编制招标控制价，并应当拒绝高于招标控制价的投标报价，即投标人的投标报价若超过公布的招标控制价，则其投标作为废标处理。

（2）招标控制价应由具有编制能力的招标人或受其委托、具有相应资质的工程造价咨询人编制。工程造价咨询人不得同时接受招标人和投标人对同一工程的招标控制价和投标报价的编制。

（3）招标控制价应在招标文件中公布，对所编制的招标控制价不得进行上浮或下调。在公布招标控制价时，除公布招标控制价的总价外，还应公布各单位工程的分部分项工程费、措施项目费、其他项目费、规费和税金。

（4）招标控制价超过批准的概算时，招标人应将其报原概算审批部门审核。这是由于我国对国有资金投资项目的投资控制实行的是设计概算审批制度，国有资金投资的工程原则上不能超过批准的设计概算。

（5）投标人经复核认为招标人公布的招标控制价未按照国家相关规范的规定进行编制的，应在招标控制价公布后5天内向招标投标监督机构和工程造价管理机构投诉。工程造价管理机构受理投诉后，应立即对招标控制价进行复查，组织投诉人、被投诉人或其委托的招标控制价编制人等单位人员对投诉问题逐一核对。当招标控制价复查结论与原公布的招标控制价误差大于±3%时，应责成招标人改正。当重新公布招标控制价时，若重新公布之日起至原投标截止期不足15天的应延长投标截止期。

（二）招标控制价的编制依据

招标控制价的编制依据是指在编制招标控制价时需要进行工程量计量、价格确认、工程计价的有关参数、率值的确定等工作时所需的基础性资料，主要包括：

（1）现行国家标准，如《建设工程工程量清单计价规范》（GB50500—2013），以及专业工程计量规范。

（2）国家或省级、行业建设主管部门颁发的计价定额和计价办法。

（3）建设工程设计文件及相关资料。

（4）拟定的招标文件及招标工程量清单。

（5）与建设项目相关的标准、规范、技术资料。

（6）施工现场情况、工程特点及常规施工方案。

（7）工程造价管理机构发布的工程造价信息；工程造价信息没有发布的，参照市场价。

（8）其他的相关资料。

（三）招标控制价的编制内容

招标控制价的编制内容包括分部分项工程费、措施项目费、其他项目费、规费和税金，各个部分有不同的计价要求。

1. 分部分项工程费的编制要求

（1）分部分项工程费应根据招标文件中的分部分项工程量清单及有关要求，按照现行国家标准中有关规定确定综合单价计价。

（2）工程量依据招标文件中提供的分部分项工程量清单确定。

（3）招标文件提供了暂估单价的材料，应按暂估的单价计入综合单价。

（4）为使招标控制价与投标报价所包含的内容一致，综合单价中应包括招标文件中要求投标人所承担的风险内容及其范围（幅度）产生的风险费用。

2. 措施项目费的编制要求

（1）措施项目费中的安全文明施工费应当按照国家或省级、行业建设主管部门的规定标准计价，该部分不得作为竞争性费用。

（2）措施项目应按招标文件中提供的措施项目清单确定，措施项目分为以"量"计算和以"项"计算两种。对于可精确计量的措施项目，以"量"计算即按其工程量用与分部分项工程工程量清单单价相同的方式确定综合单价；对于不可精确计量的措施项目，则以"项"为单位，采用费率法按有关规定综合取定，采用费率法时需确定某项费用的计费基数及其费率，结果应是包括除规费、税金以外的全部费用。

3. 其他项目费的编制要求

（1）暂列金额。暂列金额可根据工程的复杂程度、设计深度、工程环境条件（包括地质、水文、气候条件等）进行估算，一般可以分部分项工程费的10%~15%为参考。

（2）暂估价。暂估价中的材料单价应按照工程造价管理机构发布的工程造价信息中的材料单价计算，工程造价信息未发布的材料单价，其单价参考市场价格估算；暂估价中的专业工程暂估价应分不同专业，按有关计价规定估算。

（3）计日工。在编制招标控制价时，对计日工中的人工单价和施工机械台班单价应按省级、行业建设主管部门或其授权的工程造价管理机构公布的单价计算；材料应按工程造价管理机构发布的工程造价信息中的材料单价计算，工程造价信息未发布单价的材料，其价格应按市场调查确定的单价计算。

（4）总承包服务费。总承包服务费应按照省级或行业建设主管部门的规定计算，在计算时可参考以下标准：

①招标人仅要求对分包的专业工程进行总承包管理和协调时，按分包的专业工程估算造价的1.5%计算。

②招标人要求对分包的专业工程进行总承包管理和协调，并同时要求提供配合服务时，根据招标文件中列出的配合服务内容和提出的要求，按分包的专业工程估算造价的3%~5%计算。

③招标人自行供应材料的，按招标人供应材料价值的1%计算。

4. 规费和税金的编制要求

规费和税金必须按国家或省级、行业建设主管部门的规定计算。

（四）招标控制价的编制程序

招标文件中的商务条款一经确定，即可进入控制价编制阶段。工程招标控制价的编制程序如下：

1. 确定招标控制价的编制单位。

2. 收集编制资料。

（1）全套施工图纸及现场地质、水文、地上情况的有关资料；

（2）招标文件；

（3）其他资料，例如人工、材料、设备及施工机械台班等要素市场价格信息。

（4）领取招标控制价计算书、报审的有关表格。

3. 参加交底会及现场勘察。

4. 编制招标控制价（招标控制价编制的基本原理及计算程序与工程量清单计价的基本原理及计价程序相同，故本节不进行阐述，详见本书第三章第四节）。

5. 审核招标控制价制价。

（五）编制招标控制价时应注意的问题

1. 招标控制价必须适应目标工期的要求，对提前工期因素有所反映，并应将其计算依据、过程、结果列入招标控制价的综合说明中。

2. 招标控制价必须适应招标方的质量要求，对高于国家施工及验收规范的质量因素有所反映，并应将其计算依据、过程、结果列入招标控制价的综合说明中。据某些地区测算，建筑产品从合格到优良，其人工和材料的消耗量使成本相应增加 3%~5%，因此，招标控制价的计算应体现优质优价。

3. 招标控制价必须合理考虑招标工程的自然地理条件和招标工程范围等因素。若招标文件中规定地下工程及"三通一平"等计入招标工程范围，则应将其费用正确地计入招标控制价。由于自然条件导致的施工不利因素也应考虑计入招标控制价。

4. 采用的材料价格应是工程造价管理机构通过工程造价信息发布的材料价格，工程造价信息未发布材料单价的材料，其材料价格应通过市场调查确定。另外，未采用工程造价管理机构发布的工程造价信息时，需在招标文件或答疑补充文件中对招标控制价采用的与造价信息不一致的市场价格予以说明，采用的市场价格则应通过调查、分析确定。

5. 施工机械设备的选型直接关系到综合单价水平，应根据工程项目特点和施工条件，本着经济实用、先进高效的原则确定。

6. 应该正确、全面地使用行业和地方的计价定额与相关文件。

7. 不可竞争的措施项目和规费、税金等费用的计算均属于强制性的条款，编制招标控制价时应按国家有关规定计算。

8. 不同工程项目、不同施工单位会有不同的施工组织方法，所发生的措施费也会有所不同，因此，对于竞争性的措施费用的确定，招标人应首先编制常规的施工组织设计或施工方案，然后经专家论证确认后再进行合理确定措施项目与费用。

9. 招标控制价应根据招标文件或合同条件的规定，按规定的工程发承包模式，确定相应的计价方式，考虑相应的风险费用。

二、建设工程施工投标报价

投标报价是指投标人对承建招标工程所要发生的各种费用的承诺，是投标工作的中心环节，也是投标人中标的关键。投标价应由投标人或受其委托，具有相应资质的工程造价咨询人员编制。首先投标人必须明确投标目的，若投标是为创造经济效益，投标前应详细计算成本、开支、利润等，规模大的项目、工期长的项目，还应将风险计算进去，将不利的因素统统计算之后，看是否投这个标；若为打开市场，创牌子，则可不注意利润。

（一）投标报价的编制依据

1. 招标人提供的招标文件；

2. 招标人提供的设计图纸、工程量清单及有关的技术说明书等；

3. 国家及地区颁发的现行建筑、安装工程预算定额及与之相配套执行的各种费用、定额规定或计价规范；

4. 地方现行材料预算价格、采购地点及供应方式等；

5. 因招标文件及设计图纸等不明确经咨询后由招标单位书面答复的有关资料；

6. 企业内部制定的有关取费、价格等的规定、标准；

7. 其他与报价计算有关的各项政策、规定及调整系数等；

8. 在标价的计算过程中，对于不可预见费用的计算必须慎重考虑，不要遗漏。

（二）投标报价的编制方法

1. 以定额计价模式投标报价，即采用的是单价法和定额实物法计算投标报价。一般用预算定额及相应的费用定额来编制，按照定额规定的分部分项工程子目逐项计算工程量，套用定额基价或根据市场价格确定直接费用，然后再按规定的费用定额计取各项费用，最后汇总形成标价。这种方法过去在我国大多数省市现行的报价编制中比较常用。

2. 以工程量清单计价模式投标报价，即采用综合单价法计算投标报价。这是与市场经济相适应的投标报价方法，也是国际通用的竞争性招标方式所要求的。目前，我国使用国有资金投资的建设工程发承包必须采用工程量清单计价，非国有资金投资的建设工程宜采用工程量清单计价模式。一般招标人或其委托具有资质的中介机构，将拟建招标工程全部项目和内容按相关的计算规则计算出工程量，列在清单上作为招标文件的组成部分，供投标人逐项填报单价，计算出总价，作为投标报价，然后通过评标竞争，最终确定合同价。工程量清单报价由招标人给出工程量清单，投标人填报单价，单价应完全依据企业技术、管理水平等企业实力而定，以满足市场竞争的需要。

采取工程量清单综合单价计算投标报价时，投标人填入工程量清单中的单价是综合单价，应包括人工费、材料费、机械费、管理费、利润及风险金等全部费用，将工程量与该单价相乘得出合价，再计取规费与税金，汇总后即得出投标总报价。分部分项工程费、措施项目费和其他项目费用均采用综合单价计价。工程量清单计价的投标报价由分部分项工程费、措施项目费和其他项目费用构成（图6-3）。

（三）建设工程投标报价模式

按照《建设工程工程量清单计价规范》（GB50500—2013）的规定，目前，我国使用

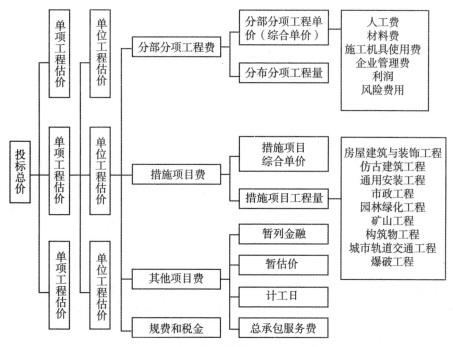

图 6-3 工程量清单计价模式下投标总价构成

国有资金投资的建设工程发承包必须采用工程量清单计价，非国有资金投资的建设工程宜采用工程量清单计价模式。我国现存投标报价模式具体见表 6-2。

表 6-2 我国现行投标报价的模式

定额报价模式		工程量清单报价模式		
单位估价法	定额实物法	直接费单价法	全费用单价法	综合单价法
①计算工程量 ②查套定额单价 ③计算直接费 ④计算取费 ⑤得到投标报价书	①计算工程量 ②查套定额消耗量 ③套用市场价格 ④计算直接费 ⑤计算取费 ⑥得到投标报价书	①计算各分项工程资源消耗量 ②套用市场价格 ③计算直接费 ④按实计算其他费用 ⑤得到投标报价书	①计算各分项工程资源消耗量 ②套用市场价格 ③计算直接费 ④按实计算分摊费用 ⑤分摊管理费和利润 ⑥得到分项综合单价 ⑦得到投标报价书	①计算各分项工程资源消耗量 ②套用市场价格 ③计算直接费 ④核实计算所有分摊费用 ⑤分摊费用 ⑥计算其他费用 ⑦得到投标报价书

（四）投标报价的技巧

投标报价的技巧，其实质是在保证质量与工期的条件下，寻求一个好的报价的技巧问题。承包商为了中标并获得期望的效益，投标程序全过程几乎都要研究投标报价技巧问题。常用的投标技巧有：

1. 根据招标项目的不同特点采用不同报价

投标报价时，既要考虑自身的优势和劣势，也要分析招标项目的特点。按照工程项目的不同特点、类别、施工条件等来选择报价技巧。

（1）遇到如下情况可提高报价：施工条件差的工程；专业要求高的技术密集型工程，而本公司在这方面又有专长，声望也较高；总价低的小工程，以及自己不愿做、又不方便不投标的工程；特殊的工程，如港口码头、地下开挖工程等；工期要求急的工程；投标对手少的工程；支付条件不理想的工程。

（2）遇到如下情况报价可低一些：施工条件好的工程，工作简单、工程量大而一般公司都可以做的工程；本公司目前急于打入某一市场、某一地区，或在该地区面临工程结束，机械设备等无工地转移时；本公司在附近有工程，而本项目又可利用该工程的设备、劳务，或有条件短期内突击完成的工程；投标对手多，竞争激烈的工程；非急需工程；支付条件好的工程。

2. 不平衡报价

不平衡报价是指在总价基本确定的前提下，如何调整项目和各个子项的报价，以期不影响总报价，又在中标后可以获取较好的经济效益。通常采用的不平衡报价有下列几种情况：

（1）对能早期结账收回进度款的项目（如措施费、土方、基础等）的单价可报以较高价，以利于资金周转；对后期项目（装饰、电气安装等）单价可适当降低。

（2）估计今后工程量可能增加的项目，其单价可提高；而工程量可能减少的项目，其单价可降低。

上述两点要统筹考虑，对于工程量计算有错误的早期工程，如不可能完成工程量表中的数量，则不能盲目抬高单价，需要具体分析后再确定。

（3）没有工程量而只需填报单价的项目（如疏竣工程中的开挖淤泥工作等），其单价可抬高。这样，既不影响总的投标价，又可多获利。

（4）对于暂定项目，其实施的可能性大的项目，价格可定高价；估计该工程不一定实施的项目则可定低价。

采用不平衡报价法，要注意单价调整时，不能奇高奇低，一般来说，单价调整幅度不宜超过±10%，只有对投标单位具有特别优势的某些分项，才可适当增大调整幅度。

3. 零星用工（计日工）

零星用工一般可稍高于项目单价表中的工资单价。原因是零星用工不属于承包总价的范围，发生时实报实销，可多获利。

4. 多方案报价法

若业主拟订的合同条件要求过于苛刻，为使业主修改合同要求，可准备"两个报价"。并阐明，按原合同要求规定，投标报价为某一数据；倘若合同要求作某些修改，则投标报价为另一数值，即比前一数值的报价低一定的百分点，以此吸引对方修改合同条件。但必须报按招标文件的要求价格而不能只报备选方案的价格，否则可能会被认作"废标"处理。

5. 突然袭击法

由于投标竞争激烈，为迷惑对方，有意泄露一点假情报，如不打算参加投标，或准备投高报价标，表现出无利可图不想干的假象。然而，到投标截止之前几个小时，突然前往投标，并压低标价，从而使对手措手不及而败北。

6. 低投标价夺标法

这是一种非常手段。如企业大量窝工，为减少亏损，或为打入某一市场，或为挤走竞争对手保住自己的地盘，于是制定严重亏损标，力争夺标。但若企业无经济实力，信誉又不佳，此法不一定奏效。.

7. 暂定工程量的报价

暂定工程量有三种：一种是业主规定了暂定工程量的分项内容和暂定总价款，并规定所有投标人都必须在总报价中加入这笔固定金额，但由于分项工程量不很准确，允许将来按投标人所报单价和实际完成的工程量付款。所以，暂定总价款对各投标人的总报价水平竞争力没有任何影响，因此，投标时应当对暂定工程量的单价适当提高。第二种是业主列出了暂定工程量的项目的数量，但并没有限制这些工程量的估价总价款，要求投标人既列出单价，也应按暂定项目的数量计算总价，当将来结算付款时可按实际完成的工程量和所报单价支付。所以这种情况投标人必须慎重考虑。一般来说，这类工程量可以采用正常价格。如果承包商估计今后实际工程量肯定会增大，则可适当提高单价，使将来可增加额外收益。第三种是只有暂定工程的一笔固定总金额，将来这笔金额做什么用，由业主确定。这种情况对投标竞争没有实际意义，按招标文件要求将规定的暂定款列入总报价即可。

8. 联保法

一家实力不足，联合其他企业分别进行投标。无论谁家中标，都联合进行施工。

9. 无利润算标

缺乏竞争优势的承包商，在不得已的情况下，可在报价计算表中根本不考虑利润去夺标。这种办法一般是在处于以下情况时采用：

（1）有可能在夺标后，将大部分工程分包给索价较低的分包商。

（2）对于分期建设的项目，先以低价获得首期工程，为以后赢得二期工程创造条件，以获得后期利润。

（3）在较长时期内，承包商没有在建工程项目，如果再不夺标，就难以维持生存。因此，虽本工程无利可图，只要能有一定的管理费维持公司的日常运转，就可设法渡过暂时的困难，以图将来东山再起。

10. 增加建议法

有时招标文件中规定，可以提一个建议方案，即可以修改原设计方案，提出投标者的方案。投标者这是应抓住机会，组织一批有经验的设计和施工工程师，对原招标文件的设计和施工方案仔细研究，提出更为合理的方案以吸引业主，促成自己的方案中标。建议方案不要写的太具体，要保留方案的技术关键，防止业主将此方案交给其他承包商。同时要强调的是，建议方案一定要比较成熟，有很好的可操作性。

第四节 施工合同价款的确定

一、开标

开标应当按照招标文件规定的时间、地点和程序以公开方式进行。开标时间一般应是投标截止时间或紧接在截止时之后。开标由招标人主持,邀请评标委员会成员、投标人代表和有关单位代表参加。投标人检查投标文件的密封情况,确认无误后,由有关工作人员当众拆封、验证投标资格,并宣读投标人名称、投标价格以及其他主要内容。如果要求或允许提出替代方案,也应读出替代方案的报价及完工期。

投标人可以对唱标作必要的解释,但所作的解释不得超过投标文件记载的范围或改变投标文件的实质性内容。开标应作记录,存档备查。

上述公开开标的程序是竞争性招标最常采用的开标程序,也是世界银行要求其贷款项目采用国际竞争性招标方法时必须遵循的程序。公开开标也有其他变通办法,例如"两个信封制度"(Two envelope system),即要求投标书的技术性部分密封装入一个信封,而将报价装入另一个密封信封。第一次开标会时先开启技术性标书的信封;然后将各投标人的标书交评标委员会评比,视其是否在技术方面符合要求。这一步骤所需时间短至几小时,长至几个星期。如标书在技术上不符合要求,即通知该标书的投标人。第二次开标会时再将技术上符合要求的标书报价公开读出。技术上不符合要求的标书,其第二个信封不再开启。如果采购合同简单,两个信封也可能在一次会议上先后开启。

二、评标与定标

评标应当按照招标文件的规定进行。招标人负责组建评标委员会。评标委员会由招标人的代表及在专家库中随机抽取的技术、经济、法律等方面的专家组成,总人数一般为5人以上单数,其中受聘的专家不得少于2/3。与投标人有利害关系的人员不得进入评标委员会。评标委员会负责评标。评标委员会对所有投标文件进行审查,对与招标文件规定有实质性不符的投标文件,应当决定其无效。

评标委员会应当按照招标文件的规定对投标文件进行评审和比较,并向招标人推荐1~3个中标候选人。招标人应当在投标有效期截止时限30日前确定中标人。依法必须进行施工招标的工程,招标人应当自确定中标人之日起15日内,向工程所在地的县级以上地方人民政府建设行政主管部门提交施工招标投标情况的书面报告。建设行政主管部门自收到书面报告之日起5日内未通知招标人在招标投标活动中有违法行为的,招标人可以向中标人发出中标通知书,并将中标结果通知所有未中标的投标人。

我国《招标投标法》第41条规定,中标人的投标应当符合下列条件之一:能够最大限度地满足招标文件中规定的各项综合评价标准;能够满足招标文件的实质性要求,并且经评审的投标价格最低，但是投标价格低于成本的除外。

对使用国有资金投资或者国家融资的项目，招标人应当确定排名第一的中标候选人为中标人。排名第一的中标候选人放弃中标，因不可抗力提出不能履行合同，或者招标文件规定应当提交履约保证金而在规定的期限内未能提交的，招标人可以确定排名第二的候选人为中标人。排名第二的中标候选人因上述同样原因不能签订合同的，招标人可以确定排名第三的中标候选人为中标人。

设备招标的评标工作一般不超过 10 天，大型项目设备招标的评标工作最多不超过 30 天。设备、材料采购应以最合理价格采购为原则，即评标时不仅要看其报价的高低，还要考虑货物运抵现场过程中可能支付的所有费用，以及设备在评审预定的寿命期内可能投入的运营、维修和管理的费用等。

投标文件详细评审的方法主要分为经评审的最低投标价法以及综合评估法。

评标委员会完成评标后，应当向招标人提交书面评标报告，并抄送有关行政监督部门。评标报告应当如实记载以下内容：

（1）基本情况和数据表；

（2）评标委员会成员名单；

（3）开标记录；

（4）符合要求的投标一览表；

（5）废标情况说明；

（6）评标标准、评标方法或者评标因素一览表；

（7）经评审的价格或者评分比较一览表；

（8）经评审的投标人排序；

（9）推荐的中标候选人名单与签订合同前要处理的事宜；

（10）澄清、说明、补正事项纪要。

评标报告由评标委员会全体成员签字。对评标结果有不同意见的评标委员会成员应当以书面方式阐述其不同意见和理由，评标报告应当注明该不同意见。评标委员会成员拒绝在评标报告上签字且不陈述其不同意见和理由的，视为同意评标结论。评标委员会应当对此做出书面说明并记录在案。

三、公示与中标通知

（一）公示中标候选人

为维护公开、公平、公正的市场环境，鼓励各招投标当事人积极参与监督，按照《招标投标法实施条例》的规定，依法必须进行招标的项目，招标人应当自收到评标报告之日起 3 日内公示中标候选人，公示期不得少于 3 日。投标人或者其他利害关系人对依法必须进行招标的项目的评标结果有异议的，应当在中标候选人公示期间提出。招标人应当自收到异议之日起 3 日内作出答复；作出答复前，应当暂停招标投标活动。

对中标候选人的公示需明确以下几个方面：

1. 公示范围。公示的项目范围是依法必须进行招标的项目，其他招标项目是否公示中标候选人由招标人自主决定。公示的对象是全部中标候选人。

2. 公示媒体。招标人在确定中标人之前，应当将中标候选人在交易场所和指定媒体上公示。

3. 公示时间（公示期）。公示由招标人统一委托当地招投标中心在开标当天发布。公示期从公示的第二天开始算起，在公示期满后招标人才可以签发中标通知书。

4. 公示内容。对中标候选人全部名单及排名进行公示，而不是只公示排名第一的中标候选人。同时，对有业绩信誉条件的项目，在投标报名或开标时提供的作为资格条件或业绩信誉情况，应一并进行公示，但不含投标人的各评分要素的得分情况。

5. 异议处置。公示期间，投标人及其他利害关系人应当先向招标人提出异议，经核查后发现在招投标过程中确有违反相关法律法规且影响评标结果公正性的，招标人应当重新组织评标或招标。招标人拒绝自行纠正或无法自行纠正的，则根据《招标投标法实施条例》第 60 条的规定向行政监督部门提出投诉。对故意虚构事实，扰乱招投标市场秩序的，则按照有关规定进行处理。

（二）发出中标通知书

中标人确定后，招标人应当向中标人发出中标通知书，并同时将中标结果通知所有未中标的投标人。中标通知书对招标人和中标人具有法律效力。中标通知书发出后，招标人改变中标结果，或者中标人放弃中标项目的，应当依法承担法律责任。依据《招标投标法》的规定，依法必须进行招标的项目，招标人应当自确定中标人之日起 15 日内，向有关行政监督部门提交招标投标情况的书面报告。书面报告中至少应包括下列内容：

1. 招标范围。

2. 招标方式和发布招标公告的媒介。

3. 招标文件中投标人须知、技术条款、评标标准和方法、合同主要条款等内容。

4. 评标委员会的组成和评标报告。

5. 中标结果。

（三）履约担保

在签订合同前，中标人以及联合体的中标人应按招标文件有关规定的金额、担保形式和提交时间，向招标人提交履约担保。履约担保有现金、支票、汇票、履约担保书和银行保函等形式，可以选择其中的一种作为招标项目的履约保证金，履约保证金不得超过中标合同金额的 10%。中标人不能按要求提交履约保证金的，视为放弃中标，其投标保证金不予退还，给招标人造成的损失超过投标保证金数额的，中标人还应当对超过部分予以赔偿。招标人要求中标人提供履约保证金或其他形式履约担保的，招标人应当同时向中标人提供工程款支付担保。中标后的承包人应保证其履约保证金在发包人颁发工程接收证书前一直有效。发包人应在工程接收证书颁发后 28 天内把履约保证金退还给承包人。

四、签订合同

中标通知书对招标人和中标人具有法律效力。招标人和中标人应当自中标通知书发出之日起 30 日内，按照招标文件和中标人的投标文件订立书面合同。订立书面合同后 7 日内，中标人应当将合同送县级以上工程所在地的建设行政主管部门备案。

中标人确定且中标通知书发出后，招标人改变中标结果，或者中标人放弃中标项目的，应当依法承担法律责任。招标人与中标人签订合同后 5 个工作日内，应当向中标人和未中标的投标人退还投标保证金。

五、合同价款的确定

合同价款是合同文件的核心要素，建设项目不论是招标发包还是直接发包，合同价款的具体数额均在《合同协议书》中载明。

（一）合同价款的概述

1. 签约合同价与中标价的关系

签约合同价是指合同双方签订合同时在协议书中列明的合同价格，对于以单价合同形式招标的项目，工程量清单中各种价格的总计即为合同价。合同价就是中标价，因为中标价是指评标时经过算术修正的、并在中标通知书中申明招标人接受的投标价格。法理上，经公示后招标人向投标人所发出的中标通知书（投标人向招标人回复确认中标通知书已收到），中标的中标价就受到法律保护，招标人不得以任何理由反悔。这是因为，合同价格属于招投标活动中的核心内容，根据《招投标法》第 46 条有关"招标人和中标人应当……按照招标文件和中标人的投标文件订立书面合同，招标人和中标人不得再行订立背离合同实质性内容的其他协议"之规定，发包人应根据中标通知书确定的价格签订合同。

2. 合同价款类型的选择

实行招标的工程合同价款应由发承包双方依据招标文件和中标人的投标文件在书面合同中约定。合同约定不得违背招、投标文件中关于工期、造价、质量等方面的实质性内容。招标文件与中标人投标文件不一致的地方，以投标文件为准。不实行招标的工程合同价款，在发承包双方认可的合同价款基础上，由发承包双方在合同中约定。

根据《建筑工程施工发包与承包计价管理办法》（住建部第 16 号令），实行工程量清单计价的建筑工程，鼓励发承包双方采用单价方式确定合同价款；建设规模较小，技术难度较低，工期较短的建设工程，发承包双方可以采用总价方式确定合同价款；紧急抢险、救灾以及施工技术特别复杂的建设工程，发承包双方可以采用成本加酬金方式确定合同价款。

3. 合同价款约定的内容

合同价款的有关事项由发承包双方约定，一般包括合同价款约定方式，预付工程款、工程进度款、工程竣工价款的支付和结算方式，以及合同价款的调整情形等。发承包双方应当在合同中约定，发生下列情形时合同价款的调整方法：

（1）法律、法规、规章或者国家有关政策变化影响合同价款的；

（2）工程造价管理机构发布价格调整信息的；

（3）经批准变更设计的；

（4）发包人更改经审定批准的施工组织设计造成费用增加的；

（5）双方约定的其他因素。

（二）建设工程施工合同价款的确定

根据《中华人民共和国合同法》、《建设工程施工合同（示范文本）》以及《建筑工程施工发包与承包计价管理办法》（住建部第16号令）等有关规定，依据招标文件、投标文件投标双方签订施工合同，工程合同价的确定，有如下三种情况：实行工程量清单计价的建筑工程，鼓励发承包双方采用单价合同；建设规模较小，技术难度较低，工期较短的建设工程，发承包双方可以采用总价；紧急抢险、救灾以及施工技术特别复杂的建设工程，发承包双方可以采用成本加酬金合同。

1. 总价合同

总价合同是指以设计图、工程量及规范等依据，在合同中确定一个完成项目的总价，承包商据此完成项目全部内容的合同，所以有时把这种方式称为包干制。当具备以下条件时可以采用这种方式：

（1）设计图纸和规范能在招标时详细而全面地准备好，投标者能够准确地计算工程量。

（2）在合同条件允许范围内，投标人能给承包商以各种必要的方便条件。

（3）工程风险不大，即承包商承担风险不能太大，项目工期不长（一般不超过1年）、规模较小、工程项目内容要求十分明确，技术不太复杂。

总价合同又分为固定总价合同、调值总价合同和固定工程量总价合同。固定总价合同是合同双方以图纸和工程说明为依据，按照约定的总价进行承包，并一笔包死的合同。采用这种合同通常都属于能够让投标人在编标报价时，可以合理预见履行过程中可能发生的情况和风险。调值总价合同与固定总价合同的主要区别是，合同内是否列有履行过程中因市场价格的浮动允许调整合同价格的条款。调值总价合同在报价及签订合同时，仍以设计图纸、工程量清单及当时的市场价格计算签订总价合同，但在合同条款中约定，如果在执行合同过程中由于市场价格浮动引起工料成本增加或减少时，合同总价应如何做相应调整。固定工程量总价合同与调值总价合同和固定总价合同的主要区别是，投标人在投标时按工程量清单中规定的项目内容填报分项工程的工程量及其单价并汇总形成合同总价；如果改变设计或增加新项目，则用合同中已确定的单价来计算新的工程量和调整总价。这种合同方式要求工程量清单中的工作量比较准确，不宜采用估算的数值，因此应达到施工图设计或扩大的初步设计条件。

对于图纸和技术规范不够详细、工期较长、价格波动较大、工程质量及设计变动较多的工程，承包人承担的风险较大，为此不得不加大不可预见费或投标的限度，这对业主并不有利，所以这种方式不适用于大、中型的土建工程。

2. 单价合同

单价合同是指由项目业主单位或其招标代理人向投标的各承包商提供一套以某一具体工程为"标的"的招标文件，让他们以工程量清单的形式报价，由业主与承包商共同承担风险。单价合同是国际金融组织贷款工程项目中采用最广泛的合同形式。

在单价合同实施过程中，完成工程量的实测工作非常重要，业主和承包商都雇用测量师专管此项工作，当实测工程量与预计数量有很大差异，且超过一定"限度"时，承包商有权提出修改单价。这个"限度"的具体数量，因各种标书或合同条款的具体规定而不一致，例如：当实际完成工程量超过或少于原工程量清单中所列估计工程量的25%时，该项单价即可调整。

采用单价合同的优点是由于提供了工程量清单，便于业主评标时相互对比，有利于决定中标人，给予业主一定的灵活性。在项目实施过程中，若项目条件有了大的变化，工程量也发生了变化，业主可按实际工程量支付承包商工程价款；通过工程量清单，可以很快明确工程规模、工程量、工作种类等详细内容，便于估算项目所需的资源，便于作报价比较。

但单价合同也存在缺陷，比如一旦工程量变化较大，或项目实施过程中大量增减内容，都会引起承包商的损失及引起纠纷和索赔。

这类合同的适用范围比较广，目前国际上采用工程量清单型单价合同方式较多。

单价合同又可细分为估计工程量单价合同和纯单价合同。

3. 成本加酬金合同

成本加酬金合同是指业主向承包商支付实际成本（或称可报销成本）并按事先约定的某一种方式支付酬金的合同。成本加酬金合同适用于工程内容和技术经济指标尚未完全确定，而又急于上马的工程或崭新的工程以及项目风险很大的工程。在业主及承包人均有较丰富的工程施工经验及管理经验的条件下，这种方式可以允许随着设计的深入而进行施工。

这类合同业主需承担项目实际发生的一切费用，承担项目的全部风险，而承包人无风险，其报酬往往也较低。这类合同的缺点是业主对工程总造价不易控制，承包人往往不注意降低项目成本。

一般成本加酬金合同又分为成本加固定或比例酬金合同和限额成本加酬金合同。成本加固定或比例酬金合同中业主的最终费用开支等于各种直接费总和再加上付给承包商的酬金，酬金的数额或比例由承包商和业主双方事先谈妥。工程的直接费，即对人工、材料、机械台班费等直接成本实报实销。一般成本加酬金合同的固有缺点是承包商不关心工程成本，现在已较少采用。为克服这种缺点，限额成本加酬金合同将酬金与双方商定的估价限额挂钩。根据一套图纸和技术规范，或工程量清单估计限额，双方规定当工程量发生变化时可对估算限额进行调整，实际支付的酬金数额通过已定的酬金基础上增减一个双方一致同意的数额或百分比来确定。酬金增减的数额或百分比可以根据工程的实际费用与考虑所有变更之后经过调整的估算限额之间的节余或超支计算出。这种合同可以在一定程度上控制成本，但合同当事人很难在项目成本上达成一致。

（三）设备、材料合同价款的确定

在国内设备、材料采购招投标中的中标单位在接到中标通知后，应当在规定时间内由招标单位组织与设备需方签订经济合同，进一步确定合同价款。一般来说，国内设备材料采购合同价款就是评标后的中标价，但需要在合同签订中双方确认。按照国家经济贸易委员会1996年11月颁布的《机电设备招标投标管理办法》的规定，合同签订时，招标文件和投标文件均为经济合同的组成部分，随合同一起生效。投标单位中标后，如果撤回投标文件拒签合同，可认定违约，应当向招标单位和设备需方赔偿经济损失，赔偿金额不超过中标金额的 2%。可将投标单位的投标保证金作为违约赔偿金。中标通知发出后，设备需方如果拒签合同，应当向招标单位和中标单位赔偿经济损失，赔偿金额为中标金额的 2%，由招标单位负责处理。合同生效以后，双方都应当严格执行，不得随意调价或变更合同内容；如果发生纠纷，双方都应当按照《合同法》和国家有关规定解决。合同生效以后，接受委托的招标单位可向中标单位收取少量服务费，金额一般不超过中标设备金额的 1.5%。

设备、材料的国际采购合同中，合同价款的确定应与中标价格相一致，其具体价格条款应包括单价、总价及与价格有关的运输费、保险费、仓储费、装卸费、各种捐税、手续费、风险责任的转移等内容。由于设备、材料价格的构成不同，价格条件也各有不同。设备、材料国际采购合同中常用的价格条件有离岸价格（FOB）、到岸价格（CIF）、成本加运费价格（CFR）。这些内容需要在合同签订过程中认真磋商，然后最终确认。

第五节　案例分析①

【案例一】

背景：

某项目二期工程，由市财政局和市环境建设公司共同出资建设，出资比例各为 50%，由市环境建设公司主持项目建设。市环境建设公司虽然没有专门的招标机构，但是有两名专业招标人员，所以决定采用公开招标方式自行组织招标采购，于 2013 年 3 月 2 日在各新闻媒体上发布了招标公告，招标公告载明招标人的名称、招标项目的性质、资金来源、资格条件等事项。资格预审文件发售时间从 2013 年 2 月 26 日（星期二）8：00 开始，至 3 月 1 日 18：00 为止，共计 4 个工作日，并强调按购买资格预审文件时间的先后顺序，确定前 10 个单位作为投标人，允许其购买招标文件和设计文件。提交投标文件的截止时间是 2013 年 3 月 20 日 9：00。3 月 19 日组成由公司董事长、总经理、主管基本建设的副总经理、总工程师、总经济师、总会计师、技术处长和市建委主任、发改委副主任等 9 人组成的评标委员会。

2013 年 3 月 20 日 8：30 评标委员会工作人员接到市环境建设公司下属的环发公司投标人员电话，称因发生交通事故，道路拥堵严重，投标文件不能按时送达，要求推迟开标时间，经请示，董事长认为，这是不可抗力，同意推迟至 11：00 开标，经评标，环发公司因其报价与标底最接近、得分最高而中标。中标结果公布后，其他投标人不服，认为招标不公平，并向行政监督部门投诉，要求宣布此次招标无效。

问题：

1. 招标人自行组织招标需具备什么条件？

2. 请指出该项目二期工程招标过程中的不妥之处，并说明理由。

---

① 案例引自历年全国造价师执业资格考试培训教材编审委员会编写的《工程造价案例分析》，在局部作了适当调整。

分析要点：

本案例考核招标投标程序，根据《招标投标法》和《工程建设项目施工招标投标办法》的相关规定，正确辨识案例中的不妥之处。

答案：

问题 1：

1. 自行招标是指招标人依靠自己的能力，依法办理和完成招标项目的招标任务。《招标投标法》第 12 条规定，招标人具有编制招标文件和组织评标能力的，可以自行办理招标事宜。《招标投标法实施条件》第 10 条明确了招标人具有编制招标文件和组织评标能力，《工程建设项目自行招标试行办法》第 4 条对招标人自行招标的能力进一步作出了具体规定：

（1）具有项目法人资格（或者法人资格）；

（2）具有与招标项目规模和复杂程序相适应的工程技术、概预算、财务和工程管理等方面专业技术力量；

（3）有从事同类工程建设项目招标的经验；

（4）设有专门的招标机构或者拥有 3 名以上专职招标业务人员；

（5）熟悉和掌握招标投标法及有关法规规章。

问题 2：

该项目二期工程招标过程中不妥之处如下：

（1）在只有两名专业招标业务人员的情况下，决定采用公开招标方式自行组织招标采购。

（2）在各新闻媒体上发布招标公告。

理由：《招标投标法》和《招标投标法实施条例》规定，依法必须招标项目的招标公告应当在国务院发展改革部门依法指定的媒介发布。按照《招标公告发布暂行办法》规定，国家发展和改革委员会（原国家发展计划委员会）经国务院授权，指定《中国日报》、《中国经济导报》、《中国建设报》、"中国采购与招标网"为依法必须招标项目的招标公告的发布媒介。

（3）资格预审文件发售时间从 2013 年 2 月 26 日（星期二）8：00 开始，至 3 月 1 日18：00 为止，共计 4 日。

理由：《招标投标法实施条例》第 16 条规定，招标人应当按照资格预审公告、招标公告或者投标邀请书规定的时间、地点发售资格预审文件或者招标文件。资格预审文件或者招标文件的发售期不得少于 5 日。

（4）按购买资格预审文件时间的先后顺序，确定前 10 个单位作为投标人，允许其购买招标文件和投标文件。

理由：《招标投标法实施条例》第 32 条规定，招标人编制招标文件，不得以不合理条件限制、排斥潜在投标人。本例不能采用按购买资格预审文件时间的先后顺序确定前10 个单位作为投标人。

（5）评标委员会由公司董事长、总经理、主管基本建设的副总经理、总工程师、总经济师、总会计师、技术处长和市建委主任、发改委副主任等 9 人组成。

理由：《招标法》第 37 条规定，依法必须进行招标的项目，其评标委员会由招标人的代表和有关技术、经济等方面的专家组成，成员人数为 5 人以上单数，其中技术、经济等方面的专家不得少于成员总数的 2/3。本例中，评标委员会的成员组成不合法。

（6）允许市环境建设公司下属的环发公司投标。

理由：《招标投标法实施条例》第 34 条规定，与招标人存在利害关系可能影响招标公正性的法人、其他组织或者个人，不得参加投标。单位负责人为同一人或者存在控股、管理关系的不同单位，不得参加同一标段投标或者为划分标段的同一招标项目投标。市环境建设公司（招标人）下属的环发公司不能参加投标。

（7）因道路拥堵，延迟开标。

理由：《招标投标法》第 28 条规定，投标人应当在招标文件要求提交投标文件的截止时间前，将投标文件送达投标地点。招标人收到投标文件后，应当签收保存，不得开启。投标人少于 3 个的，招标人应当依照本法重新招标。在招标文件要求提交投标文件的截止时间后送达的投标文件，招标人应当拒收。

（8）环发公司的报价与标底最接近、得分最高，有泄露标底之嫌。

理由：《招标投标法》第 22 条规定，招标人不得向他人透露已获取招标文件的潜在投标人的名称、数量以及可能影响公平竞争的有关招标投标的其他情况。招标人设有标底的，标底必须保密。作为招标人的环境建设公司，其下属的环发公司报价与标底接近，有泄露标底之嫌。

【案例二】

背景：

某工业厂房项目的建设单位经过多方了解，邀请了 A、B、C 三家技术实力和资信具佳的施工企业参加该项目的投标。

在招标文件中规定：评标时采用最低综合报价中标的原则，但最低投标价低于次低投标价 10% 的报价将不予考虑。工期不得长于 18 个月，若投标人自报工期少于 18 个月，在评标时将考虑其给建设单位带来的收益，折算成综合报价后进行评标。若实际工期短于自报工期，每提前 1 天奖励 1 万元；若实际工期超过自报工期，每拖延 1 天罚款 2 万元。

A、B、C 三家投标单位投标书中与报价和工期有关的数据汇总见表 6-4；表 6-5 为现值系数表。

假定：贷款月利率为 1%，各分部工程每月完成的工作量相同，在评标时考虑工期提前给建设单位带来的收益为每月 40 万元。

表 6-4　　　　　　　　　　　　　　　投标单位报价与工期汇总表

投标单位	基础工程		上部结构工程		安装工程		安装工程与上部结构工程搭接时间（月）
	报价（万元）	工期（月）	报价（万元）	工期（月）	报价（万元）	工期（月）	
A	400	4	1 000	10	1 020	6	2
B	420	3	1 080	9	960	6	2
C	420	3	1 100	10	1 000	5	3

表 6-5   现值系数表

N	2	3	4	7	8	10	12	13	14	15	16
$(P/A,1\%,n)$	1.970	2.941	3.902	6.728	7.625	9.471					
$(P/F,1\%,n)$	0.980	0.971	0.961	0.933	0.923	0.905	0.887	0.879	0.870	0.861	0.853 3

问题：

1. 我国《招标投标法》对中标人的投标应当符合的条件是如何规定的？

2. 若不考虑资金的时间价值，应选择哪家投标单位作为中标人？

3. 若考虑资金的时间价值，应选择哪家投标单位作为中标人？

分析要点：

本案例考核我国《招标投标法》关于中标人投标应当符合的条件的规定以及最低投标价格中标原则的具体运用。

明确规定允许最低投标价格中标是《招标投标法》与我国过去招标投标有关法规的重要区别之一，符合一般项目招标人的利益。但招标人在运用这一原则时，需把握两个前提：一是中标人的投标应当满足招标文件的实质性要求，二是投标价格不得低于成本。本案例背景资料隐含了这两个前提。

本案例并未直接采用最低投标价格中标原则，而是将工期提前给建设单位带来的收益折算成综合报价，以综合报价最低者中标，并分别从不考虑资金时间价值和考虑资金时间价值的角度进行定量分析，其中前者较为简单和直观，而后者更符合一般投资者（招标人）的利益和愿望。

在解题时需注意以下几点：

一是各投标人自报工期的计算，应扣除安装工程与上部结构工程的搭接时间；二是在搭接时间内的现金流量应累加；三是在求出年金现值后再按一次支付折成现值的时点，尤其不要将各投标单位报价折现的时点相混淆。

答案：

问题 1：

我国《招标投标法》第 41 条规定，中标人的投标应当符合下列条件之一：

（1）能够最大限度地满足招标文件中规定的各项综合评价标准；

（2）能够满足招标文件的实质性要求，并且经评审的投标价格最低，但是投标价格低于成本的除外。

问题 2：

解：（1）投标单位 A 的总报价为：$400+1\,000+1\,020=2\,420$（万元）

总工期为：$4+10+6-2=18$（月）

相应的综合报价：$P_A=2\,420$ 万元

（2）投标单位 B 的总报价为：$420+1\,080+960=2\,460$（万元）

总工期为：$3+9+6-2=16$（个月）

相应的综合报价：$P_B=2\,460-40\times(18-16)=2\,380$（万元）

（3）投标单位 C 的总报价为：420+1 100+1 000=2 520（万元）

总工期为：3+10+5-3=15（月）

相应的综合报价：$P_C=2\,520-40×$（18-15）=2 400（万元）

因此，若不考虑资金的时间价值，投标单位 B 的综合报价最低，应选择其作为中标人。

问题 3：

解：（1）计算投标单位 A 综合报价的现值

基础工程每月工程款：　　　　$A_{1A}=400/4=100$（万元）

上部结构工程每月工程款：　　$A_{2A}=1\,000/10=100$（万元）

安装工程每月工程款：　　　　$A_{3A}=1\,020/6=170$（万元）

其中，第 13 个月和第 14 个月的工程款为：$A_{2A}+A_{3A}=100+170=270$（万元）

则投标单位 A 的综合报价的现值为：

$PV_A=A_{1A}(P/A,1\%,4)+A_{2A}(P/A,1\%,8)(P/F,1\%,4)+(A_{2A}+A_{3A})(P/A,$
$1\%,2)(P/F,1\%,12)+A_{3A}(P/A,1\%,4)(P/F,1\%,14)$

　　　$=100×3.902+100×7.625×0.961+270×1.970×0.887+170×3.902×0.870$

　　　$=2\,171.86(万元)$

（2）计算投标单位 B 综合报价的现值

基础工程每月工程款：$A_{1B}=420/3=140$（万元）

上部结构工程每月工程款：$A_{2B}=1\,080/9=120$（万元）

安装工程每月工程款：$A_{3B}=960/6=160$（万元）

工期提前每月收益：$A_{4B}=40$ 万元

其中，第 11 个月和第 12 个月的工程款为：$A_{2B}+A_{3B}=120+160=280$（万元）

则投标单位 B 的综合报价的现值为：

$PV_B=A_{1B}(P/A,1\%,3)+A_{2B}(P/A,1\%,7)(P/F,1\%,3)+(A_{2B}+A_{3B})(P/A,$
$1\%,2)(P/F,1\%,10)+A_{3B}(P/A,1\%,4)(P/F,1\%,12)-A_{4B}(P/A,1\%,2)(P/F,1\%,16)$

　　　$=140×2.941+120×6.728×0.971+280×1.97×0.905$

　　　　$+160×3.902×0.887-40×1.970×0.853$

　　　$=2\,181.44(万元)$

（3）计算投标单位 C 综合报价的现值

基础工程每月工程款：$A_{1C}=420/3=140$（万元）

上部结构工程每月工程款：$A_{2C}=1\,100/10=110$（万元）

安装工程每月工程款：$A_{3C}=1\,000/5=200$（万元）

工期提前每月收益：$A_{4C}=40$ 万元

其中，第 11 个月至第 13 个月的工程款为：$A_{2C}+A_{3C}=110+200=310$（万元）

则投标单位 C 的综合报价的现值为：

$PV_C=A_{1C}(P/A,1\%,3)+A_{2C}(P/A,1\%,7)(P/F,1\%,3)+(A_{2C}+A_{3C})(P/A,$
$1\%,3)(P/F,1\%,10)+A_{3C}(P/A,1\%,2)(P/F,1\%,13)-A_{4C}(P/A,1\%,3)(P/F,1\%,15)$

　　　$=140×2.941+110×6.728×0.971+310×2.941×0.905$

$+200×1.970×0.879-40×2.941×0.861$

$=2\ 200.49(万元)$

因此，若考虑资金的时间价值，投标单位 A 的综合报价最低，应选择其作为中标人。

本章小结

实行招标投标对工程造价以及合同价款的确定与控制具有非常重要的意义。

招投标实质上是一种市场竞争行为。建设工程招投标是以工程设计或施工，或以工程所需的物资、设备、建筑材料等为对象，在招标人和若干个投标人之间进行的交易活动。建设招标投标的方式包括公开招标、邀请招标，必须遵守公开原则、公平原则、公正原则和诚实信用原则。

工程承发包是指由业主把建筑安装工程任务委托给承包商，且双方在平等互利的基础上签订工程合同，明确各自的经济责任、权利和义务，以保证工程任务在合同造价内按期按质地全面完成。工程承发包类型按承包内容和范围划分承包方式分为建设项目承包（建设全过程承包）、阶段承包、专项承包；按承包者所处地位划分承包方式分为总承包、分承包、独立承包、联合承包；按获得承包任务的途径划分承包方式分为投标竞争、委托承包、指令承包；按合同类型和计价方法划分承包方式分为总价合同、单价合同、成本加酬金合同等。

建设工程招标的招标人、招标项目、投标人都应具备相应的条件。招标文件主要包括投标须知、招标工程的技术要求和设计文件、工程量清单或货物清单、投标函的格式及附录、拟签订合同的主要条款、要求投标人提交的其他材料等。投标文件主要包括投标函、施工组织设计或者施工方案、投标报价或投标设备数量及价目表、对招标文件的确认或提出新的建议或偏差说明书、投标保证金、降低造价的建议和措施说明、招标文件要求提供的其他资料等。投标报价是投标工作的中心环节，也是投标人中标的关键，投标技巧非常重要。

标底价格是招标人控制建设工程投资，确定工程合同价格的参考依据。投标报价和标底价格编制都是以定额计价法和工程量清单计价法两种方法为基础编制的。

开标、评标、定标后，招标人或业主与中标人签订合同。签订合同时一般合同的价格也确定了，建设工程施工合同主要有总价合同、单价合同和成本加酬金合同三大类。对于设备材料采购合同，一般来说，国内设备材料采购合同价款就是评标后的中标价，但需要在合同签订中双方确认；国际设备、材料采购合同价款与中标价相一致。

在我国目前的情况下，工程量清单计价作为一种市场定价模式，主要在工程项目的招标投标过程中使用，主要体现在招标、投标、评标三个阶段。工程量清单计价应包括按招标文件规定完成工程量清单所需的全部费用，通常由分部分项工程费、措施项目费和其他项目费和规费、税金组成。

复习思考题

1. 招标投标作为一种特殊的商品交易方式，应具有哪些基本原则？
2. 招标有哪几种方式？
3. 我国《招标投标法》规定哪些项目必须要进行招标？
4. 简述标底和投标报价的编制方法，并比较其不同点。
5. 怎样确定合同价格？
6. 简述工程发包的范围和类型。
7. 简述工程量清单计价与招标投标的关系。
8. 简述招标投标文件的编制。
9. 简述资格预审的内容。

第七章　建设工程施工阶段工程造价管理

工程施工是建设项目实施的重要阶段，是真正将项目由图纸变成实体的过程。建设工程施工阶段造价的确定与控制，不论是发包方还是承包方，其依据都是工程施工合同，将工程费用支出控制在合同价格内是双方共同追求的目标，其重点在于费用的控制。

第一节　工程施工计量

一、工程计量的概念及原则

（一）工程计量的概念

工程计量就是发承包双方根据合同约定，对承包人完成合同工程的数量进行的计算和确认。具体地说，就是双方根据设计图纸、技术规范以及施工合同约定的计量方式和计算方法，对承包人已经完成的质量合格的工程实体数量进行测量与计算，并以物理计量单位或自然计量单位进行表示、确认的过程。

招标工程量清单中所列的数量，通常是根据设计图纸计算的数量，是对合同工程的估计工程量。工程施工过程中，通常会由于一些原因导致承包人实际完成工程量与工程量清单中所列工程量的不一致，比如：招标工程量清单缺项、漏项或项目特征描述与实际不符；工程变更；现场施工条件的变化；现场签证；暂列金额中的专业工程发包等。因此，在工程合同价款结算前，必须对承包人履行合同义务所完成的实际工程进行准确的计量。

（二）工程计量一般遵循的原则

1. 计量的项目必须是合同（或合同变更）中约定的项目，超出合同规定的项目不予以计量。

2. 计量的项目应是已完工或正在施工项目的完工部分，即是已经完成的分部分项工程。

3. 计量项目的质量应该达到合同规定的质量标准。

4. 计量项目资料齐全，时间符合合同规定。

5. 计量结果要得到双方工程师的认可。

6. 双方计量的方法一致。

7. 对承包人超出设计图纸范围和因承包人原因造成返工的工程量，不予以计量。

二、工程计量的重要性

（一）计量是控制工程造价的关键环节

工程计量是指根据设计文件及承包合同中关于工程量计算的规定，项目管理机构对承包商申报的已完成工程的工程量进行的核验。合同条件中明确规定工程量表中开列的工程量是该工程的估算工程量，不能作为承包商应予完成的实际和确切的工程量。因为工程量表中的工程量是在编制招标文件时，在图纸和规范的基础上估算的工作量，不能作为结算工程价款的依据，而必须通过项目管理机构对已完的工程进行计量。经过项目管理机构计量所确定的数量是向承包商支付任何款项的凭证。

（二）计量是约束承包商履行合同义务的手段

计量不仅是控制项目投资费用支出的关键环节，同时也是约束承包商履行合同义务、强化承包商合同意识的手段。FIDIC 合同条件规定，业主对承包商的付款，是以工程师批准的付款证书为凭据的，工程师对计量支付有充分的批准权和否决权。对于不合格的工作和工程，工程师可以拒绝计量。同时，工程师通过按时计量，可以及时掌握承包商工作的进展情况和工程进度。当工程师发现工程进度严重偏离计划目标时，可要求承包商及时分析原因、采取措施、加快进度。因此，在施工过程中，项目管理机构可以通过计量支付手段，控制工程按合同进行。

三、工程计量的依据

计量依据一般有质量合格证书、工程量清单前言和技术规范中的"计量支付"条款以及设计图纸。也就是说，计量时必须以这些资料为依据。

（一）质量合格证书

对于承包商已完的工程，并不是全部进行计量，而只是质量达到合同标准的已完工程才予以计量。所以，工程计量必须与质量管理紧密配合，经过专业工程师检验，工程质量达到合同规定的标准后，由专业工程师签署报验申请表（质量合格证书），只有质量合格的工程才予以计量。所以说，质量管理是计量管理的基础，计量又是质量管理的保障，通过计量支付，强化承包商的质量意识。

（二）工程量清单前言和技术规范

工程量清单前言和技术规范是确定计量方法的依据。因为工程量清单前言和技术规范的"计量支付"条款规定了清单中每一项工程的计量方法，同时还规定了按规定的计量方法确定的单价所包括的工作内容和范围。

例如，某高速公路技术规范计量支付条款规定：所有道路工程、隧道工程和桥梁工程中的路面工程按各种结构类型及各层不同厚度分别汇总以图纸所示或工程师指示为依据，按经工程师验收的实际完成数量，以平方米为单位分别计量。计量方法是根据路面中心线的长度乘图纸所表明的平均宽度，再加单独测量的岔道、加宽路面、喇叭口和道路交叉处的面积，以平方米为单位计量。除工程师书面批准外，凡超过图纸所规定的任何宽度、长度、面积或体积均不予计量。

（三）设计图纸

单价合同以实际完成的工程量进行结算，但被工程师计量的工程数量，并不一定是承包商实际施工的数量。计量的几何尺寸要以设计图纸为依据，工程师对承包商超出设计图纸要求增加的工程量和自身原因造成返工的工程量，不予计量。例如：在京津塘高速公路施工管理中，灌注桩的计量支付条款中规定按照设计图纸以延米计量，其单价包括所有材料及施工的各项费用，根据这个规定，如果承包商做了 35m，而桩的设计长度为 30m，则只计量 30m，业主按 30m 付款。承包商多做了 5m 灌注桩所消耗的钢筋及混凝土材料，业主不予补偿。

四、工程计量的方法

工程师一般只对以下三方面的工程项目进行计量：

（1）工程量清单中的全部项目；

（2）合同文件中规定的项目；

（3）工程变更项目。

根据 FIDIC 合同条件的规定，一般可按照以下方法进行计量：

1. 均摊法

所谓均摊法，就是对清单中某些项目的合同价款，按合同工期平均计量，如为造价管理者提供宿舍、保养测量设备、保养气象记录设备、维护工地清洁和整洁等。这些项目都有一个共同的特点，即每月均有发生，所以可以采用均摊法进行计量支付。例如：保养气象记录设备，每月发生的费用是相同的，如本项合同款额为 2 000 元，合同工期为 20 个月，则每月计量、支付的款额为 2 000 元/20 月＝100 元/月。

2. 凭据法

所谓凭据法，就是按照承包商提供的凭据进行计量支付。如：建筑工程险保险费、第三方责任险保险费、履约保证金等项目，一般按凭据法进行计量支付。

3. 估价法

所谓估价法，就是按合同文件的规定，根据工程师估算的已完成的工程价值支付。如为工程师提供办公设施和生活设施，为工程师提供用车，为工程师提供测量设备、天气记录设备、通讯设备等项目。这类清单项目往往要购买几种仪器设备，当承包商对于某一项清单项目中规定购买的仪器设备不能一次购进时，则需采用估价法进行计量支付。其计量过程如下：

（1）按照市场的物价情况，对清单中规定购置的仪器设备分别进行估价；

（2）按下式计量支付金额：

$$F = A \cdot \frac{B}{D} \tag{7-1}$$

式中：F——计算支付的金额；

A——清单所列该项的合同金额；

B——该项实际完成的金额（按估算价格计算）；

D——该项全部仪器设备的总估算价格。

从上式可知：

①该项实际完成金额 B 必须按估算各种设备的价格计算，它与承包商购进的价格无关。

②估算的总价与合同工程量清单的款额无关。

当然，估价的款额与最终支付的款额无关，最终支付的款额总是合同清单中的款额。

4. 断面法

断面法主要用于取土坑或填筑路堤土方的计量。对于填筑土方工程，一般规定计量的体积为原地面线与设计断面所构成的体积。采用这种方法计量，在开工前承包商需测绘出原地形的断面，并需经工程师检查，作为计量的依据。

5. 图纸法

在工程量清单中，许多项目采取按照设计图纸所示的尺寸进行计量。如混凝土构筑物的体积、钻孔桩的桩长等。

6. 分解计量法

所谓分解计量法，就是将一个项目，根据工序或部位分解为若干子项。对完成的各子项进行计量支付。这种计量方法主要是为了解决一些包干项目或较大的工程项目的支付时间过长，影响承包商的资金流动等问题。

第二节　施工阶段合同变更价款的确定

在工程项目的实施过程中，由于多方面的情况变更，经常出现工程量变化、施工进度变化，以及发包方与承包方在执行合同中的争执等许多问题。这些问题的产生，一方面是由于勘察设计工作不细，以致在施工过程中发现许多招标文件中没有考虑或估算不准确的工程量，因而不得不改变施工项目或增减工程量；另一方面，是由于发生不可预见的事件，如自然或社会原因引起的停工或工期拖延等。由于工程变更所引起的合同价款的变化、承包商的索赔等，都有可能使项目造价（投资）超出原来的预算投资，造价管理者必须严格予以控制，密切注意其对未完工程投资支出的影响及对工期的影响。

一、法规变化类合同价款变更

因国家法律、法规、规章和政策发生变化影响合同价款的风险，发承包双方应在合同中约定由发包人承担。

（一）基准日的确定

为了合理划分发、承包双方的合同风险，施工合同中应当约定一个基准日，对于基准日之后发生的、作为一个有经验的承包人在招标投标阶段不可能合理预见的风险，应当由发包人承担。对于实行招标的建设工程，一般以施工招标文件中规定的提交投标文件的截止时间前的第 28 天作为基准日；对于不实行招标的建设工程，一般以建设工程施工合同签订前的第 28 天作为基准日。

（二）合同价款的调整方法

施工合同履行期间，国家颁布的法律、法规、规章和有关政策在合同工程基准日之后发生变化，且因执行相应的法律、法规、规章和政策引起工程造价发生增减变化的，合同双方当事人应当依据法律、法规、规章和有关政策的规定调整合同价款。但是，如果有关价格（如人工、材料和工程设备等价格）的变化已经包含在物价波动事件的调价公式中，则不再予以考虑。

（三）工期延误期间的特殊处理

如果由于承包人的原因导致的工期延误，在工程延误期间国家的法律、行政法规和相关政策发生变化引起工程造价变化，造成合同价款增加的，合同价款不予调整；造成合同价款减少的，合同价款予以调整。

二、工程变更类合同价款变更

（一）工程变更

工程变更可以理解为是合同工程实施过程中由发包人提出或由承包人提出经发包人批准的合同工程的任何改变。工程变更指令发出后，应当迅速落实指令，全面修改相关的各种文件。承包人也应当抓紧落实，如果承包人不能全面落实变更指令，则扩大的损失应当由承包人承担。

1. 工程变更的范围

根据《标准施工招标文件》（2007 年版）中的通用合同条款，工程变更的范围和内容包括：

（1）取消合同中任何一项工作，但被取消的工作不能转由发包人或其他人实施。

（2）改变合同中任何一项工作的质量或其他特性。

（3）改变合同工程的基线、标高、位置或尺寸。

（4）改变合同中任何一项工作的施工时间或改变已批准的施工工艺或顺序。

（5）为完成工程需要追加的额外工作。

2. 工程变更处理程序

（1）设计单位对原设计存在的缺陷提出的工程变更，应编制设计变更文件；建设单位或承包单位提出的变更，应提交造价总管理者，由造价总管理者组织专业造价管理者审查。审查同意后，应由建设单位转交原设计单位编制设计变更文件。当工程变更涉及安全、环保等内容时，应按规定经有关部门审定。

（2）项目管理机构应了解实际情况和收集与工程变更有关的资料。

（3）造价总管理者必须根据实际情况、设计变更文件和其他有关资料，按照施工合同的有关款项，在指定专业造价管理者完成下列工作后，对工程变更的费用和工期做出评估。

①确定工程变更项目与原工程项目之间的类似程度和难易程度；

②确定工程变更项目的工程量；

③确定工程变更的单价或总价。

（4）造价总管理者应就工程变更费用及工期的评估情况与承包单位和建设单位进行协调。

（5）造价总管理者签发工程变更单。

工程变更单应包括工程变更要求、工程变更说明、工程变更费用和工期、必要的附件等内容，有设计变更文件的工程变更应附设计变更文件。

（6）项目管理机构根据项目变更单监督承包单位实施。

在建设单位和承包单位未能就工程变更的费用等方面达成协议时，项目管理机构应提出一个暂定的价格，作为临时支付工程款的依据。该工程款最终结算时，应以建设单位与承包单位达成的协议为依据。在造价总管理者签发工程变更单之前，承包单位不得实施工程变更。未经总造价管理者审查同意而实施的工程变更，项目管理机构不得予以计量。

3. 工程变更价款的确定方法

（1）分部分项工程费的调整。工程变更引起分部分项工程项目发生变化的，应按照下列规定调整：

①已标价工程量清单中有适用于变更工程项目的，且工程变更导致的该清单项目的工程数量变化不足 15% 时，采用该项目的单价。

②已标价工程量清单中没有适用、但有类似于变更工程项目的，可在合理范围内参照类似项目的单价或总价调整。

③已标价工程量清单中没有适用也没有类似于变更工程项目的，由承包人根据变更工程资料、计量规则和计价办法、工程造价管理机构发布的信息（参考）价格和承包人报价浮动率，提出变更工程项目的单价或总价，报发包人确认后调整。承包人报价浮动率可按下列公式计算：

1）实行招标的工程：

$$承包人报价浮动率 L = （1-中标价/招标控制价）×100\% \qquad (7-2)$$

②不实行招标的工程：

$$承包人报价浮动率 L = （1-报价值/施工图预算）×100\% \qquad (7-3)$$

注：上述公式中的中标价、招标控制价或报价值、施工图预算，均不含安全文明施工费。

④已标价工程量清单中没有适用也没有类似于变更工程项目，且工程造价管理机构发布的信息（参考）价格缺价的，由承包人根据变更工程资料、计量规则、计价办法和通过市场调查等取得的有合法依据的市场价格提出变更工程项目的单价或总价，报发包人确认后调整。

（2）措施项目费的调整。工程变更引起措施项目发生变化的，承包人提出调整措施项目费的，应事先将拟实施的方案提交发包人确认，并详细说明与原方案措施项目相比的变化情况。拟实施的方案经发承包双方确认后执行，并应按照下列规定调整措施项目费：

①安全文明施工费，按照实际发生变化的措施项目调整，不得浮动。

②采用单价计算的措施项目费，按照实际发生变化的措施项目按前述分部分项工程费的调整方法确定单价。

③按总价（或系数）计算的措施项目费，除安全文明施工费外，按照实际发生变化的措施项目调整，但应考虑承包人报价浮动因素，即调整金额按照实际调整金额乘以按照公式（7-3）或公式（7-4）得出的承包人报价浮动率（L）计算。

如果承包人未事先将拟实施的方案提交给发包人确认，则视为工程变更不引起措施项目费的调整或承包人放弃调整措施项目费的权利。

（3）删减工程或工作的补偿。如果发包人提出的工程变更，非因承包人原因删减了合同中的某项原定工作或工程，致使承包人发生的费用或（和）得到的收益不能被包括在其他已支付或应支付的项目中，也未被包含在任何替代的工作或工程中，则承包人有权提出并得到合理的费用及利润补偿。

（二）项目特征描述不符

1. 项目特征描述

项目的特征描述是确定综合单价的重要依据之一，承包人在投标报价时应依据发包人提供的招标工程量清单中的项目特征描述，确定其清单项目的综合单价。发包人在招标工程量清单中对项目特征的描述，应被认为是准确的和全面的，并且与实际施工要求相符合。承包人应按照发包人提供的招标工程量清单，根据其项目特征描述的内容及有关要求实施合同工程，直到其被改变为止。

2. 合同价款的调整方法

承包人应按照发包人提供的设计图纸实施合同工程，若在合同履行期间，出现设计图纸（含设计变更）与招标工程量清单任一项目的特征描述不符，且该变化引起该项目的工程造价增减变化的，发承包双方应当按照实际施工的项目特征，重新确定相应工程量清单项目的综合单价，调整合同价款。

（三）招标工程量清单缺项

1. 清单缺项漏项的责任

招标工程量清单必须作为招标文件的组成部分，其准确性和完整性由招标人负责。因此，招标工程量清单是否准确和完整，其责任应当由提供工程量清单的发包人负责，作为投标人的承包人不应承担因工程量清单的缺项、漏项以及计算错误带来的风险与损失。

2. 合同价款的调整方法

（1）分部分项工程费的调整。施工合同履行期间，由于招标工程量清单中分部分项工程出现缺项漏项，造成新增工程清单项目的，应按照工程变更事件中关于分部分项工程费的调整方法，调整合同价款。

（2）措施项目费的调整。由于招标工程量清单中分部分项工程出现缺项漏项，引起措施项目发生变化的，应当按照工程变更事件中关于措施项目费的调整方法，在承包人提交的实施方案被发包人批准后，调整合同价款；由于招标工程量清单中措施项目缺项，承包人应将新增措施项目实施方案提交发包人批准后，按照工程变更事件中的有关规定调整合同价款。

（四）工程量偏差

1. 工程量偏差的概念

工程量偏差是指承包人根据发包人提供的图纸（包括由承包人提供经发包人批准的图纸）进行施工，按照现行国家计量规范规定的工程量计算规则，计算得到的完成合同工程项目应予计量的工程量与相应的招标工程量清单项目列出的工程量之间出现的量差。

2. 合同价款的调整方法

施工合同履行期间，若应予计算的实际工程量与招标工程量清单列出的工程量出现偏差，或者因工程变更等非承包人原因导致工程量偏差，该偏差对工程量清单项目的综合单价将产生影响，是否调整综合单价以及如何调整，发承包双方应当在施工合同中约定。如果合同中没有约定或约定不明的，可以按以下原则办理：

（1）综合单价的调整原则。当应予计算的实际工程量与招标工程量清单出现偏差（包括因工程变更等原因导致的工程量偏差）超过15%时，对综合单价的调整原则为：当工程量增加15%以上时，其增加部分的工程量的综合单价应予调低；当工程量减少15%以上时，减少后剩余部分的工程量的综合单价应予调高。至于具体的调整方法，则应由双方当事人在合同专用条款中约定。

（2）措施项目费的调整。当应予计算的实际工程量与招标工程量清单出现偏差（包括因工程变更等原因导致的工程量偏差）超过15%，且该变化引起措施项目相应发生变化，如该措施项目是按系数或单一总价方式计价的，对措施项目费的调整原则为：工程量增加的，措施项目费调增；工程量减少的，措施项目费调减。至于具体的调整方法，则应由双方当事人在合同专用条款中约定。

（五）计日工

1. 计日工费用的产生

发包人通知承包人以计日工方式实施的零星工作，承包人应予执行。采用计日工计价的任何一项变更工作，承包人应在该项变更的实施过程中，按合同约定提交以下报表和有关凭证送发包人复核：

（1）工作名称、内容和数量。

（2）投入该工作所有人员的姓名、工种、级别和耗用工时。

（3）投入该工作的材料名称、类别和数量。

（4）投入该工作的施工设备型号、台数和耗用台时。

（5）发包人要求提交的其他资料和凭证。

2. 计日工费用的确认和支付

任一计日工项目实施结束，承包人应按照确认的计日工现场签证报告核实该类项目的工程数量，并根据核实的工程数量和承包人已标价工程量清单中的计日工单价计算，提出应付价款；已标价工程量清单中没有该类计日工单价的，由发承包双方按工程变更的有关规定商定计日工单价计算。

每个支付期末，承包人应与进度款同期向发包人提交本期间所有计日工记录的签证汇总表，以说明本期间自己认为有权得到的计日工金额，调整合同价款，列入进度款支付。

三、物价变化类合同价款变更

（一）物价波动

施工合同履行期间，因人工、材料、工程设备和施工机械台班等价格波动影响合同价款时，发承包双方可以根据合同约定的调整方法，对合同价款进行调整。因物价波动引起的合同价款调整方法有两种：一种是采用价格指数调整价格差额，另一种是采用造价信息调整价格差额。承包人采购材料和工程设备的，应在合同中约定主要材料、工程设备价格变化的范围或幅度，如没有约定，则材料、工程设备单价变化超过5%，超过部分的价格按上述两种方法之一进行调整。

1. 采用价格指数调整价格差额

采用价格指数调整价格差额的方法，主要适用于施工中所用的材料品种较少，但每种材料使用量较大的土木工程，如公路、水坝等。

（1）价格调整公式。因人工、材料、工程设备和施工机械台班等价格波动影响合同价款时，根据投标函附录中的价格指数和权重表约定的数据，按以下价格调整公式计算差额并调整合同价款：

$$\Delta P = P_0 \left[A + \left(B_1 \times \frac{F_{t1}}{F_{01}} + B_2 \times \frac{F_{t2}}{F_{02}} + B_3 \times \frac{F_{t3}}{F_{03}} + \cdots + B_n \times \frac{F_{tn}}{F_{0n}} \right) - 1 \right] \quad (7\text{-}4)$$

其中：ΔP——表示需调整的价格差额；

P_0——根据进度付款、竣工付款和最终结清等付款证书中，承包人应得到的已完成工程量的金额；此项金额应不包括价格调整、不计质量保证金的扣留和支付、预付款的支付和扣回；变更及其他金额已按现行价格计价的，也不计算在内；

A——定值权重（即不调部分的权重）；

B_1，B_2，B_3，$\cdots$，B_n——各可调因子的变值权重（即可调部分的权重）为各可调因子在投标函投标总报价中所占的比例；

F_{t1}，F_{t2}，F_{t3}，$\cdots$，F_{tn}——各可调因子的现行价格指数，指根据进度付款、竣工付款和最终结清等约定的付款证书相关周期最后一天的前42天的各可调因子的价格指数；

F_{01}，F_{02}，F_{03}，$\cdots$，F_{0n}——各可调因子的基本价格指数，指基准日的各可调因子的价格指数。

以上价格调整公式中的各可调因子、定值和变值权重，以及基本价格指数及其来源在投标函附录价格指数和权重表中约定。价格指数应首先采用工程造价管理机构提供的价格指数，缺乏上述价格指数时，可采用工程造价管理机构提供的价格代替。

在计算调整差额时得不到现行价格指数的，可暂用上一次价格指数计算，并在以后的付款中再按实际价格指数进行调整。

（2）权重的调整。按变更范围和内容所约定的变更，导致原定合同中的权重不合理时，由承包人和发包人协商后进行调整。

（3）工期延误后的价格调整。由于发包人原因导致工期延误的，则对于计划进度日期（或竣工日期）后续施工的工程，在使用价格调整公式时，应采用计划进度日期（或竣工日期）与实际进度日期（或竣工日期）的两个价格指数中较高者作为现行价格指数。

由于承包人原因导致工期延误的，则对于计划进度日期（或竣工日期）后续施工的工程，在使用价格调整公式时，应采用计划进度日期（或竣工日期）与实际进度日期（或竣工日期）的两个价格指数中较低者作为现行价格指数。

2. 采用造价信息调整价格差额

采用造价信息调整价格差额的方法，主要适用于使用的材料品种较多，相对而言每种材料使用量较小的房屋建筑与装饰工程。

施工合同履行期间，因人工、材料、工程设备和施工机械台班价格波动影响合同价格时，人工、施工机械使用费按照国家或省、自治区、直辖市建设行政管理部门、行业建设管理部门或其授权的工程造价管理机构发布的人工成本信息、施工机械台班单价或施工机具使用费系数进行调整；需要进行价格调整的材料，其单价和采购数应由发包人复核，发包人确认需调整的材料单价及数量，作为调整合同价款差额的依据。

（1）人工单价的调整。人工单价发生变化时，发承包双方应按省级或行业建设主管部门或其授权的工程造价管理机构发布的人工成本文件调整合同价款。

（2）材料和工程设备价格的调整。材料、工程设备价格变化的价款调整，按照承包人提供主要材料和工程设备一览表，根据发承包双方约定的风险范围，按以下规定进行调整：

①如果承包人投标报价中材料单价低于基准单价，工程施工期间材料单价涨幅以基准单价为基础超过合同约定的风险幅度值时，或材料单价跌幅以投标报价为基础超过合同约定的风险幅度值时，其超过部分按实调整。

②如果承包人投标报价中材料单价高于基准单价，工程施工期间材料单价跌幅以基准单价为基础超过合同约定的风险幅度值时，或材料单价涨幅以投标报价为基础超过合同约定的风险幅度值时，其超过部分按实调整。

③如果承包人投标报价中材料单价等于基准单价，工程施工期间材料单价涨、跌幅以基准单价为基础超过合同约定的风险幅度值时，其超过部分按实调整。

④承包人应当在采购材料前将采购数量和新的材料单价报发包人核对，确认用于本合同工程时，发包人应当确认采购材料的数量和单价。发包人在收到承包人报送的确认资料后3个工作日不予答复的，视为已经认可，作为调整合同价款的依据。如果承包人未报经发包人核对即自行采购材料，再报发包人确认调整合同价款的，如发包人不同意，则不作调整。

（3）施工机械台班单价的调整。施工机械台班单价或施工机具使用费发生变化超过省级或行业建设主管部门或其授权的工程造价管理机构规定的范围时，按照其规定调整合同价款。

（二）暂估价

暂估价是指招标人在工程量清单中提供的用于支付必然发生但暂时不能确定价格的材料、工程设备的单价以及专业工程的金额。

1. 给定暂估价的材料、工程设备

（1）不属于依法必须招标的项目。发包人在招标工程量清单中给定暂估价的材料和工程设备不属于依法必须招标的，由承包人按照合同约定采购，经发包人确认后以此为依据取代暂估价，调整合同价款。

（2）属于依法必须招标的项目。发包人在招标工程量清单中给定暂估价的材料和工程设备属于依法必须招标的，由发承包双方以招标的方式选择供应商。依法确定中标价格后，以此为依据取代暂估价，调整合同价款。

2. 给定暂估价的专业工程

（1）不属于依法必须招标的项目。发包人在工程量清单中给定暂估价的专业工程不属于依法必须招标的，应按照前述工程变更事件的合同价款调整方法，确定专业工程价款，并以此为依据取代专业工程暂估价，调整合同价款。

（2）属于依法必须招标的项目。发包人在招标工程量清单中给定暂估价的专业工程，依法必须招标的，应当由发承包双方依法组织招标选择专业分包人，并接受有管辖权的建设工程招标投标管理机构的监督。

①除合同另有约定外，承包人不参加投标的专业工程，应由承包人作为招标人，但拟定的招标文件、评标方法、评标结果应报送发包人批准。与组织招标工作有关的费用应当被认为已经包括在承包人的签约合同价（投标总报价）中。

②承包人参加投标的专业工程，应由发包人作为招标人，与组织招标工作有关的费用由发包人承担。同等条件下，应优先选择承包人中标。

③专业工程依法进行招标后，以中标价为依据取代专业工程暂估价，调整合同价款。

四、工程索赔

索赔是工程承包合同履行中，当事人一方因对方不履行或不完全履行既定的义务，或者由于对方的行为使权利人受到损失时，要求对方补偿损失的权利。索赔是工程承包中经常发生并随处可见的正常现象。施工现场条件、气候条件的变化，施工进度的变化，以及合同条款、规范、标准文件和施工图纸的变更、差异、延误等因素的影响，使得工程承包中不可避免地出现索赔，进而导致项目的投资发生变化。因此，索赔的控制将是建设工程施工阶段投资控制的重要手段（在本章第四节详述）。

五、其他类合同价款变更

其他类合同价款变更主要指现场签证。现场签证是指发包人或其授权现场代表（包括工程监理人、工程造价咨询人）与承包人或其授权现场代表就施工过程中涉及的责任事件所作的签认证明。施工合同履行期间出现现场签证事件的，发承包双方应变更合同价款。

（一）现场签证的提出

承包人应发包人要求完成合同以外的零星项目、非承包人责任事件等工作的，发包人应及时以书面形式向承包人发出指令，提供所需的相关资料；承包人在收到指令后，应及时向发包人提出现场签证要求。

承包人在施工过程中，若发现合同工程内容因场地条件、地质水文、发包人要求等不一致时，应提供所需的相关资料，提交发包人签证认可，作为合同价款调整的依据。

（二）现场签证报告的确认

承包人应在收到发包人指令后的 7 天内，向发包人提交现场签证报告，发包人应在收到现场签证报告后的 48 小时内对报告内容进行核实，予以确认或提出修改意见。发包人在收到承包人现场签证报告后的 48 小时内未确认也未提出修改意见的，视为承包人提交的现场签证报告已被发包人认可。

（三）现场签证报告的要求

（1）现场签证的工作如果已有相应的计日工单价，现场签证报告中仅列明完成该签证工作所需的人工、材料、工程设备和施工机械台班的数量。

（2）如果现场签证的工作没有相应的计日工单价，应当在现场签证报告中列明完成该签证工作所需的人工、材料、工程设备和施工机械台班的数量及其单价。

现场签证工作完成后的 7 天内，承包人应按照现场签证内容计算价款，报送发包人确认后，作为增加合同价款，与进度款同期支付。

（四）现场签证的限制

合同工程发生现场签证事项，未经发包人签证确认，承包人便擅自实施相关工作的，除非征得发包人书面同意，否则发生的费用由承包人承担。

第三节　施工阶段造价控制

一、施工阶段造价控制的概述

（一）施工阶段造价概述

根据建筑产品的特点和成本管理的要求，施工阶段造价可按不同的标准的应用范围进行划分。

（1）按成本计价的定额标准分，施工阶段造价可分为预算成本、计划成本和实际成本。

预算成本，是按建筑安装工程实物量和国家或地区或企业制定的预算定额及取费标准计算的社会平均成本或企业平均成本，是以施工图预算为基础进行分析、预测、归集和计算确定的。

计划成本，是在预算成本的基础上，根据企业自身的要求，结合施工项目的技术特征、自然地理特征、劳动力素质、设备情况等确定的标准成本，亦称目标成本。

实际成本，是工程项目在施工过程中实际发生的可以列入成本支出的各项费用的总和，是工程项目施工活动中劳动耗费的综合反映。

（2）按计算项目成本对象分，施工阶段造价可分为建设工程成本、单项工程成本、单位工程成本、分部工程成本和分项工程成本。

（3）按工程完成程度的不同分，施工阶段造价可分为本期施工成本、已完施工成本、未完工程成本和竣工施工工程成本。

（4）按生产费用与工程量关系来划分，施工阶段造价可分为固定成本和变动成本。

固定成本，是指在一定的期间和一定的工程量范围内，其发生的成本额不受工程量增减变动的影响而相对固定的成本，如折旧费、大修理费、管理人员工资、办公费等。

变动成本，是指发生总额随着工程量的增减变动而成正比例变动的费用，如直接用于工程的材料费、实行计划工资制的人工费等。

（5）按成本的构成要素划分，施工阶段造价由人工费、材料费、施工机具使用费、企业管理费、利润、规费以及税金构成。

（二）施工阶段造价分析的方法

1. 成本分析的基本方法

（1）比较法，又称指标对比分析法，是指将实际指标与计划指标对比，将本期实际指标与上期实际指标对比，将本企业与本行业平均水平、先进水平对比。

（2）因素分析法，又称连环置换法，可用来分析各种因素对成本的影响程度。

（3）差额计算方法，是指利用各个因素的目标值与实际值的差额来计算其对成本的影响程度，是因素分析法的简化方法。

（4）比率法，包括：相关比率法、构成比率法和动态比率法。

相关比率法：将两个性质不同而又相关的指标对比考察经营成本的好坏。

构成比率法：通过构成比例考察成本总量的构成情况及各成本项目占成本总量的比重。

动态比率法：将同类指标不同时期的数值进行对比，分析该项指标的发展方向和速度。

2. 综合成本的分析方法

综合成本是指涉及多种生产要素，并受多种因素影响的成本费用，如分部分项工程成本，月（季）度成本、年度成本等。因此，综合成本的分析方法也涉及多种。

（1）分部分项工程成本分析。施工项目包括很多种分部分项工程，通过对分部分项工程成本的系统分析，可以基本了解项目成本形成的全过程，方法是：进行预算成本、计划成本和实际成本的"三算"对比，计算实际偏差和目标偏差，分析产生原因。

（2）月（季）度成本分析。它是施工项目定期的、经常性的中间成本分析，依据是当月（季）度的成本报表。

（3）年度成本分析。其依据是年度成本报表，重点是针对下一年度的施工进展情况，规划切实可行的成本管理措施，保证施工项目成本目标的实现。

（4）竣工成本的综合分析。分为两种情况：有几个单位工程而且是单独进行成本核算的施工项目；只有一个单位工程的施工项目。

（三）施工阶段造价控制的任务

施工阶段造价控制是指在保证满足工程质量、工程施工工期的前提下，对项目实施过程中所发生的费用，通过计划、组织、控制和协调等活动实现预定的成本目标，并尽可能地降低施工阶段造价费用的一种科学管理活动。主要通过施工技术、施工工艺、施工组织管理、合同管理和经济手段等活动来最终达到施工阶段造价控制的预定目标，获得最大限度的经济利益。要达到这一目标，必须认真做好以下几项工作：

（1）搞好成本预测，确定成本控制目标。要结合中标价，根据项目施工条件、机械设备、人员素质等情况对项目的成本目标进行科学预测，通过预测确定工、料、机及间接费的控制标准，制定出费用限额控制方案，依据投入和产出费用额，做到量效挂钩。

（2）围绕成本目标，确立成本控制原则。施工阶段造价控制是在实施过程中对资源的投入、施工过程及成果进行监督、检查和衡量，并采取措施保证项目成本实现。搞好成本控制就必须把握好 5 项原则，即：项目全面控制原则，成本最低化原则，项目责、权、利相结合原则，项目动态控制原则，项目目标控制原则。

（3）查找有效途径，实现成本控制目标。为了有效降低项目成本，必须采取以下办法和措施进行控制：采取组织措施控制工程成本；采取新技术、新材料、新工艺措施控制工程成本；采取经济措施控制工程成本；加大质量管理力度；控制返工率控制工程成本；加强合同管理力度，控制工程成本。

除此之外，在项目成本管理工作中，应及时制定落实相配套的各项行之有效的管理制度，将成本目标层层分解，签定项目成本目标管理责任书，并与经济利益挂钩，奖罚分明，强化全员项目成本控制意识，落实完善各项定额，定期召开经济活动分析会，及时总结、不断完善、最大限度确保项目经营管理工作的良性运作。

施工阶段造价管理是施工企业项目管理中的一个子系统，具体包括预测、决策、计划、控制、核算、分析和考核等一系列工作环节。

二、施工阶段造价控制的工作流程

建设工程施工阶段涉及的面很广，涉及的人员很多，与造价控制有关的工作也很多，我们不能逐一加以说明，只能对实际情况加以适当简化。图 7-1 为施工阶段造价（投资）控制的工作流程图。

三、施工阶段资金使用计划的编制

施工阶段造价控制的目的是为了确保投资目标的实现。因此，造价管理者必须编制资金使用计划，合理地确定造价（投资）控制目标值，包括投资的总目标值、分目标值、各详细目标值。如果没有明确的投资控制目标，就无法进行项目造价（投资）实际支出值与目标值的比较，不能进行比较也就不能找出偏差，不知道偏差程度，就会使控制措施缺乏针对性。在确定造价（投资）控制目标时，应有科学的依据。如果投资目标值与人工单价、材料预算价格、设备价格及各项有关费用和各种取费标准不相适应，那么造价（投资）控制目标便没有实现的可能，则控制也是徒劳的。

由于人们对客观事物的认识有个过程，也由于人们在一定时间内所占有的经验和知识有限，因此，对工程项目的造价（投资）控制目标应辩证地对待，既要维护造价（投资）控制目标的严肃性，也要允许对脱离实际的既定造价（投资）控制目标进行必要的调整，

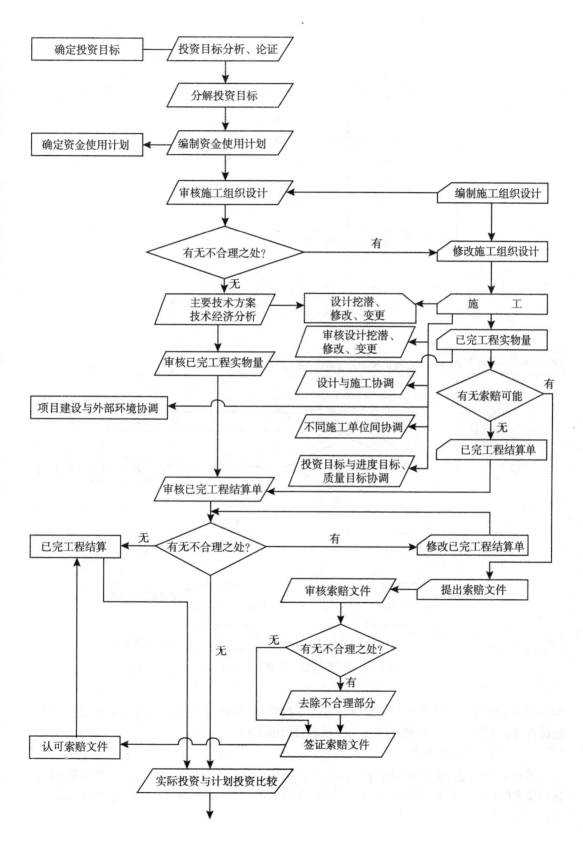

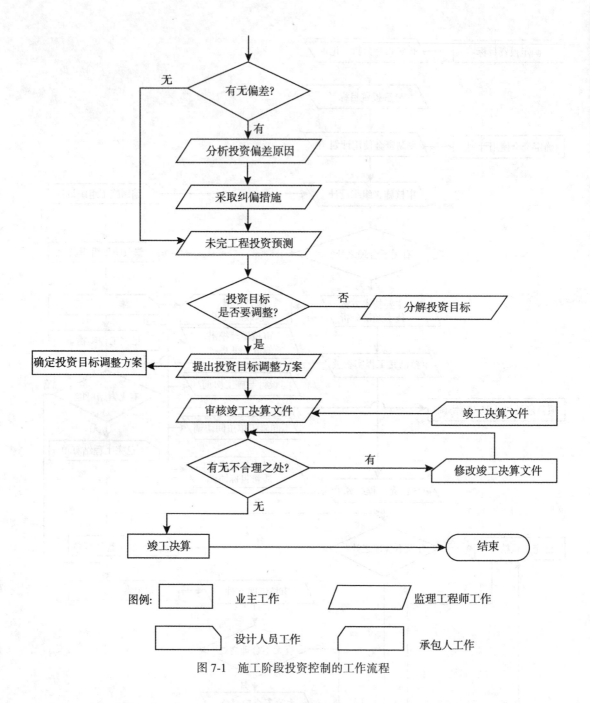

图 7-1　施工阶段投资控制的工作流程

调整并不意味着可以随意改变工程项目造价（投资）（因涉及计划值与实际值比较，以下统称投资）目标值，而必须按照有关的规定和程序进行。

（一）投资目标的分解

编制资金使用计划过程中最重要的步骤，就是项目投资目标的分解。根据投资控制目标和要求的不同，投资目标的分解可以分为按投资构成、按子项目、按时间分解三种类型。

1. 按投资构成分解的资金使用计划

工程项目的投资主要分为建筑安装工程投资、设备工器具购置投资及工程建设其他投资。由于建筑工程和安装工程在性质上存在着较大差异，投资的计算方法和标准也不尽相同。因此，在实际操作中往往将建筑工程投资和安装工程投资分解开来。工程项目投资的总目标可以按图 7-2 分解。

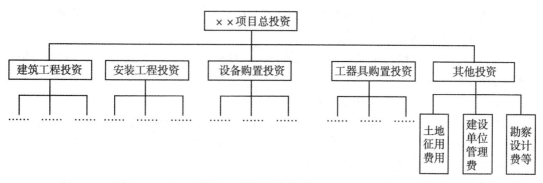

图 7-2　按投资构成分解目标

图 7-2 中的建筑工程投资、安装工程投资、工器具购置投资可以进一步分解。另外，在按项目投资构成分解时，可以根据以往的经验和建立的数据库来确定适当的比例。必要时也可以作一些适当的调整。例如：如果估计所购置的设备大多包括安装费，则可将安装工程投资和设备购置投资作为一个整体来确定它们所占的比例，然后再根据具体情况决定细分或不细分。按投资的构成来分解的方法比较适合于有大量经验数据的工程项目。

2. 按子项目分解的资金使用计划

大中型的工程项目通常是由若干单项工程构成的，而每个单项工程包括了多个单位工程，每个单位工程又是由若干个分部分项工程构成的，因此，首先要把项目总投资分解到单项工程和单位工程中，如图 7-3 所示。

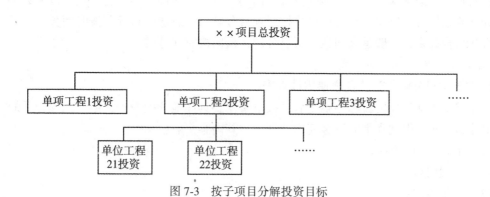

图 7-3　按子项目分解投资目标

一般来说，由于概算和预算大都是按照单项工程和单位工程来编制的，所以将项目总投资分解到各单项工程和单位工程是比较容易的。需要注意的是，按照这种方法分解项目总投资，不能只是分解建筑安装工程投资和设备工器具购置投资，还应该分解项目的其他投资。但项目其他投资所包含的内容既与具体单项工程或单位工程直接有关，也与整个项目建设有关，因此必须采取适当的方法将项目其他投资合理地分解到各个单项工程和单位工程中。最常用的也是最简单的方法就是按照单项工程的建筑安装工程投资和设备工器具购置投资之和的比例分摊，但其结果可能与实际支出的投资相差甚远。因此，实践中一般应对工程项目的其他投资的具体内容进行分析，将其中确实与各单项工程和单位工程有关的投资分离出来，按照一定比例分解到相应的工程内容上。其他与整个项目有关的投资则不分解到各单项工程和单位工程上。

另外，对各单位工程的建筑安装工程投资还需要进一步分解，在施工阶段一般可分解到分部分项工程。

3. 按时间进度分解的资金使用计划

工程项目的投资总是分阶段、分期支出的，资金应用是否合理与资金的时间安排有密切关系。为了编制项目资金使用计划，并据此筹措资金，尽可能减少资金占用和利息支出，有必要将项目总投资按其使用时间进行分解。

编制按时间进度的资金使用计划，通常可利用控制项目进度的网络图进一步扩充而得。即在建立网络图时，一方面确定完成各项工作所需花费的时间，另一方面同时确定完成这一工作的合适的投资支出预算。在实践中，将工程项目分解为既能方便地表示时间，又能方便地表示投资支出预算的工作是不容易的，通常如果项目分解程度对时间控制合适的话，则对投资支出预算可能分配过细，以至于不可能对每项工作确定其投资支出预算。反之亦然。因此，在编制网络计划时应在充分考虑进度控制对项目划分要求的同时，还要考虑确定投资支出预算对项目划分的要求，做到二者兼顾。

以上三种编制资金使用计划的方法并不是相互独立的。在实践中，往往是将这几种方法结合起来使用，从而达到扬长避短的效果。例如，将按子项目分解项目总投资与按投资构成分解项目总投资两种方法相结合，横向按子项目分解，纵向按投资构成分解，或相反。这种分解方法有助于检查各单项工程和单位工程造价构成是否完整，有无重复计算或缺项；同时还有助于检查各项具体的投资支出的对象是否明确或落实，并且可以从数字上校核分解的结果有无错误。或者还可将按子项目分解项目总造价目标与按时间分解项目总造价目标结合起来，一般是纵向按子项目分解，横向按时间分解。

（二）资金使用计划的形式

1. 按子项目分解得到的资金使用计划表

在完成工程项目投资目标分解之后，接下来就要具体地分配投资，编制工程分项的投资支出计划，从而得到详细的资金使用计划表。其内容一般包括：

（1）工程分项编码；

（2）工程内容；

（3）计量单位；

（4）工程数量；

（5）计划综合单价；

（6）本分项总计。

在编制投资支出计划时，要在项目总的方面考虑总的预备费，也要在主要的工程分项中安排适当的不可预见费，避免在具体编制资金使用计划时，可能发现个别单位工程或工程量表中某项内容的工程量计算有较大出入，使原来的投资预算失实，并在项目实施过程中对其尽可能地采取一些措施。

2. 时间—投资累计曲线

通过对项目投资目标按时间进行分解，在网络计划基础上，可获得项目进度计划的横道图，并在此基础上编制资金使用计划。其表示方式有两种：一种是在总体控制时标网络图上表示，见图7-4；另一种是利用时间—投资曲线（S形曲线）表示，见图7-5。

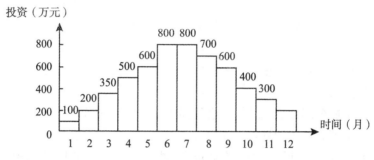

图7-4　时标网络图上按月编制的资金使用计划

时间—投资累计曲线的绘制步骤如下：

（1）确定工程项目进度计划，编制进度计划的横道图；

（2）根据每单位时间内完成的实物工程量或投入的人力、物力和财力，计算单位时间（月或旬）的投资，在时标网络图上按时间编制投资支出计划，如图7-4所示。

（3）计算规定时间 t 计划累计完成的投资额，其计算方法为：各单位时间计划完成的投资额累加求和，可按下式计算：

$$Q_t = \sum_{n=1}^{t} q_n \qquad (7\text{-}5)$$

式中：Q_t——表示某时间 t 计划累计完成投资额；

$\quad\quad q_n$——表示单位时间 n 的计划完成投资额；

$\quad\quad t$——表示某规定计划时刻。

（4）按各规定时间的 Q_t 值，绘制S形曲线，如图7-5所示。

每一条S形曲线都对应某一特定的工程进度计划。因为在进度计划的非关键路线中存在许多有时差的工序或工作，因而S形曲线（投资计划值曲线）必然包络在由全部工作都按最早开始时间开始和全部工作都按最迟必须开始时间开始的曲线所组成的"香蕉图"内。建设单位可根据编制的投资支出预算来合理安排资金，同时建设单位也可以根据筹措的建设资金来调整S形曲线，即通过调整非关键路线上的工作的最早或最迟开工时间，力争将实际的投资支出控制在计划的范围内。

一般而言，所有工作都按最迟开始时间开始，对节约建设单位的建设资金贷款利息是有利的，但同时，也降低了项目按期竣工的保证率。因此，造价管理者必须合理地确定投

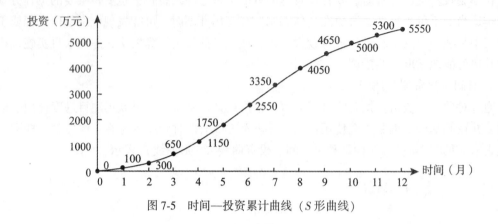

图 7-5 时间—投资累计曲线（S 形曲线）

资支出计划，达到既节约投资支出，又能控制项目工期的目的。

3. 综合分解资金使用计划表

将投资目标的不同分解方法相结合，会得到比前者更为详尽、有效的综合分解资金使用计划表。综合分解资金使用计划表一方面有助于检查各单项工程和单位工程的投资构成是否合理，有无缺陷或重复计算；另一方面也可以检查各项具体的投资支出的对象是否明确和落实，并可校核分解的结果是否正确。

四、造价（投资）偏差分析

在确定了造价（投资）控制目标之后，为了有效地进行造价（投资）控制，造价管理者就必须定期地进行投资计划值与实际值的比较，当实际值偏离计划值时，分析产生偏差的原因，采取适当的纠偏措施，以使投资超支尽可能小。

（一）造价（投资）偏差的概念

在造价（投资）控制中，把投资的实际值与计划值的差异叫做投资偏差，即：

$$投资偏差 = 已完工程实际投资 - 已完工程计划投资 \tag{7-6}$$

所谓已完工工程实际投资，是指"实际进度下的实际投资"，根据实际进度完成状况，在某一确定时间内已经完成的工程内容的实际投资，可以表示为在某一确定时间内，实际完成的工程量与单位工程量实际单价的乘积，即：

$$已完工程实际投资 = \sum 已完工程量(实际工程量) \times 实际单价 \tag{7-7}$$

所谓已完工程计划投资，是指"实际进度下的计划投资"，根据实际进度完成状况，在某一确定时间内已经完成的工程所对应的计划投资额，可以表示为在某一确定时间内，实际完成的工程量与单位工程计划单价的乘积，即：

$$已完工程计划投资 = \sum 已完工程量(实际工程量) \times 计划单价 \tag{7-8}$$

若公式（7-6）结果为正，则表示投资超支；结果为负，则表示投资节约。但是，必须特别指出，进度偏差对投资偏差分析的结果有重要影响，如果不加考虑就不能正确反映投资偏差的实际情况。如，某一阶段的投资超支，可能是由于进度超前导致的，也可能是由于物价上涨导致的。所以，必须引入进度偏差的概念。

$$进度偏差1=已完工程实际时间-已完工程计划时间 \qquad (7\text{-}9)$$

为了与投资偏差联系起来，进度偏差也可表示为：

$$进度偏差2=拟完工程计划投资-已完工程计划投资 \qquad (7\text{-}10)$$

所谓拟完工程计划投资，是指根据进度计划安排在某一确定时间内所应完成的工程内容的计划投资。即：

$$拟完工程计划投资=拟完工程量（计划工程量）×计划单价 \qquad (7\text{-}11)$$

进度偏差为正值，表示工期拖延；结果为负值表示工期提前。但是用公式（7-10）来表示进度偏差，其思路是可以接受的，但表达并不十分严格。在实际应用时，为了便于工期调整，还需将用投资差额表示的进度偏差转换为所需要的时间。

另外，在进行投资偏差分析时，还要考虑以下几组投资偏差参数：

1. 局部偏差和累计偏差

所谓局部偏差，有两层含义：一是对于整个项目而言，指各单项工程、单位工程及分部分项工程的投资偏差；另一含义是对于整个项目已经实施的时间而言，是指每一控制周期所发生的投资偏差。累计偏差是一个动态的概念，其数值总是与具体的时间联系在一起，第一个累计偏差在数值上等于局部偏差，最终的累计偏差就是整个项目的投资偏差。

局部偏差的引入，可使项目投资管理人员清楚地了解偏差发生的时间、所在的单项工程，这有利于分析其发生的原因。而累计偏差所涉及的工程内容较多、范围较大，且原因也较复杂，因而累计偏差分析必须以局部偏差分析为基础。从另一方面来看，因为累计偏差分析是建立在对局部偏差进行综合分析的基础上，所以其结果更能显示出代表性和规律性，对投资控制工作在较大范围内具有指导作用。

2. 绝对偏差和相对偏差

绝对偏差是指投资实际值与计划值比较所得到的差额，绝对偏差的结果很直观，有助于投资管理人员了解项目投资出现偏差的绝对数额，并依此采取一定措施，制定或调整投资支付计划和资金筹措计划。但是，绝对偏差有其不容忽视的局限性。如同样是1万元的投资偏差，对于总投资1 000万元的项目和总投资10万元的项目而言，其严重性显然是不同的，因此又引入相对偏差这一参数。

$$相对偏差 = \frac{绝对偏差}{投资计划值} = \frac{投资实际值-投资计划值}{投资计划值} \qquad (7\text{-}12)$$

与绝对偏差一样，相对偏差可正可负，且二者同号。正值表示投资超支，反之表示投资节约。二者都只涉及投资的计划值和实际值，既不受项目层次的限制，也不受项目实施时间的限制，因而在各种投资比较中均可采用。

3. 偏差程度

偏差程度是指投资实际值对计划值的偏离程度，其表达式为：

$$投资偏差程度 = \frac{投资实际值}{投资计划值} \qquad (7\text{-}13)$$

偏差程度可参照局部偏差和累计偏差分为局部偏差程度和累计偏差程度。注意累计偏差程度并不等于局部偏差程度的简单相加。以月为控制周期，则二者公式为：

$$投资局部偏差程度 = \frac{当月投资实际值}{当月投资计划值} \qquad (7\text{-}14)$$

将偏差程度与进度结合起来，引入进度偏差程度的概念，则可得到以下公式：

$$进度偏差程度 = \frac{已完工程实际时间}{已完工程计划时间} \qquad (7\text{-}15)$$

或

$$进度偏差程度 = \frac{拟完工程计划投资}{已完工程计划投资} \qquad (7\text{-}16)$$

上述各组偏差和偏差程度变量都是投资比较的基本内容和主要参数。投资比较的程度越深，为下一步的偏差分析提供的支持就越有力。

（二）偏差分析的方法

偏差分析可采用不同的方法，常用的有横道图法、表格法和曲线法。

1. 横道图法

用横道图法进行投资偏差分析，是用不同的横道标识已完工程计划投资、拟完工程计划投资和已完工程实际投资，横道的长度与其金额成正比例，见图7-6。

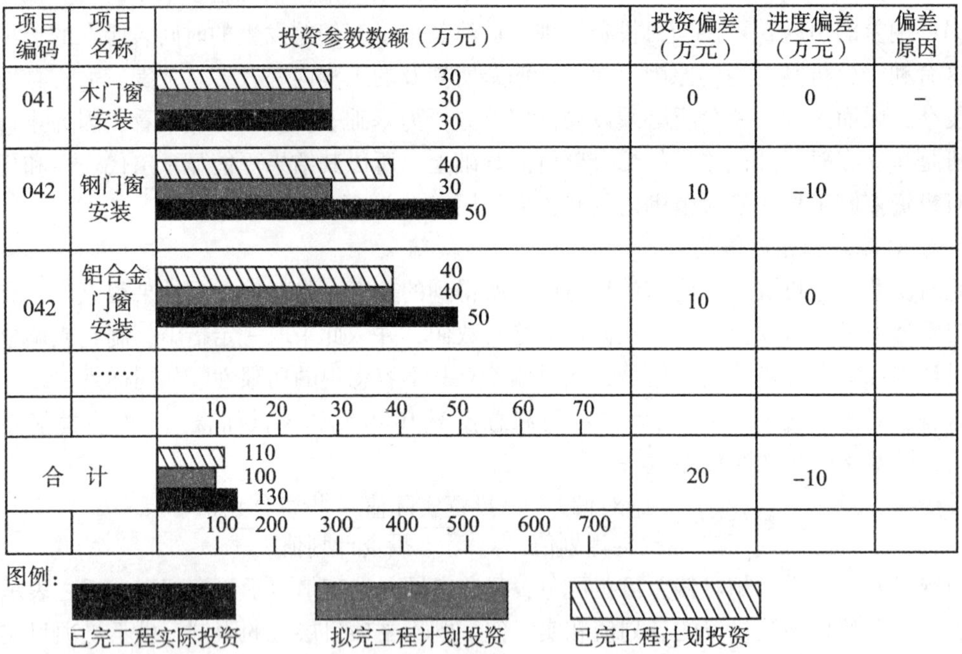

项目编码	项目名称	投资参数数额（万元）	投资偏差（万元）	进度偏差（万元）	偏差原因
041	木门窗安装	30 / 30 / 30	0	0	—
042	钢门窗安装	40 / 30 / 50	10	−10	
042	铝合金门窗安装	40 / 40 / 50	10	0	
	……				
		10　20　30　40　50　60　70			
合　计		110 / 100 / 130	20	−10	
		100　200　300　400　500　600　700			

图例：
已完工程实际投资　　拟完工程计划投资　　已完工程计划投资

图7-6　横道图法的投资偏差分析

横道图法具有形象、直观、一目了然等优点，它能够准确表达出投资的绝对偏差，而且能一眼感受到偏差的严重性。但是，这种方法反映的信息量少，一般在项目的较高管理层应用。

2. 表格法

表格法是进行偏差分析最常用的一种方法。它将项目编号、名称、各投资参数以及投资偏差数综合归纳入一张表格中，并且直接在表格中进行比较。各偏差参数都在表中列出，使得投资管理者能够综合地了解并处理这些数据。

用表格法进行偏差分析具有如下优点：

（1）灵活、适用性强。可根据实际需要设计表格，进行增减。

（2）信息量大。可以反映偏差分析所需的资料，从而有利于投资控制人员及时采取针对性措施，加强控制。

（3）表格处理可借助于计算机，从而节约大量数据处理所需的人力，并大大提高速度。

表 7-1 是用表格法进行偏差分析的例子。

表 7-1 投资偏差分析表

项目编码	（1）	041	042	043
项目名称	（2）	木门窗安装	钢门窗安装	铝合金门窗安装
单 位	（3）			
计划单价	（4）			
拟完工程量	（5）			
拟完工程计划投资	（6）＝（4）×（5）	30	30	40
已完工程量	（7）			
已完工程计划投资	（8）＝（4）×（7）	30	40	40
实际单价	（9）			
其他款项	（10）			
已完工程实际投资	（11）＝（7）×（9）＋（10）	30	50	50
投资局部偏差	（12）＝（11）－（8）	0	10	10
投资局部偏差程度	（13）＝（11）÷（8）	1	1.25	1.25
投资累计偏差	（14）＝$\sum$（12）			
投资累计偏差程度	（15）＝$\sum$（11）÷$\sum$（8）			
进度局部偏差	（16）＝（6）－（8）	0	－ 10	0
进度局部偏差程度	（17）＝（6）÷（8）	1	0.75	1
进度累计偏差	（18）＝$\sum$（16）			
进度累计偏差程度	（19）＝$\sum$（16）÷$\sum$（8）			

3. 曲线法（赢值法）

曲线法是用投资累计曲线（S 形曲线）来进行投资偏差分析的一种方法，见图 7-7。

其中 a 表示投资实际值曲线，P 表示投资计划值曲线，两条曲线之间的竖向距离表示投资偏差。

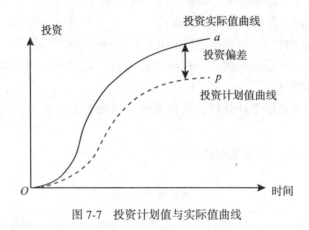

图 7-7　投资计划值与实际值曲线

在用曲线法进行投资偏差分析时，首先要确定投资计划值曲线。投资计划值曲线是与确定的进度计划联系在一起的。同时，也应考虑实际进度的影响，应当引入三条投资参数曲线，即已完工程实际投资曲线 a，已完工程计划投资曲线 b 和拟完工程计划投资曲线 p，见图 7-8。图中曲线 a 与曲线 b 的竖向距离表示投资偏差，曲线 b 与曲线 p 的水平距离表示进度偏差。

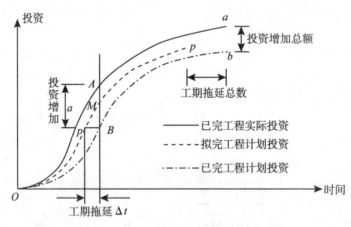

图 7-8　三条投资参数曲线

图 7-8 反映的偏差为累计偏差。用曲线法进行偏差分析同样具有形象、直观的特点，但这种方法很难直接用于定量分析，只能对定量分析起一定的指导作用。

4. 时标网络图法

双代号网络图以水平时间坐标尺度代表工作时间，时标的时间单位根据需要可以使用天、周、月等。时标网络计划中，实箭头线表示工作，实箭头线的长度表示工作持续时间；虚箭头线表示虚工作；波浪线表示工作与其紧跟工作的时间间隔。

五、施工阶段造价（费用）控制的措施

（一）偏差原因分析

偏差分析的一个重要目的就是要找出引起偏差的原因，从而有可能采取有针对性的措施，减少或避免相同原因再次发生。在进行偏差原因分析时，首先应当将已经导致和可能导致偏差的各种原因逐一列举出来。导致不同工程项目产生投资偏差的原因具有一定共性，因而可以通过对已建项目的投资偏差原因进行归纳、总结，为该项目采取预防措施提供依据。

一般来说，产生投资偏差的原因有以下几种，见图7-9。

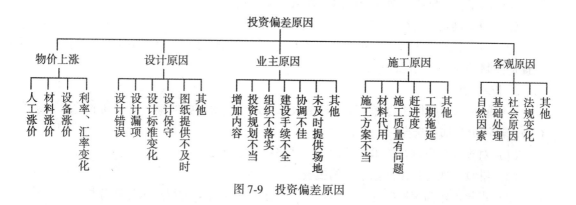

图 7-9 投资偏差原因

对偏差原因进行分析的目的是为了有针对性地采取纠偏措施，从而实现投资的动态控制和主动控制。纠偏首先要确定纠偏的主要对象，如上面介绍的偏差原因，有些是无法避免和控制的，如客观原因，充其量只能对其中少数原因做到防患于未然，力求减少该原因所产生的经济损失。对于施工原因所导致的经济损失通常是由承包商自己承担的，从投资控制的角度只能加强合同的管理，避免被承包商索赔。所以，这些偏差原因都不是纠偏的主要对象。纠偏的主要对象是业主原因和设计原因造成的投资偏差。在确定了纠偏的主要对象之后，就需要采取有针对性的纠偏措施。纠偏可采用组织措施、经济措施、技术措施和合同措施等。

（二）造价（费用）控制的措施

对施工阶段的造价（费用）控制应给予足够的重视，应从组织、经济、技术、合同等多方面采取措施。

1. 组织措施

组织措施是指从投资控制的组织管理方面采取的措施。组织措施是其他措施的前提和保障。

（1）在项目管理班子中落实从投资控制角度进行施工跟踪的人员、任务分工和职能分工。

（2）编制本阶段投资控制工作计划和详细的工作流程图。

2. 经济措施

经济措施不能只理解为审核工程量及相应支付价款，应从全局出发来考虑，如检查投资目标分解的合理性、资金使用计划的保障性、施工进度计划的协调性。另外，通过偏差分析和未完工程预测可以发现潜在的问题，及时采取预防措施，从而取得造价控制的主动权。

（1）编制资金使用计划，确定、分解投资控制目标。对工程项目造价目标进行风险分析，并制定防范性对策。

（2）进行工程计量。

（3）复核工程付款账单，签发付款证书。

（4）在施工过程中进行投资跟踪控制，定期进行投资实际支出值与计划目标值的比较；发现偏差，分析产生偏差的原因，采取纠偏措施。

（5）协商确定工程变更的价款，审核竣工结算。

（6）对工程施工过程中的投资支出作好分析与预测，经常或定期向建设单位提交项目投资控制及其存在问题的报告。

3. 技术措施

不同的技术措施往往会有不同的经济效果。运用技术措施纠偏，对不同的技术方案进行技术经济分析加以选择。

（1）对设计变更进行技术经济比较，严格控制设计变更。

（2）继续寻找通过设计挖潜节约投资的可能性。

（3）审核承包商编制的施工组织设计，对主要施工方案进行技术经济分析。

4. 合同措施

合同措施在纠偏方面是指索赔管理。在施工过程中，索赔事件的发生是难免的，发生索赔事件后要认真审查索赔依据是否符合合同规定、计算是否合理等。

（1）做好工程施工记录，保存各种文件图纸，特别是注有实际施工变更情况的图纸，注意积累素材，为正确处理可能发生的索赔提供依据。参与处理索赔事宜。

（2）参与合同修改、补充工作，着重考虑它对投资控制的影响。

第四节　工程索赔控制

一、工程索赔的内容

（一）承包商向业主的索赔

1. 不利的自然条件与人为障碍引起的索赔

不利的自然条件是指施工中遭遇到的实际自然条件比招标文件中所描述的更为困难和恶劣，是一个有经验的承包商无法预测的不利的自然条件与人为障碍，导致了承包商必须花费更多的时间和费用，在这种情况下，承包商可以向业主提出索赔要求。

（1）地质条件变化引起的索赔。一般来说，在招标文件中规定，由业主提供有关该项工程的勘察所取得的水文及地表以下的资料。但在合同中往往写明承包商在提交投标书之前，已对现场和周围环境及与之有关的可用资料进行了考察和检查，包括地表以下条件及水文和气候条件。承包商应对自己对上述资料的解释负责。但合同条件中经常还有另外一条：在工程施工过程中，承包商如果遇到了现场气候条件以外的外界障碍或条件，在其看来这些障碍和条件是一个有经验的承包商也无法预见到的，则承包商应就此向造价管理者提供有关通知，并将一份副本呈交业主。收到此类通知后，如果造价管理者认为这类障碍或条件是一个有经验的承包商无法合理预见到的，在与业主和承包商适当协商以后，应给予承包商延长工期和费用补偿的权利，但不包括利润。以上两条并存的合同文件，往往是承包商同业主及造价管理者各执一端争议的缘由所在。

例如：某承包商投标获得一项铺设管道工程。根据标书中介绍的情况算标。工程开工后，当挖掘深 7.5m 的坑时，遇到了严重的地下渗水，不得不安装抽水系统，并开动了达 35 日之久，承包商对不可预见的额外成本要求索赔。但造价管理者根据承包商投标时业已承认考察过现场并了解现场情况，包括地表地下条件和水文条件等，认为安装抽水机是承包商自己的事，拒绝补偿任何费用。承包商则认为这是业主提供的地质资料不实造成的。造价管理者则解释为，地质资料是真实的，钻探是在 5 月中旬进行，这意味着是在旱季季尾，而承包商的挖掘工程是在雨季中期进行。承包商应预先考虑到会有一较高的水位，这种风险不是不可预见的，因此，拒绝索赔。

（2）工程中人为障碍引起的索赔。在施工过程中，如果承包商遇到了地下构筑物或文物，如地下电缆、管道和各种装置等，只要是图纸上并未说明的，承包商应立即通知造价管理者，并共同讨论处理方案。如果导致工程费用增加（如原计划是机械挖土，现在不得不改为人工挖土），承包商即可提出索赔。这种索赔发生争议较少。由于地下构筑物和文物等确属是有经验的承包商难以合理预见的人为障碍，一般情况下，因遭遇人为障碍而要求索赔的数额并不太大，但闲置机器而引起的费用是索赔的主要部分。如果要减少突然发生的障碍的影响，造价管理者应要求承包商详细编制其工作计划，以便在必须停止一部分工作时，仍有其他工作可做。当未预知的情况所产生的影响是不可避免时，造价管理者应立即与承包商就解决问题的办法和有关费用达成协议，给予工期延长和成本补偿。如果办不到的话，可发出变更命令，并确定合适的费率和价格。

2. 工程变更引起的索赔

在工程施工过程中，由于工地上不可预见的情况、环境的改变，或为了节约成本等，在造价管理者认为必要时，可以对工程或其任何部分的外形、质量或数量做出变更。任何此类变更，承包商均不应以任何方式使合同作废或无效。但如果造价管理者确定的工程变更单价或价格不合理，或缺乏说服承包商的依据，则承包商有权就此向业主进行索赔。

3. 工期延期的费用索赔

工期延期的索赔通常包括两个方面：一是承包商要求延长工期；二是承包商要求偿付由于非承包商原因导致工程延期而造成的损失。一般这两方面的索赔报告要求分别编制。因为工期和费用索赔并不一定同时成立。例如：由于特殊恶劣气候等原因承包商可以要求延长工期，但不能要求补偿；也有些延误时间并不影响关键路线的施工，承包商可能得不到延长工期的承诺。但是，如果承包商能提出证据说明其延误造成的损失，就有可能有权获得这些损失的补偿，有时两种索赔可能混在一起，既可以要求延长工期，又可以获得对其损失的补偿。

（1）工期索赔。承包商提出工期索赔，通常是由于下述原因：

①合同文件的内容出错或互相矛盾；

②造价管理者在合理的时间内未曾发出承包商要求的图纸和指示；

③有关放线的资料不准；

④不利的自然条件；

⑤在现场发现化石、钱币、有价值的物品或文物；

⑥额外的样本与试验；

⑦业主和造价管理者命令暂停工程；

⑧业主未能按时提供现场；

⑨业主违约；

⑩业主风险；

⑪不可抗力。

以上这些原因要求延长工期，只要承包商能提出合理的证据，一般可获得造价管理者及业主的同意，有的还可索赔损失。

（2）延期产生的费用索赔

以上提出的工期索赔中，凡属于客观原因造成的延期，属于业主也无法预见到的情况，如特殊反常天气等，承包商可得到延长工期，但得不到费用补偿。凡纯属业主方面的原因造成拖期，不仅应给承包商延长工期，还应给予费用补偿。

4. 加速施工费用的索赔

一项工程可能遇到各种意外的情况或由于工程变更而必须延长工期。但由于业主的原因（例如：该工程已经出售给买主，需按议定时间移交给买主），坚持不给延期，迫使承包商加班赶工来完成工程，从而导致工程成本增加，如何确定加速施工所发生的附加费用，合同双方可能差距很大。因为影响附加费用款额的因素很多，如：投入的资源量、提前的完工天数、加班津贴、施工新单价等。解决这一问题建议采用"奖金"的办法，鼓励承包商克服困难，加速施工。即规定当某一部分工程或分部工程每提前完工一天，发给承包商奖金若干。这种支付方式的优点是：不仅促使承包商早日建成工程，早日投入运行，而且计价方式简单，避免了计算加速施工、延长工期、调整单价等许多容易扯皮的繁琐计算和讨论。

5. 业主不正当地终止工程而引起的索赔

由于业主不正当地终止工程，承包商有权要求补偿损失，其数额是承包商在被终止工程中的人工、材料、机械设备的全部支出，以及各项管理费用、保险费、贷款利息、保函费用的支出（减去已结算的工程款），并有权要求赔偿其盈利损失。

6. 物价上涨引起的索赔

物价上涨是各国市场的普遍现象，尤其在一些发展中国家。由于物价上涨，人工费和

材料费不断增长，引起了工程成本的增加

7. 法律、货币及汇率变化引起的索赔

（1）法律改变引起的索赔。如果在基准日期（投标截止日期前的 28 天）以后，由于业主国家或地方的任何法规、法令、政令或其他法律或规章发生了变更，导致了承包商成本增加。对承包商由此增加的开支，业主应予补偿。

（2）货币及汇率变化引起的索赔。如果在基准日期以后，工程施工所在国政府或其授权机构对支付合同价格的一种或几种货币实行货币限制或货币汇兑限制，则业主应补偿承包商因此而受到的损失。

如果合同规定将全部或部分款额以一种或几种外币支付给承包商，则这项支付不应受上述指定的一种或几种外币与工程施工所在国货币之间的汇率变化的影响。

8. 拖延支付工程款的索赔

如果业主在规定的应付款时间内未能按工程师的任何证书向承包商支付应支付的款额，承包商可在提前通知业主的情况下，暂停工作或减缓工作速度，并有权获得任何误期的补偿和其他额外费用的补偿（如利息）。FIDIC 合同规定利息以高出支付货币所在国中央银行的贴现率加 3 个百分点的年利率进行计算。

9. 业主的风险

（1）FIDIC 合同条件对业主风险的定义

业主的风险是指：

①战争、敌对行动（不论宣战与否）、入侵、外敌行动；

②工程所在国内的叛乱、恐怖主义、革命、暴动、军事政变或篡夺政权，或内战；

③承包商人员及承包商和分包商的其他雇员以外的人员在工程所在国内的暴乱、骚动或混乱；

④工程所在国内的战争军火、爆炸物资、电离辐射或放射性引起的污染，但可能由承包商使用此类军火、炸药、辐射或放射性引起的除外；

⑤由音速或超音速飞行的飞机或飞行装置所产生的压力波；

⑥除合同规定以外业主使用或占有的永久工程的任何部分；

⑦由业主人员或业主对其负责的其他人员所做的工程任何部分的设计；

⑧不可预见的或不能合理预期一个有经验的承包商已采取适宜预防措施的任何自然力的作用。

（2）业主风险的后果

如果上述业主风险列举的任何风险达到对工程、货物，或承包商文件造成损失或损害的程度，承包商应立即通知工程师，并应按照工程师的要求，修正此类损失或损害。

如果因修正此类损失或损害使承包商遭受延误和（或）招致增加费用，承包商应进一步通知工程师，并根据《承包商的索赔》的规定，有权要求：

（1）根据《竣工时间的延长》的规定，如果竣工已经或将受到延误，对任何此类延误给予延长期；

（2）任何此类成本应计入合同价格，给予支付。如有业主的风险的⑥和⑦项的情况，还应包括合理的利润。

10. 不可抗力

（1）不可抗力的定义

不可抗力是指合同双方在合同履行中出现的不能预见、不能避免并不能克服的客观情况。不可抗力的范围一般包括因战争、敌对行动（无论是否宣战）、入侵、外敌行为、军事政变、恐怖主义、骚动、暴动、空中飞行物坠落或其他非合同双方当事人责任或原因造成的罢工、停工、爆炸、火灾等，以及当地气象、地震、卫生等部门规定的情形。双方当事人应当在合同专用条款中明确约定不可抗力的范围以及具体的判断标准。

（2）不可抗力造成损失的承担

①费用损失的承担原则。因不可抗力事件导致的人员伤亡、财产损失及其费用增加，发承包双方应按以下原则分别承担并调整合同价款和工期：

1）合同工程本身的损害、因工程损害导致第三方人员伤亡和财产损失以及运至施工场地用于施工的材料和待安装的设备的损害，由发包人承担。

2）发包人、承包人人员伤亡由其所在单位负责，并承担相应费用。

3）承包人的施工机械设备损坏及停工损失，由承包人承担。

4）停工期间，承包人应发包人要求留在施工场地的必要的管理人员及保卫人员的费用由发包人承担。

5）工程所需清理、修复费用，由发包人承担。

②工期的处理。因发生不可抗力事件导致工期延误的，工期相应顺延。发包人要求赶工的，承包人应采取赶工措施，赶工费用由发包人承担。

《标准施工招标文件》（2012年版）的通用合同条款中，按照引起索赔事件的原因不同，对一方当事人提出的索赔可能给予合理补偿工期、费用和（或）利润的情况，分别作出了相应的规定。其中，引起承包人索赔的事件以及可能得到的合理补偿内容如表7-2所示。

表7-2 FIDIC《施工合同条件》2010年多边发展银行协调版中承包商可引用的索赔条款

序号	合同条款	条款主要内容	索赔内容
1	1.3	通信交流	T+C+P
2	1.5	文件的优先次序	T+C+P
3	1.8	文件有缺陷或技术性错误	T+C+P
4	1.9	延误的图纸或指示	T+C+P
5	1.13	遵守法律	T+C+P
6	2.1	业主未能提供现场	T+C+P
7	2.3	业主人员引起的延误、妨碍	T+C
8	3.3	工程师的指示	T+C+P
9	4.7	因工程师数据差错，放线错误	T+C+P
10	4.10	业主应提供现场数据	T+C+P

序号	合同条款	条款主要内容	索赔内容
11	4.12	不可预见的物质条件	T+C
12	4.20	业主设备和免费供应的材料	T+C
13	4.24	发现化石、硬币或有价值的文物	T+C
14	5.2	指定分包商	T+C+P
15	7.4	工程师改变规定试验细节或附加试验	T+C+P
16	8.3	进度计划	T+C+P
17	8.4	竣工时间的延长	T（+C+P）
18	8.5	当局造成的延长	T
19	8.9	暂停施工	T+C
20	10.2	业主接受或使用部分工程	C+P
21	10.3	工程师对竣工试验干扰	T+C+P
22	11.8	工程师指令承包商调查	C+P
23	12.3	工作测出的数量超过工程量表的10%	T+C+P
24	12.4	删减	C
25	13	工程变更	T+C+P
26	13.7	法规改变	T+C
27	13.8	成本的增减	C
28	14.8	延误的付款	T+C+P
29	15.5	业主终止合同	C+P
30	16.1	承包商暂停工作的权利	T+C+P
31	16.4	终止时的付款	T+C+P
32	17.4	业主的风险	T+C（+P）
33	18.1	当业主为应投保方而未投保时	C
34	19.4	不可抗力	T+C
35	20.1	承包商的索赔	T+C+P

注：T——工期；C——成本；P——利润。

（二）业主向承包商的索赔

由于承包商不履行或不完全履行约定的义务，或者由于承包商的行为使业主受到损失时，业主可向承包商提出索赔。

1. 工期延误索赔

在工程项目的施工过程中，由于多方面的原因，往往使竣工日期拖后，影响到业主对该工程的利用，给业主带来经济损失，按惯例，业主有权对承包商进行索赔，即由承包商支付误期损害赔偿费。承包商支付误期损害赔偿费的前提是：这一工期延误的责任属于承包商方面。施工合同中的误期损害赔偿费，通常是由业主在招标文件中确定的。业主在确定误期损害赔偿费的费率时，一般要考虑以下因素：

（1）业主盈利损失；

（2）由于工程拖期而引起的贷款利息增加；

（3）工程拖期带来的附加管理费；

（4）由于工程拖期不能使用，继续租用原建筑物或租用其他建筑物的租赁费。

至于误期损害赔偿费的计算方法，在每个合同文件中均有具体规定。一般按每延误一天赔偿一定的款额计算，累计赔偿额一般不超过合同总额的 5%~10%。

2. 质量不满足合同要求索赔

当承包商的施工质量不符合合同的要求，或使用的设备和材料不符合合同规定，或在缺陷责任期未满以前未完成应该负责修补的工程时，业主有权向承包商追究责任，要求补偿所受的经济损失。如果承包商在规定的期限内未完成缺陷修补工作，业主有权雇佣他人来完成工作，发生的成本和利润由承包商负担。如果承包商自费修复，则业主可索赔重新检验费。

3. 承包商不履行的保险费用索赔

如果承包商未能按照合同条款指定的项目投保，并保证保险有效，业主可以投保并保证保险有效，业主所支付的必要的保险费可在应付给承包商的款项中扣回。

4. 对超额利润的索赔

如果工程量增加很多，使承包商预期的收入增大，因工程量增加承包商并不增加任何固定成本，合同价应由双方讨论调整，收回部分超额利润。

由于法规的变化导致承包商在工程实施中降低了成本，产生了超额利润，应重新调整合同价格，收回部分超额利润。

5. 对指定分包商的付款索赔

在承包商未能提供已向指定分包商付款的合理证明时，业主可以直接按照造价管理者的证明书，将承包商未付给指定分包商的所有款项（扣除保留金）付给这个分包商，并从应付给承包商的任何款项中如数扣回。

6. 业主合理终止合同或承包商不正当地放弃工程的索赔

如果业主合理地终止承包商的承包，或者承包商不合理放弃工程，则业主有权从承包商手中收回由新的承包商完成工程所需的工程款与原合同未付部分的差额。

二、索赔的依据和前提条件

（一）索赔的依据

提出索赔和处理索赔都要依据下列文件或凭证：

（1）工程施工合同文件。工程施工合同是工程索赔中最关键和最主要的依据，工程施工期间，发承包双方关于工程的洽商、变更等书面协议或文件，也是索赔的重要依据。

（2）国家法律、法规。国家制定的相关法律、行政法规，是工程索赔的法律依据。

工程项目所在地的地方性法规或地方政府规章，也可以作为工程索赔的依据，但应当在施工合同专用条款中约定为工程合同的适用法律。

（3）国家、部门和地方有关的标准、规范和定额。对于工程建设的强制性标准，是合同双方必须严格执行的；对于非强制性标准，必须在合同中有明确规定的情况下，才能作为索赔的依据。

（4）工程施工合同履行过程中与索赔事件有关的各种凭证。这是承包人因索赔事件所遭受费用或工期损失的事实依据，它反映了工程的计划情况和实际情况。

（二）索赔成立的条件

承包人工程索赔成立的基本条件包括：

（1）索赔事件已造成了承包人直接经济损失或工期延误。

（2）造成费用增加或工期延误的索赔事件是非因承包人的原因发生的。

（3）承包人已经按照工程施工合同规定的期限和程序提交了索赔意向通知、索赔报告及相关证明材料。

三、索赔费用的计算

（一）索赔费用的组成

对于不同原因引起的索赔，承包人可索赔的具体费用内容是不完全一样的。但归纳起来，索赔费用的要素与工程造价的构成基本类似，一般可归结为人工费、材料费、施工机具使用费、分包费、施工管理费、利息、利润、保险费等。

1. 人工费

人工费包括施工人员的基本工资、工资性质的津贴、加班费、奖金以及法定的安全福利等费用。对于索赔费用中的人工费部分而言，人工费是指完成合同之外的额外工作所花费的人工费用；由于非承包商责任的工效降低所增加的人工费用；超过法定工作时间加班劳动；法定人工费增长以及非承包商责任工程延误导致的人员窝工费和工资上涨费等。在计算停工损失中人工费时，通常采取人工单价乘以折算系数计算。

2. 材料费

材料费的索赔包括：由于索赔事件的发生造成材料实际用量超过计划用量而增加的材料费；由于发包人原因导致工程延期期间的材料价格上涨和超期储存费用。材料费中应包括运输费、仓储费以及合理的损耗费用。如果由于承包商管理不善，造成材料损坏失效，则不能列入索赔款项内。

3. 施工机械使用费

施工机械使用费的索赔包括：

（1）由于完成额外工作增加的机械使用费；

（2）非承包商责任工效降低增加的机械使用费；

（3）由于业主或造价管理者原因导致机械停工的窝工费。窝工费的计算，如系租赁设备，一般按实际租金和调进调出费的分摊计算；如系承包商自有设备，一般按台班折旧费计算，而不能按台班费计算，因台班费中包括了设备使用费。

4. 现场管理费

现场管理费的索赔包括承包人完成合同之外的额外工作以及由于发包人原因导致工期延期期间的现场管理费，包括管理人员工资、办公费、通信费、交通费等。

现场管理费索赔金额的计算公式为：

$$现场管理费索赔金额 = 索赔的直接成本费用 \times 现场管理费率 \qquad (7\text{-}17)$$

其中，现场管理费率的确定可以选用下面的方法：（1）合同百分比法，即管理费比率在合同中规定；（2）行业平均水平法，即采用公开认可的行业标准费率；（3）原始估价法，即采用投标报价时确定的费率；（4）历史数据法，即采用以往相似工程的管理费率。

5. 总部（企业）管理费

总部管理费的索赔主要指的是由于发包人原因导致工程延期期间所增加的承包人向公司总部提交的管理费，包括总部职工工资、办公大楼折旧、办公用品、财务管理、通信设施以及总部领导人员赴工地检查指导工作等开支。总部管理费索赔金额的计算，目前还没有统一的方法。通常可采用以下几种方法：

（1）按总部管理费的比率计算：

$$总部管理费索赔金额 = (人材机费索赔金额 + 现场管理费索赔金额) \times 总部管理费比率(\%)$$

$$(7\text{-}18)$$

其中，总部管理费的比率可以按照投标书中的总部管理费比率计算（一般为 3%～8%），也可以按照承包人公司总部统一规定的管理费比率计算。

（2）按已获补偿的工程延期天数为基础计算。该公式是在承包人已经获得工程延期索赔的批准后，进一步获得总部管理费索赔的计算方法。计算步骤如下：

①计算被延期工程应当分摊的总部管理费：

$$\frac{延期工程应分}{摊的总部管理费} = 同期公司计划总部管理费 \times \frac{延期工程合同价格}{同期公司所有工程合同总价} \qquad (7\text{-}19)$$

②计算被延期工程的日平均总部管理费：

$$延期工程的日均总部管理费 = \frac{延期工程应分摊的总部管理费}{延期工程计划工期} \qquad (7\text{-}20)$$

③计算索赔的总部管理费：

$$索赔的总部管理费 = 延期工程的日平均总部管理费 \times 工程延期的天数 \qquad (7\text{-}21)$$

6. 保险费

因发包人原因导致工程延期时，承包人必须办理工程保险、施工人员意外伤害保险等各项保险的延期手续，对于由此而增加的费用，承包人可以提出索赔。

7. 保函手续费

因发包人原因导致工程延期时，承包人必须办理相关履约保函的延期手续，对于由此而增加的手续费，承包人可以提出索赔。

8. 利息

在索赔款额的计算中，经常包括利息。利息的索赔通常发生于下列情况：

（1）拖期付款的利息；

（2）由于工程变更和工程延期增加投资的利息；

（3）索赔款的利息；

（4）错误扣款的利息。

至于这些利息的具体利率应是多少，在实践中可采用不同的标准，主要有这样几种：

（1）按当时的银行贷款利率；

（2）按当时的银行透支利率；

（3）按合同双方协议的利率；

（4）按中央银行贴现率加 3 个百分点。

9. 利润

一般来说，由于工程范围的变更、文件有缺陷或技术性错误、业主未能提供现场等引起的索赔，承包商可以列入利润。但对于工程暂停的索赔，由于利润通常是包括在每项实施的工程内容的价格之内的，而延误工期并未影响削减某些项目的实施，而导致利润减少，所以，一般造价管理者很难同意在工程暂停的费用索赔中加进利润损失。

索赔利润的款额计算通常是与原报价单中的利润百分率保持一致，即在成本的基础上，增加原报价单中的利润率，作为该项索赔款的利润。

10. 分包费用

由于发包人的原因导致分包工程费用增加时，分包人只能向总承包人提出索赔，但分包人的索赔款项应当列入总承包人对发包人的索赔款项中。分包费用索赔指的是分包人的索赔费用，一般也包括与上述费用类似的内容索赔。

（二）索赔费用的计算方法

索赔费用的计算应以赔偿实际损失为原则，包括直接损失和间接损失。索赔费用的计算方法通常有三种，即实际费用法、总费用法和修正的总费用法。

1. 实际费用法

实际费用法又称分项法，即根据索赔事件所造成的损失或成本增加，按费用项目逐项进行分析、计算索赔金额的方法。这种方法比较复杂，但能客观地反映施工单位的实际损失，比较合理，易于被当事人接受，在国际工程中被广泛采用。由于索赔费用组成的多样化，不同原因引起的索赔，承包人可索赔的具体费用内容有所不同，必须具体问题具体分析。由于实际费用法所依据的是实际发生的成本记录或单据，所以，在施工过程中，系统而准确地积累记录资料是非常重要的。

2. 总费用法

总费用法，也被称为总成本法，就是当发生多次索赔事件后，重新计算工程的实际总费用，再从该实际总费用中减去投标报价时的估算总费用，即为索赔金额。总费用法计算索赔金额的公式如下：

$$索赔金额 = 实际总费用 - 投标报价估算总费用 \tag{7-22}$$

但是，在总费用法的计算方法中，没有考虑实际总费用中可能包括由于承包商的原因（如施工组织不善）而增加的费用，投标报价估算总费用也可能由于承包人为谋取中标而导致过低的报价，因此，总费用法并不十分科学。只有在难以精确地确定某些索赔事件导致的各项费用增加额时，总费用法才得以采用。

3. 修正的总费用法

修正的总费用法是对总费用法的改进，即在总费用计算的原则上，去掉一些不合理的因素，使其更为合理。修正的内容如下：

（1）将计算索赔款的时段局限于受到索赔事件影响的时间，而不是整个施工期。

（2）只计算受到索赔事件影响时段内的某项工作所受影响的损失，而不是计算该时段内所有施工工作所受的损失。

（3）与该项工作无关的费用不列入总费用中。

（4）对投标报价费用重新进行核算，即按受影响时段内该项工作的实际单价进行核算，乘以实际完成的该项工作的工程量，得出调整后的报价费用。按修正后的总费用计算索赔金额的公式如下：

$$索赔金额 = 某项工作调整后的实际总费用 - 该项工作的报价费用 \qquad (7-23)$$

修正的总费用法与总费用法相比，有了实质性的改进，它的准确程度已接近于实际费用法。

【例 7-1】某高速公路由于业主高架桥修改设计，造价管理者下令承包商工程暂停一个月。试分析在这种情况下，承包商可索赔哪些费用？

解：可索赔如下费用：

（1）人工费：对于不可辞退的工人，索赔人工窝工费，应按人工工日成本计算；对于可以辞退的工人，可索赔人工上涨费。

（2）材料费：可索赔超期储存费用或材料价格上涨费。

（3）施工机械使用费：可索赔机械窝工费或机械台班上涨费。自有机械窝工费一般按台班折旧费索赔；租赁机械一般按实际租金和调进调出的分摊费计算。

（4）分包费用：是指由于工程暂停分包商向总包索赔的费用。总包向业主索赔应包括分包商向总包索赔的费用。

（5）工地管理费：由于全面停工，可索赔增加的工地管理费。可按日计算，也可按直接成本的百分比计算。

（6）保险费：可索赔延期 1 个月的保险费。按保险公司保险费率计算。

（7）保函手续费：可索赔延期 1 个月的保函手续费。按银行规定的保函手续费率计算。

（8）利息：可索赔延期 1 个月增加的利息支出。按合同约定的利率计算。

（9）总部管理费：由于全面停工，可索赔延期增加的总部管理费。可按总部规定的百分比计算。如果工程只是部分停工，造价管理者可能不同意总部管理费的索赔。

四、索赔工期的计算

工期索赔，一般是指承包人依据合同对由于非因自身原因导致的工期延误向发包人提出的工期顺延要求。

（一）工期索赔中应当注意的问题

在工期索赔中特别应当注意以下问题：

1. 划清施工进度拖延的责任

因承包人的原因造成施工进度滞后，属于不可原谅的延期；只有承包人不应承担任何责任的延误，才是可原谅的延期。有时工程延期的原因中可能包含有双方责任，此时监理人应进行详细分析，分清责任比例，只有可原谅延期部分才能批准顺延合同工期。可原谅延期，又可细分为可原谅并给予补偿费用的延期和可原谅但不给予补偿费用的延期；后者是指非承包人责任的影响并未导致施工成本的额外支出，大多属于发包人应承担风险责任事件的影响，如异常恶劣的气候条件影响的停工等。

2. 被延误的工作应是处于施工进度计划关键线路上的施工内容。只有位于关键线路上工作内容的滞后，才会影响到竣工日期。但有时也应注意，既要看被延误的工作是否在批准进度计划的关键路线上，又要详细分析这一延误对后续工作的可能影响。因为若对非关键路线工作的影响时间较长，超过了该工作可用于自由支配的时间，也会导致进度计划中非关键路线转化为关键路线，其滞后将影响总工期的拖延。此时，应充分考虑该工作的自由时间，给予相应的工期顺延，并要求承包人修改施工进度计划。

（二）工期索赔的具体依据

承包人向发包人提出工期索赔的具体依据主要包括：

1. 合同约定或双方认可的施工总进度规划。

2. 合同双方认可的详细进度计划。

3. 合同双方认可的对工期的修改文件。

4. 施工日志、气象资料。

5. 业主或工程师的变更指令。

6. 影响工期的干扰事件。

7. 受干扰后的实际工程进度等。

（三）工期索赔的计算方法

1. 直接法

如果某干扰事件直接发生在关键线路上，造成总工期的延误，可以直接将该干扰事件的实际干扰时间（延误时间）作为工期索赔值。

2. 比例计算法

如果某干扰事件仅仅影响某单项工程、单位工程或分部分项工程的工期，要分析其对总工期的影响，可以采用比例计算法。

（1）已知受干扰部分工程的延期时间：

$$工期索赔值 = 受干扰部分工期拖延时间 \times \frac{受干扰部分工程的合同价格}{原合同价格} \quad (7\text{-}24)$$

（2）已知额外增加工程量的价格：

$$工期索赔值 = 原合同总工期 \times \frac{额外增加的工程量的价格}{原合同总价} \quad (7\text{-}25)$$

比例计算法虽然简单方便，但有时不符合实际情况，而且比例计算法不适用于变更施工顺序、加速施工、删减工程量等事件的索赔。

3. 网络图分析法。网络图分析法是利用进度计划的网络图，分析其关键线路。如果延误的工作为关键工作，则延误的时间为索赔的工期；如果延误的工作为非关键工作，当该工作由于延误超过时差而成为关键工作时，可以索赔延误时间与时差的差值；若该工作延误后仍为非关键工作，则不存在工期索赔问题。

该方法通过分析干扰事件发生前和发生后网络计划的计算工期之差来计算工期索赔值，可以用于各种干扰事件和多种干扰事件共同作用所引起的工期索赔。

4. 共同延误的处理。在实际施工过程中，工期拖期很少是只由一方造成的，往往是两、三种原因同时发生（或相互作用）而形成的，故称为"共同延误"。在这种情况下，要具体分析哪一种情况延误是有效的，应依据以下原则：

（1）首先判断造成拖期的哪一种原因是最先发生的，即确定"初始延误"者，它应对工程拖期负责。在初始延误发生作用期间，其他并发的延误者不承担拖期责任。

（2）如果初始延误者是发包人原因，则在发包人原因造成的延误期内，承包人既可得到工期延长，又可得到经济补偿。

（3）如果初始延误者是客观原因，则在客观因素发生影响的延误期内，承包人可以得到工期延长，但很难得到费用补偿。

（4）如果初始延误者是承包人原因，则在承包人原因造成的延误期内，承包人既不能得到工期补偿，也不能得到费用补偿。

第五节 工程结算

一、工程价款的结算

（一）工程价款的主要结算方式

按现行规定，工程价款支付是通过"阶段小结、最终结清"来体现的，常见的工程价款结算方式有：

（1）按月结算：即先预付工程备料款，在施工过程中按月结算工程进度款，竣工后进行竣工结算。我国现行建筑安装工程价款结算中，相当一部分是实行这种按月结算方式。

（2）竣工后一次结算：建设项目或单项工程全部建筑安装工程建设期在 12 个月以内，或者工程承包合同价值在 100 万元以下的，可以实行工程价款每月月中预支，竣工后一次结算。

（3）分段结算：即当年开工，当年不能竣工的单项工程或单位工程按照工程形象进度，划分不同阶段进行结算。分段结算可以按月预支工程款。

实行竣工后一次结算和分段结算的工程，当年结算的工程款应与分年度的工作量一致，年终不另清算。

（4）结算双方约定的其他结算方式。

（5）目标结算。

（二）工程预付款

工程预付款是建设工程施工合同订立后由发包人按照合同约定，在正式开工前预先支付给承包人的工程款。它是施工准备和所需要材料、结构件等流动资金的主要来源，国内习惯上又称为预付备料款。预付工程款的具体事宜由发承包双方根据建设行政主管部门的规定，结合工程款、建设工期和包工包料情况在合同中约定。《建设工程施工合同（示范文本）》中，对有关工程预付款作了如下约定："实行工程预付款的，双方应当在专用条款内约定发包人向承包人预付工程款的时间和数额，开工后按约定的时间和比例逐次扣回。预付时间应不迟于约定的开工日期前7天。发包人不按约定预付，承包人在约定预付时间7天后向发包人发出要求预付的通知，发包人收到通知后仍不能按要求预付，承包人可在发出通知后7天停止施工，发包人应从约定应付之日起向承包人支付应付款的贷款利息，并承担违约责任。"

工程预付款额度，各地区、各部门的规定不完全相同，主要是保证施工所需材料和构件的正常储备。一般是根据施工工期、建安工作量、主要材料和构件费用占建安工作量的比例以及材料储备周期等因素经测算来确定。

（1）在合同条件中约定。发包人根据工程的特点、工期长短、市场行情、供求规律等因素，招标时在合同条件中约定工程预付款的百分比。

（2）公式计算法。公式计算法是根据主要材料（含结构件等）占年度承包工程总价的比重、材料储备定额天数和年度施工天数等因素，通过公式计算预付备料款额度的一种方法。

其计算公式是：

$$\text{工程预付款数额} = \frac{\text{工程总价} \times \text{材料比重}(\%)}{\text{年度施工天数}} \times \text{材料储备定额天数} \qquad (7\text{-}26)$$

$$\text{工程预付款比率} = \frac{\text{工程预付款数额}}{\text{工程总价}} \times 100\% \qquad (7\text{-}27)$$

式中：年度施工天数按365天日历天计算；材料储备定额天数由当地材料供应的在途天数、加工天数、整理天数、供应间隔天数、保险天数等因素决定。

（三）工程预付款的扣回

发包人支付给承包人的工程预付款其性质是预支。随着工程进度的推进，拨付的工程进度款数额不断增加，工程所需主要材料、构件的用量逐渐减少，原已支付的预付款应以抵扣的方式予以陆续扣回。扣款的方法有：

（1）由发包人和承包人通过洽商用合同的形式予以确定，采用等比率或等额扣款的方式。也可针对工程实际情况具体处理，如有些工程工期较短、造价较低，就无需分期扣还；有些工期较长，如跨年度工程，其备料款的占用时间很长；根据需要可以少扣或不扣。

（2）从未施工工程尚需的主要材料及构件的价值相当于工程预付款数额时扣起，从每次中间结算工程价款中，按材料及构件比重扣抵工程价款，至竣工之前全部扣清。因此确定起扣点是工程预付款起扣的关键。

确定工程预付款起扣点的依据是：未完施工工程所需主要材料和构件的费用，等于工程预付款的数额。

工程预付款起扣点可按下式计算：

$$T=P-M/N \qquad\qquad (7\text{-}28)$$

式中：T——起扣点，即工程预付款开始扣回的累计完成工程金额；

P——承包工程合同总额；

M——工程预付款数额；

N——主要材料、构件所占比重。

【例 7-2】 某工程合同总额 200 万元，工程预付款为 24 万元，主要材料、构件所占比重为 60%，问：起扣点为多少万元？

解：按起扣点计算公式：$T=P-M/N=200-\dfrac{24}{60\%}=160$（万元）

则当工程完成 160 万元时，本项工程预付款开始起扣。

（3）预付款担保

预付款担保是指承包人与发包人签订合同后领取预付款前，承包人正确、合理使用发包人支付的预付款而提供的担保。其主要作用是保证承包人按合同规定的目的使用并及时偿还发包人已支付的全部预付款金额。如果承包人中途毁约、中止工程，使发包人不能在规定期限内从应付工程款中扣除全部预付款，则发包人有权从该项担保金额中获得补偿。

预付款担保的主要形式是银行保函。预付款担保的担保金额一般与发包人的预付款是等值的。预付款一般逐月从工程进度款中扣除，预付款担保的担保金额也相应逐月减少。预付款担保也可采用发承包方约定的其他形式，如有担保公司提供的担保，或采取抵押担保等形式。

（四）工程进度款

1. 工程进度款的计算

《建设工程施工合同（示范文本）》关于工程款的支付也作出了相应的约定："在确认计量结果后 14 天内，发包人应向承包人支付工程款（进度款）"。"发包人超过约定的支付时间不支付工程款（进度款），承包人可向发包人发出要求付款的通知，发包人接到承包人通知后仍不能按要求付款，可与承包人协商签订延期付款协议，经承包人同意后可延期支付。协议应明确延期支付的时间和从计量结果确认后第 15 天起计算应付款的贷款利息"。"发包人不按合同约定支付工程款（进度款），双方又未达成延期付款协议，导致施工无法进行，承包人可停止施工，由发包人承担违约责任"。工程进度款的计算，主要涉及两个方面：一是工程量的计量；二是单价的计算方法。

单价的计算方法，主要根据由发包人和承包人事先约定的工程价格的计价方法决定。目前我国一般来讲，工程价格的计价方法可以分为工料单价和综合单价两种方法。所谓工料单价法是指单位工程分部分项的单价为直接成本单价，按现行计价定额的人工、材料、机械的消耗量及其预算价格确定，其他直接成本、间接成本、利润、税金等按现行计算方法计算。所谓综合单价法是指单位工程、分部分项工程量的单价是全部费用单价，既包括直接成本，也包括间接成本、利润、税金等一切费用。二者在选择时，既可采取可调价格的方式，即工程价格在实施期间可随价格变化而调整，也可采取固定价格的方式，即工程价格在实施期间不因价格变化而调整，在工程价格中已考虑价格风险因素并在合同中明确了固定价格所包括的内容和范围。实践中采用较多的是可调工料单价法和固定综合单价法。

（1）可调工料单价法的表现形式

工料单价法是以分部分项工程量乘以单价后的合计为直接工程费，直接工程费以人工、材料、机械的消耗量及其相应价格确定。直接工程费汇总后另加间接费、利润、税金生成工程发承包价。

（2）固定综合单价法的表现形式

综合单价法是分部分项工程单价为全费用单价，全费用单价经综合计算后生成，其内容包括直接工程费、间接费、利润和税金（措施费也可按此方法生成全费用价格）。

各分项工程量乘以综合单价的合价汇总后，生成工程发承包价。

（3）工程价格的计价方法

可调工料单价法和固定综合单价法在分项编号、项目名称、计量单位、工程量计算方面是一致的，都可按照国家或地区的单位工程分部分项进行划分、排列，包含了统一的工作内容，使用统一的计量单位和工程量计算规则。所不同的是，可调工料单价法将工、料、机再配上预算价作为直接成本单价，其他直接成本、间接成本、利润、税金分别计算；因为价格是可调的，其材料等费用在竣工结算时按工程造价管理机构公布的竣工调价系数或按主材计算差价或主材用抽料法计算，次要材料按系数计算差价而进行调整；固定综合单价法是包含了风险费用在内的全费用单价，故不受时间价值的影响。由于两种计价方法不同，工程进度款的计算方法也不同。

（4）工程进度款的计算。当采用可调工料单价法计算工程进度款时，在确定已完工程量后，可按以下步骤计算工程进度款：

1）根据已完工程量的项目名称、分项编号、单价得出合价；

2）将本月所完工全部项目合价相加，得出直接费小计；

3）按规定计算其他直接费、现场经费、间接费、利润；

4）按规定计算主材差价或差价系数；

5）按规定计算税金；

6）累计本月应收工程进度款。

用固定综合单价法计算工程进度款比用可调工料单价法更方便、省事，工程量得到确认后，只要将工程量与综合单价相乘得出合价，再累加即可完成本月工程进度款的计算工作。

2. 工程进度款的支付

工程进度款的支付，一般按当月实际完成工程量进行结算，工程竣工后办理竣工结算。在工程竣工前，承包人收取的工程预付款和进度款的总额一般不超过合同总额（包括工程合同签订后经发包人签证认可的增减工程款）的90%，不低于60%。

（五）竣工结算

竣工结算是指一个单位工程或单项工程完工后，经业主及工程质量监督部门验收合格，在交付使用前由施工单位根据合同价格和实际发生的增加或减少费用的变化等情况进行编制，并经业主或其委托方签认的，以表达该工程最终造价为主要内容，作为结算工程价款依据的经济文件。工程竣工结算分为单位工程竣工结算、单项工程竣工结算和建设项目竣工结算，其中单位工程竣工结算、单项工程竣工结算也是分阶段结算。

1. 竣工结算的编制依据

（1）国家有关法律法规、规章制度和相关的司法解释；

（2）工程造假的计价标准、方法、有关规定和相关解释；

（3）《建设工程工程量清单计价规范》GB50500—2013；

（4）施工合同、专业分包合同及补充协议、有关材料、设备合同；

（5）招投标文件；

（6）工程竣工图或施工图、施工图会审记录，经批准的施工组织设计、设计变更、工程洽商和相关会议纪要；

（7）经批准的开竣工报告或停工、复工报告；

（8）实施过程中已确认的工程量及其结算的合同价款；

（9）实施过程中已确认调整后的追加（减）的合同价款；

（10）其他依据。

2. 竣工结算的计价原则

（1）分部分项工程和措施项目的单价费按双方确认的工程量和已标工程量清单综合单价计算；如发生调整，以发承包双方确认后调整的综合单价计入；

（2）措施项目中的总价根据合同约定确定金额和项目计入；若发生调整，以发承包双方确认调整的金额及项目计入，其中安全文明施工费必须按国家或省级、行业建设主管部门的规定计算；

（3）其他项目按实际发生确认；

（4）规费中的工程排污费按工程所在地环保部门规定标准按实列入；

（5）实施中已确认的工程计量结果和合同价款直接计入结算。

3. 竣工结算的程序

（1）承包人提交竣工结算

工程完工后，承包人应在发承包双方确认的合同工期中价款结算的基础上汇总编制完成竣工结算文件，并在提交竣工验收的同时向发包人提交竣工结算文件。承包人未在合同约定的时间内提交竣工结算资料，经发包人催告后14天内仍未提交或未有明确答复，发包人有权根据已有的资料编制竣工结算文件，作为办理竣工结算和支付结算款的依据，承包人应予以认可。

（2）发包人核对竣工结算

发包人收到承包人递交的竣工结算报告结算资料后28天内进行核实，给予确认或者提出核实及修改意见。承包人在接到通知后28天内按照发包人提出的合理要求补充资料，修改竣工结算资料，并再次提交给发包人复核后批准。如果发包人、承包人对复核结果无异议，应在7天内在竣工结算文件上签字确认，竣工结算办理完毕。如果发包方、承包方对复核结果有异议，对无异议部分办理不完全竣工结算，对有异议部分双方协商解决，协商不成，按照合同约定的争议解决方式处理。

发包人收到竣工结算报告及结算资料后 28 天内，不核对竣工结算或未提出意见的，视为承包人提交的竣工结算文件已被发包人认可，竣工结算办理完毕。

承包人在接到发包人提出的核实意见后 28 天内，不确认也未提出异议的，视为发包人提出的核实意见已被承包人认可，竣工结算办理完毕。

发包人可以委托工程造价咨询机构核对竣工结算文件。

对发包人或发包人委托的工程造价咨询机构指派的专业人员与承包人指派的专业人员核对无异议并签名确认的竣工结算文件，除非发承包人能够提出具体、详细的不同意见，发承包人都应在竣工结算文件上签名认可。若发包人不签认，承包人可不提供竣工验收备案资料，有权拒绝重新核对竣工结算文件；若承包人不签认，承包人不得拒绝提供竣工验收备案资料，否则，造成的损失，要承担连带责任。工程竣工结算核对完成，发承包方签字确认后，禁止发包人又要求承包人与另一个或多个工程造价咨询人重复核对竣工结算。

（3）竣工结算价款的支付

承包人根据办理的竣工结算文件，发包人提交竣工结算支付申请。发包人在收到承包人提交的竣工结算款申请 7 天内予以核实，向承包人签发竣工结算支付证书。发包人签发竣工结算支付证书后 14 天内，按照竣工结算支付证书列明的金额向承包人支付结算款。

发包人在收到承包人提交的竣工结算款申请 7 天内不予以核实，不向承包人签发竣工结算支付证书，视为承包人的竣工结算申请支付已被发包人认可。发包人应在收到承包人提交的竣工结算支付申请 7 天后的 14 天内，按照承包人提交的竣工结算支付申请列明的金额向承包人支付结算款。

发包人未按照规定程序支付工程竣工结算价款的，承包人可以催告发包人支付，并有权获得延迟支付的利息。发包人在收到竣工结算支付申请 7 天后的 56 天内仍不支付的，承包人可以与发包人协议将该工程折价，也可以由承包人申请法院将该工程依法拍卖，承包人就该工程折价或者拍卖的价款优先受偿。

4. 最终结清

最终结清是指合同约定的缺陷责任期终止后，承包人已按合同规定完成全部剩余工作且质量合格，发包人与承包人结清全部剩余款项的活动。

（1）最终结算申请单。缺陷责任期终止后，承包人已按合同规定完成全部剩余工作且质量合格，发包人签发缺陷责任终止证书，承包人按合同约定的份数和期限向发包人提交最终结清申请单，并提供相关的证明材料，详细说明承包人按合同规定已完成的全部工程价款金额以及承包人认为根据合同规定应进一步支付给他的其他款项。发包人对最终结清申请单内容有异议的，有权要求承包人进行修正和提供补充资料，由承包人向发包人提交修正后的最终结清申请单。

（2）最终支付证书。发包人收到承包人提交的最终结清申请单的 14 天内予以核实，向承包人签发最终支付证书。发包人未在约定时间核实，有未提出具体意见的，视为承包人提交的最终结清申请单已被发包人认可。

（3）最终结清付款。发包人应在签发最终支付证书后的 14 天内，按照最终结清支付证书列明的金额向承包人支付最终结清款。最终结清付款后，承包人在合同内享有的索赔权利也自行终止。发包人未按期支付的，承包人可以催告发包人在合理的期限内支付，并有权获得延迟支付的利息。

承包人对发包人最终结清款有异议的，按照合同约定的争议解决方式处理。

二、工程价款的动态结算

工程价款的动态结算就是要把各种动态因素渗透到结算过程中，使结算大体能反映实际的消耗费用。下面介绍几种常用的动态结算办法。

（一）按实际价格结算法

在我国，由于建筑材料需市场采购的范围越来越大，有些地区规定对钢材、木材、水泥等三大材的价格采取按实际价格结算的办法。工程承包商可凭发票按实报销。这种方法方便。但由于是实报实销，因而承包商对降低成本不感兴趣，为了避免副作用，造价管理部门要定期公布最高结算限价，同时合同文件中应规定建设单位或造价管理者有权要求承包商选择更廉价的供应来源。

（二）按主材计算价差

发包人在招标文件中列出需要调整价差的主要材料表及其基期价格（一般采用当时当地工程价格管理机构公布的信息价或结算价），工程竣工结算时按竣工当时当地工程价格管理机构公布的材料信息价或结算价，与招标文件中列出的基期价比较计算材料差价。

（三）主料按抽料计算价差

其他材料按系数计算价差。主要材料按施工图预算计算的用量和竣工当月当地工程价格管理机构公布的材料结算价或信息价与基价对比计算差价。其他材料按当地工程价格管理机构公布的竣工调价系数计算方法计算差价。

（四）竣工调价系数法

按工程价格管理机构公布的竣工调价系数及调价计算方法计算差价。

（五）调值公式法（又称动态结算公式法）

根据国际惯例，对建设工程已完成投资费用的结算，一般采用此法。事实上，绝大多数情况是发包方和承包方在签订的合同中就明确规定了调值公式。

1. 利用调值公式进行价格调整的工作程序及造价管理者应做的工作价格调整的计算工作比较复杂，其程序是：

首先，确定计算物价指数的品种。一般地说，品种不宜太多，只确立那些对项目投资影响较大的因素，如设备、水泥、钢材、木材和工资等。这样便于计算。

其次，要明确以下两个问题：一是合同价格条款中，应写明经双方商定的调整因素，在签订合同时要写明考核几种物价波动到何种程度才进行调整。一般都在正负10%左右。二是考核的地点和时点：地点一般在工程所在地，或指定的某地市场价格；时点指的是某月某日的市场价格。这里要确定两个时点价格，即基准日期的市场价格（基础价格）和与特定付款证书有关的期间最后一天的49天前的时点价格。这两个时点就是计算调值的依据。

最后，确定各成本要素的系数和固定系数，各成本要素的系数要根据各成本要素对总造价的影响程度而定。各成本要素系数之和加上固定系数应该等于1。

在实行国际招标的大型合同中，造价管理者应负责按下述步骤编制价格调值公式：

（1）分析施工中必需的投入，并决定选用一个公式，还是选用几个公式；

（2）估计各项投入占工程总成本的相对比重，以及国内投入和国外投入的分配，并决定对国内成本与国外成本是否分别采用单独的公式；

（3）选择能代表主要投入的物价指数；

（4）确定合同价中固定部分和不同投入因素的物价指数的变化范围；

（5）规定公式的应用范围和用法；

（6）如有必要，规定外汇汇率的调整。

2. 建筑安装工程费用的价格调值公式

建筑安装工程费用价格调值公式与货物及设备的调值公式基本相同。它包括固定部分、材料部分和人工部分三项。但因建筑安装工程的规模和复杂性增大，公式也变得更长更复杂。典型的材料成本要素有钢筋、水泥、木材、钢构件、沥青制品等，同样，人工可包括普通工和技术工。

各部分成本的比重系数在许多标书中要求承包方在投标时即提出，并在价格分析中予以论证。但也有的是由发包方在标书中即规定一个允许范围，由投标人在此范围内选定。因此，造价管理者在编制标书中，尽可能要确定合同价中固定部分和不同投入因素的比重系数和范围，招标时以给投标人留下选择的余地。具体见本章第二节"物价变化类合同价款变更"。

三、FIDIC 合同条件下工程费用的支付

（一）工程支付的范围和条件

1. 工程支付的范围

FIDIC 合同条件所规定的工程支付的范围主要包括两部分，如图 7-10 所示。

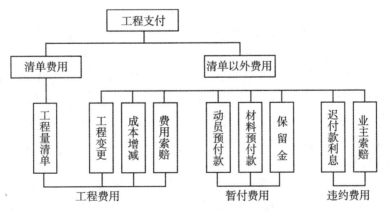

图 7-10　工程支付的范围

一部分费用是工程量清单中的费用，这部分费用是承包商在投标时，根据合同条件的有关规定提出的报价，并经业主认可的费用。

另一部分费用是工程量清单以外的费用，这部分费用虽然在工程量清单中没有规定，但是在合同条件中却有明确的规定。因此它也是工程支付的一部分。

2. 工程支付的条件

（1）质量合格是工程支付的必要条件。支付以工程计量为基础，计量必须以质量合格为前提。所以，并不是对承包商已完的工程全部支付，而只支付其中质量合格的部分，对于工程质量不合格的部分一律不予支付。

（2）符合合同条件。一切支付均需要符合合同约定的要求，例如：动员预付款的支付款额要符合标书附录中规定的数量，支付的条件应符合合同条件的规定，即承包商提供履约保函和动员预付款保函之后才予以支付动员预付款。

（3）变更项目必须有工程师的变更通知。没有工程师的指示承包商不得作任何变更。如果承包商没有收到指示就进行变更的话，其无理由就此类变更的费用要求补偿。

（4）支付金额必须大于期中支付证书规定的最小限额。合同条件约定，如果在扣除保留金和其他金额之后的净额少于投标书附录中规定的期中支付证书的最小限额时，工程师没有义务开具任何支付证书。不予支付的金额将按月结转，直到达到或超过最低限额时才予以支付。

（5）承包商的工作使工程师满意。为了确保工程师在工程管理中的核心地位，并通过经济手段约束承包商履行合同中规定的各项责任和义务，合同条件充分赋予了工程师有关支付方面的权力。对于承包商申请支付的项目，即使达到以上所述的支付条件，但承包商其他方面的工作未能使工程师满意，工程师可通过任何期中支付证书对他所签发过的任何原有的证书进行任何修正或更改，也有权在任何期中支付证书中删去或减少该工作的价值。

（二）工程支付的项目

1. 工程量清单项目

工程量清单项目分为一般项目、暂列金额和计日工作三种。

（1）一般项目的支付。一般项目是指工程量清单中除暂列金额和计日工作以外的全部项目。这类项目的支付是以经过造价管理者计量的工程数量为依据，乘以工程量清单中的单价，其单价一般是不变的。这类项目的支付占了工程费用的绝大部分，工程师应给予足够的重视。但这类支付的程序比较简单，一般通过签发期中支付证书支付进度款。

（2）暂列金额。"暂列金额"是指包括在合同中，供工程任何部分的施工，或提供货物、材料、设备或服务，或提供不可预料事件之费用的一项金额。这项金额按照工程师的指示可能全部或部分使用，或根本不予动用。没有工程师的指示，承包商不能进行暂列金额项目的任何工作。

承包商按照工程师的指示完成的暂列金额项目的费用若能按工程量表中开列的费率和价格估价则按此估价，否则承包商应向工程师出示与暂列金额开支有关的所有报价单、发票、凭证、账单或收据。工程师根据上述资料，按照合同的约定，确定支付金额。

（3）计日工作。计日工作是指承包商在工程量清单的附件中，按工种或设备填报单价的日工劳务费和机械台班费，一般用于工程量清单中没有合适项目，且不能安排大批量的流水施工的零星附加工作。只有当工程师根据施工进展的实际情况，指示承包商实施以日工计价的工作时，承包商才有权获得用日工计价的付款。使用计日工费用的计算一般采用下述方法：

①按合同中包括的计日工作计划表中所定项目和承包商在其投标书中所确定的费率和价格计算。

②对于清单中没有定价的项目，应按实际发生的费用加上合同中规定的费率计算有关的费用。承包商应向工程师提供可能需要的证实所付款额的收据或其他凭证，并且在订购材料之前，向工程师提交订货报价单供其批准。

对这类按计日工作制实施的工程，承包商应在该工程持续进行过程中，每天向工程师提交从事该工作的承包人员的姓名、职业和工时的确切清单，一式两份，以及表明所有该项工程所用的承包商设备和临时工程的标识、型号、使用时间和所用的生产设备和材料的数量和型号。

应当说明，由于承包商在投标时，计日工作的报价不影响他的评标总价，所以，一般计日工作的报价较高。在工程施工过程中，造价管理者应尽量少用或不用计日工这种形式，因为大部分采用计日工作形式实施的工程，也可以采用工程变更的形式。

2. 工程量清单以外项目

（1）动员预付款

当承包商按照合同约定提交一份保函后，业主应支付一笔预付款，作为用于动员的无息贷款。预付款总额、分期预付的次数和时间安排（如次数多于一次），及使用的货币和比例，应遵照投标书附录中的规定。

工程师收到承包商期中付款证书申请规定的报表，以及业主收到：①按照履约担保要求提交的履约担保；②由业主批准的国家（或其他司法管辖区）的实体，以专用条款所附格式或业主批准的其他格式签发的，金额和货币种类与预付款一致的保函后，应发出期中付款证书，作为首次分期预付款。

在还清预付款前，承包商应确保此保函一直有效并可执行，但其总额可根据付款证书列明的承包商付还的金额逐渐减少。如果保函条款中规定了期满日期，而在期满日期前28天预付款未还清时，承包商应将保函有效期延至预付款还清为止。

预付款应通过付款证书中按百分比扣减的方式付还。除非投标书附录中规定其他百分比。扣减应从确认的期中付款（不包括预付款、扣减款和保留金的付还）累计额超过中标合同金额减去暂列金额后余额的百分之十（10%）时的付款证书开始；扣减应按每次付款证书中的金额（不包括预付款、扣减额和保留金的付还）的四分之一（25%）的摊还比率，并按预付款的货币和比例计算，直到预付款还清为止。

如果在颁发工程接收证书前，或按照由业主终止、由承包商暂停和终止，或不可抗力的规定终止前，预付款尚未还清，则全部余额应立即成为承包商对业主的到期付款。

（2）材料设备预付款

材料、设备预付款一般是指运至工地尚未用于工程的材料设备预付款。对承包商买进并运至工地的材料、设备，业主应支付无息预付款，预付款按材料设备的某一比例（通常为发票价的 80%）支付。在支付材料设备预付款时，承包商需提交材料、设备供应合同或订货合同的影印件，要注明所供应材料的性质和金额等主要情况；材料已运到工地并经工程师认可其质量和储存方式。

材料、设备预付款按合同中的规定从承包商应得的工程款中分批扣除。扣除次数和各次扣除金额随工程性质不同而异，一般要求在合同规定的完工日期前至少 3 个月扣清，最好是当材料设备用完时，该材料设备的预付款扣还完毕。

（3）保留金

保留金是为了确保在施工阶段，或在缺陷责任期间，由于承包商未能履行合同义务，由业主（或工程师）指定他人完成应由承包商承担的工作所发生的费用。保留金的限额一般为合同总价的 5%，从第一次付款证书开始，按投标函附录中标明的保留金百分率乘以当月末已实施的工程价值加上工程变更、法律改变和成本改变应增加的任何款额，直到累计扣留达到保留金的限额为止。

根据 FIDIC 施工合同条款（2010 年多边发展银行协调版）第 14.9 条规定，当已颁发工程接收证书时，工程师应确认将保留金的前一半支付给承包商。如果某分项工程或部分工程颁发了接收证书，保留金应按一定比例予以确认和支付。此比例应是该分项工程或部分工程估算的合同价值，除以估算的最终合同价格所得比例的五分之二（40%）。

在各缺陷通知期限的最末一个期满日期后，工程师应立即对付给承包商保留金未付的余额加以确认。如对某分项工程颁发了接收证书，保留金后一半的比例额在该分项工程的缺陷通知期限满日期后，应立即予以确认和支付。此比例应是该分项工程的估算合同价值，除以估算的最终合同价格所得比例的五分之二（40%）。

但如果在此时尚有任何工作要做，工程师应有权在这些工作完成前，暂不颁发这些工作估算费用的证书。

在计算上述的各百分比时，无需考虑法规改变和成本改变所进行的任何调整。

（4）工程变更的费用

工程变更也是工程支付中的一个重要项目。工程变更费用的支付依据是工程变更令和工程师对变更项目所确定的变更费用，支付时间和支付方式也是列入期中支付证书予以支付。

（5）索赔费用

索赔费用的支付依据是工程师批准的索赔审批书及其计算而得的款额；支付时间则随工程月进度款一并支付。

（6）价格调整费用

价格调整费用是按照合同条件规定的计算方法计算调整的款额，包括因法律改变和成本改变的调整。

（7）迟付款利息

如果承包商没有在按照合同规定的时间收到付款，承包商应有权就未付款额按月计算复利，收取延误期的融资费用。该延误期应认为从按照合同规定的支付日期算起，而不考虑颁发任何期中付款证书的日期。除非专用条件中另有规定，上述融资费用应以高出支付货币所在国中央银行的贴现率加 3 个百分点的年利率进行计算，并应用同种货币支付。

承包商应有权得到上述付款，无需正式通知或证明，且不损害他的任何其他权利或补偿。

（8）业主索赔

业主索赔主要包括拖延工期的误期损害赔偿费和缺陷工程损失等。这类费用可从承包商的保留金中扣除，也可从支付给承包商的款项中扣除。

（三）工程费用支付的程序

1. 承包商提出付款申请

工程费用支付的一般程序是首先由承包商提出付款申请，填报一系列工程师指定格式的月报表，说明承包商认为这个月应得的有关款项。

2. 工程师审核，编制期中付款证书

工程师在 28 天内对承包商提交的付款申请进行全面审核，修正或删除不合理的部分，计算付款净金额。计算付款净金额时，应扣除该月应扣除的保留金、动员预付款、材料设备预付款、违约金等。若净金额小于合同规定的期中支付的最小限额时，则工程师不需开具任何付款证书。

3. 业主支付

业主收到工程师签发的付款证书后，按合同规定的时间支付给承包商。

（四）工程支付的报表与证书

1. 月报表

月报表是指对每月完成的工程量的核算、结算和支付的报表。承包商应在每个月末后，按工程师批准的格式向工程师递交 1 式 6 份月报表，详细说明承包商自己认为有权得到的款额，以及包括按照进度报告的规定编制的相关进度报告在内的证明文件。该报表应包括下列项目：

（1）截止到月末已实施的工程和已提出的承包商文件的估算合同价值（包括各项变更，但不包括以下（2）至（7）项所列项目）；

（2）按照合同中因法律改变的调整和因成本改变的调整的有关规定，应增减的任何款额；

（3）至业主提取的保留金额达到投标书附录中规定的保留金限额（如果有）以前，用投标书附录中规定的保留金百分比计算的，对上述款项总额应减少的任何保留金额，即：保留金＝〔（1）＋（2）〕×保留金百分率；

（4）按照合同中预付款的规定，因预付款的支付和返还，应增加和减少的任何款额；

（5）按照合同中拟用于工程的生产设备和材料的规定，因生产设备和材料应增减的任何款额；

（6）根据合同或包括索赔、争端与仲裁等其他规定，应付的任何其他增加或减少额；

（7）所有以前付款证书中确认的减少额。

工程师应在收到上述月报表 28 天内向业主递交一份期中付款证书，并附详细说明。

但是在颁发工程接收证书前，工程师无需签发金额（扣减保留金和其他应扣款项后）低于投标书附录中期中付款证书的最低额（如果有）的期中付款证书。在此情况下，工程师应通知承包商。工程师可在任一次付款证书中，对以前任何付款证书作出应有的任何改正或修改。付款证书不应被视为工程师接收、批准、同意或满意的表示。

2. 竣工报表

承包商在收到工程的接收证书后 84 天内，应向工程师送交竣工报表（1 式 6 份），该报表应附有按工程师批准的格式所编写的证明文件，并应详细说明以下几点：

（1）截止到工程接收证书载明的日期，按合同要求完成的所有工作的价值；

（2）承包商认为应支付的任何其他款项，如所要求的索赔款等；

（3）承包商认为根据合同规定将应付给他的任何其他款项的估计款额。估计款额在竣工报表中应单独列出。

工程师应根据对竣工工程量的核算，对承包商其他支付要求的审核，确定应支付而尚未支付的金额，上报业主批准支付。

3. 最终报表和结清单

承包商在收到履约证书后 56 天内，应向工程师提交按照工程师批准的格式编制的最终报表草案并附证明文件，1 式 6 份，详细列出：

（1）根据合同应完成的所有工作的价值；

（2）承包商认为根据合同或其他规定应支付给他的任何其他款额。

承包商和工程师之间达成一致意见后，则承包商可向工程师提交正式的最终报表，承包商同时向业主提交一份书面结清单，进一步证实最终报表中按照合同应支付给承包商的总金额。如承包商和工程师未能达成一致，则工程师可对最终报表草案中没有争议的部分向业主签发期中支付证书。争议留待裁决委员会裁决。

4. 最终付款证书

工程师在收到正式最终报表及结清单之后 28 天内，应向业主递交一份最终付款证书，说明：

（1）工程师认为按照合同最终应支付给承包商的款额；

（2）业主以前所有应支付和应得到的款额的收支差额。

如果承包商未申请最终付款证书，工程师应要求承包商提出申请。如果承包商未能在 28 天期限内提交此类申请，工程师应按其公正决定的应支付的此类款额颁发最终付款证书。

在最终付款证书送交业主 56 天内，业主应向承包商进行支付，否则应按投标书附录中的规定支付利息。如果 56 天期满之后再超过 28 天不支付，就构成业主违规。承包商递交最终付款证书后，就不能再要求任何索赔了。

5. 履约证书

履约证书应由工程师在整个工程的最后一个区段缺陷通知期限期满之后 28 天内颁发，这说明承包商已尽其义务完成施工和竣工并修补了其中的缺陷，达到了使工程师满意的程度。至此，承包商与合同有关的实际业务业已完成，但如业主或承包商任一方有未履行的合同义务时，合同仍然有效。履约证书发出后 14 天内业主应将履约保证退还给承包商。

第六节　案例分析①

【案例一】

背景：

某城市地下工程，业主与施工单位参照 FIDIC 合同条件签订了施工合同，除税金外的合同总价为 8 600 万元，其中：现场管理费率15%，企业管理费率8%，利润率5%，合同工期 730 天。为保证施工安全，合同中规定施工单位应安装满足最小排水能力 1.5t/min 的排水设施，并安装 1.5t/min 的备用排水设施，两套设施合计 15 900 元。合同中还规定，施工中如遇业主原因造成工程停工或窝工，业主对施工单位自有机械按台班单价的 60% 给予补偿，对施工单位租赁机械按租赁费（不包括运转费用）给予补偿。

该工程施工过程中发生以下三项事件；

事件 1：施工过程中业主通知施工单位某分项工程（非关键工作）需进行设计变更，由此造成施工单位的机械设备窝工 12 天。

事件 2：施工过程中遇到了非季节性大暴雨天气，由于地下断层相互贯通及地下水位不断上升等不利条件，原有排水设施满足不了排水要求，施工工区涌水量逐渐增加，使施工单位被迫停工，并造成施工设备被淹没。

为保证施工安全和施工进度，业主指令施工单位紧急增加购买额外排水设施，尽快恢复施工，施工单位按业主要求购买并安装了两套 1.5t/min 的排水设施，恢复了施工。

事件 3：施工中发现地下文物，处理地下文物工作造成工期拖延 40 天。

就以上三项事件，施工单位按合同规定的索赔程序向业主提出索赔：

事件 1（见表 7-3）：

表 7-3　由于业主修改工程设计 12 天，造成施工单位机械设备窝工费用索赔

项　目	机械台班单价/（元/台班）	时间/天	金额/元
9m³空压机	310	12	3 720
25t 履带吊车（租赁）	1 500	12	18 000
塔吊	1 000	12	12 000
混凝土泵车（租赁）	600	12	7 200
合计			40 920

现场管理费：40 920 元×15%＝6 138 元

企业管理费：（40 920＋6 138）×8%＝3 764.64（元）

---

① 案例引自历年全国造价师执业资格考试培训教材编审委员会编《工程造价案例分析》，在局部作了适当的调整。

利润：（40 920+6 138+3 764.64）×5%＝2 541.13（元）

合计：53 363.77元

事件2：由于非季节性大暴雨天气费用索赔：

（1）备用排水设施及额外增加排水设施费：15 900÷2×3＝23 850元；

（2）被地下水淹没的机械设备损失费16 000元；

（3）额外排水工作的劳务费8 650元。

合计：48 500元

事件3：由于处理地下文物，工期、费用索赔：

延长工期40天

索赔现场管理费增加额：

现场管理费：8 600×15%＝1 290（万元）

相当于每天：1 290×10 000÷730 ＝17 671.23元/天

40天合计：17 671.23×40＝706 849.20元

问题：

1. 造价工程师对施工方机械台班运转费进行核定，结果 $9m^3$ 空压机为93元/台班，25t 履带吊车为300元/台班，塔吊为190元/台班，混凝土泵车为140元/台班。对施工单位的索赔报告进行分析，确定工期延长时间和费用该补偿的合理额。

2. 该工程施工单位报价中的综合费率为多少？

分析要点：

本案例主要考察建设工程施工合同文件的组成与主要条款、工程变更价款的确定、建设工程合同纠纷的处理、工程索赔的内容与分类、工程索赔成立的条件与证据以及工程索赔的计算与审核。

答案：

问题1：

事件1：

（1）自有机械索赔要求不合理，因合同规定业主应按自有机械使用费的60%补偿。

（2）租赁机械索赔要求不合理，因合同规定租赁机械业主按租赁费补偿。

（3）现场管理费、企业管理费索赔要求不合理。因分项工程窝工没有造成全工地的停工。

（4）利润索赔要求不合理，因机械窝工并未造成利润的减少。

造价工程师核定的索赔费用为：

3 720元×60%＝2 232（元）（自有设备 $9m^3$ 空压机）

18 000−300×12＝14 400（元）（租赁设备25t 履带吊车）

12 000×60%＝7 200（元）（自有设备塔吊）

7 200−140×12＝5 520（元）（租赁设备混凝土泵车）

2 232+14 400+7 200+5 520＝29 352（元）

事件2：

（1）可索赔额外增加的排水设施费。

（2）可索赔额外增加的排水工作劳务费。

核定的索赔费用应为：

15 900+8 650＝24 550（元）

事件3：

应同意40天工期延长，因地下文物处理是有经验的承包商不可预见的（或：地下文物处理是业主应承担的风险）。

现场管理费应补偿额为：

现场管理费：860 000 000÷（1.15×1.08×1.05）×0.15＝9 891 879.46（元）

每天的现场管理费：9 891 879.46÷730＝13 550.52（元）

应补偿的现场管理费：13 550.52×40＝542 020.80（元）

问题2：

该施工单位报价中的综合费率为：1.15×1.08×1.05−1＝30.41%

【案例二】

背景：

某施工单位（乙方）与某建设单位（甲方）签订了建造无线电发射试验基地施工合同。合同工期为38天。由于该项目急于投入使用，在合同中规定，工期每提前（或拖后）1天奖励（或罚款）5 000元。乙方按时提交了施工方案和施工网络进度计划（如图7-11所示），并得到甲方代表的批准。

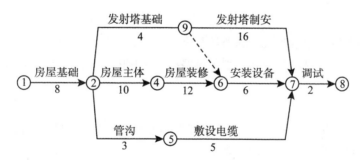

图7-11 发射塔试验基地工程施工网络进度计划（单位：天）

实际施工过程中发生了如下几项事件：

事件1：在房屋基坑开挖后，发现局部有软弱下卧层，按甲方代表指示乙方配合地质复查，配合用工为10个工日。地质复查后，根据经甲方代表批准的地基处理方案，增加直接费4万元，因地基复查和处理使房屋基础作业时间延长3天，人工窝工15个工日。

事件2：在发射塔基础施工时，因发射塔原设计尺寸不当，甲方代表要求拆除已施工的基础，重新定位施工。由此造成增加用工30工日，材料费1.2万元，机械台班费3 000元，发射塔基础作业时间拖延2天。

事件3：在房屋主体施工中，因施工机械故障，造成工人窝工8个工日，该项工作作业时间延长2天。

事件4：在房屋装修施工基本结束时，甲方代表对某项电气暗管的敷设位置是否准确有疑义，要求乙方进行剥漏检查。检查结果为某部位的偏差超出了规范允许范围，乙方根据甲方代表的要求进行返工处理，合格后甲方代表予以签字验收。该项返工及覆盖用工20个工日，材料费为1 000元。因该项电气暗管的重新检验和返工处理使安装设备的开始作业时间推迟了1天。

事件5：在敷设电缆时，因乙方购买的电缆线材质量差，甲方代表令乙方重新购买合格线材。由此造成该项工作多用人工8个工日，作业时间延长4天，材料损失费8 000元。

事件6：鉴于该工程工期较紧，经甲方代表同意乙方在安装设备作业过程中采取了加快施工的技术组织措施，使该项工作作业时间缩短2天，该项技术组织措施费为6 000元。

其余各项工作实际作业时间和费用均与原计划相符。

问题：

1. 在上述事件中，乙方可以就哪些事件向甲方提出工期补偿和费用补偿要求？为什么？

2. 该工程的实际施工天数为多少天？可得到的工期补偿为多少天？工期奖罚款为多少？

3. 假设工程所在地人工费标准为30元/工日，应由甲方给予补偿的窝工人工费补偿标准为18元/工日，该工程综合取费率为30%。则在该工程结算时，乙方应该得到的索赔款为多少？

分析要点：

该案例主要考核工程索赔成立的条件与索赔责任的划分，工期索赔、费用索赔计算与审核。分析该案例时，要注意网络计划关键路线，工作的总时差、自由时差等相关概念。

答案：

问题1：

对于事件1，乙方可以提出工期补偿和费用补偿要求，因为地质条件变化属于甲方应承担的责任，且该项工作位于关键线路上。

对于事件2，乙方可以提出费用补偿要求，不能提出工期补偿要求，因为发射塔设计位置变化是甲方的责任，由此增加的费用应由甲方承担，但该项工作的拖延时间（2天）没有超出其总时差（8天）。

对于事件3，乙方不能提出工期和费用补偿要求，因为施工机械故障属于乙方应承担的责任。

对于事件4，乙方不能提出工期和费用补偿要求，因为乙方应该对自己完成的产品质量负责。甲方代表有权要求乙方对已覆盖的分项工程剥离检查，检查后发现质量不合格，其费用由乙方承担；工期也不补偿。

对于事件5，乙方不能提出工期和费用补偿要求，因为乙方应该对自己购买的材料质量和完成的产品质量负责。

对于事件6，乙方不能提出补偿要求，因为通过采取施工技术组织措施使工期提前，可按合同规定的工期奖罚办法处理，因赶工而发生的施工技术组织措施费应由乙方承担。

问题 2：

（1）通过对图 7-11 的分析，该工程施工网络进度计划的关键线路为①-②-④-⑥-⑦-⑧，计划工期为 38 天，与合同工期相同。将图 7-3 中所有各项工作的持续时间均以实际持续时间代替，计算结果表明：关键线路不变（仍为①-②-④-⑥-⑦-⑧），实际工期为 42 天。

（2）将图 7-11 中所有由甲方负责的各项工作持续时间延长天数加到原计划相应工作的持续时间上，计算结果表明：关键线路亦不变（仍为①-②-④-⑥-⑦-⑧），工期为 41 天。41-38＝3（天），所以，该工程可补偿工期天数为 3 天。

（3）工期罚款为：［42-（38+3）］×5 000＝5 000（元）

问题 3：

乙方应该得到的索赔款有：

（1）由事件 1 引起的索赔款：（10×30+40 000）×（1+30%）+15×18＝52 660（元）

（2）由事件 2 引起的索赔款：（30×30+12 000+3 000）×（1+30%）＝20 670（元）

所以，乙方应该得到的索赔款为：52 660+20 670＝73 330（元）

本章小结

工程量的计量与调整和工程变更价款的确定是施工阶段工程造价确定的两个关键因素。控制的要点在于明确由实际值产生的偏差。同时，由于具体施工过程中的施工条件与环境多端变化，设计状况与实际施工过程的差异容易导致纠纷，索赔在所难免，索赔控制也是施工过程中造价（投资）控制的一个重要方面。在明确产生偏差的基础上，有针对性地采取纠偏措施。

复习思考题

1. 简述施工阶段投资控制的工作流程。
2. 工程计量的依据和方法有哪些？
3. 工程价款现行结算办法和动态结算办法有哪些？
4. 简述工程变更价款的确定办法。
5. 简述索赔费用的一般构成和计算方法。
6. 投资偏差的原因有哪些？投资偏差分析的方法有哪些？

第八章　建设项目竣工验收及后评价阶段工程造价管理

工程项目竣工验收是建设程序的最后一个阶段，是全面检查和考核合同执行情况、检验工程建设质量和投资效益的重要环节。国家规定：所有建设项目按批准的设计文件所规定的内容建成，工业项目经负荷运转和试生产考核，能够生产合格产品；非工业项目符合设计要求，能够正常使用。所有建设项目都要及时组织验收，进行项目的竣工结算和竣工决算。有效地控制这一阶段的工程造价，对项目最后造价的确认具有重要意义。

第一节　竣工验收

一、竣工验收的概念

建设项目的验收一般分为初步验收和竣工验收两个阶段，对于规模较大、较复杂的工程项目，先进行初步验收，然后进行全部建设工程项目的竣工验收，对于规模较小，较简单的工程项目，可以一次进行全部工程项目的竣工验收。

（一）初步验收

施工单位在单位工程交工前，应进行初步验收工作，单位工程竣工后，施工单位再按照国家规定，整理好文件、技术资料，向建设单位提出竣工报告，建设单位收到报告后，应及时组织施工、设计和使用等有关单位进行初步验收。

（二）竣工验收

整个建设项目全部完成后，经过各单位工程的验收，符合设计条件，并具备施工图、竣工决算、工程总结等必要性文件，由项目主管部门或建设单位组织验收。竣工验收是对建设成果和投资效果的总检验，凡新建、扩建、改建的基本建设项目和技术改造项目，按批准的设计文件所规定的内容建成，符合验收标准的，要及时组织竣工验收，办理固定资产移交手续。

二、竣工验收的条件和依据

（一）组织竣工验收的条件

竣工项目必须达到以下基本条件，才能组织竣工验收：

1. 工程项目按照工程合同规定和设计图纸要求全部施工完毕（生产性工程和辅助性工程已按设计要求建设完成），达到国家规定的质量标准，能够满足生产和使用要求。

2. 交工工程达到窗明、地净、水通、灯亮及采暖通风设备正常运转。

3. 主要工艺设备已安装配套，经联动负荷试车合格，构成生产线，形成生产能力，能够生产出设计文件中所规定的产品。

4. 职工宿舍和其他必要的生活福利设施能适应初期的需要。

5. 生产准备工作能适应投产初期的需要。

6. 建筑物周围 2 m 以内的场地清理完毕。

7. 竣工决算已完成。

8. 技术档案资料齐全，符合交工要求。

在坚持竣工验收基本条件的基础上，通常对于具备下列条件的工程项目，也可报请竣工验收：一是房屋室外在住宿小区内的管线已经全部完成，但个别不属承包商施工范围的市政配套设施尚未完成，因而造成房屋尚不能使用的建筑工程，承包商可办理竣工验收手续；二是非工业项目中的房屋工程已建成，只是电梯尚未到货或晚到货而未安装，或虽已安装但不能与房屋同时使用，承包商可办理竣工验收手续；三是工业项目中的房屋建筑已经全部完成，只是因为主要工艺设计变更或主要设备未到货，只剩下设备基础未做，承包商也可办理竣工验收手续。

（二）竣工验收的依据

竣工项目除了必须符合国家规定的竣工标准外，还应该以下列文件作为竣工验收的依据：

1. 项目的可行性研究报告、计划任务书及有关文件。

2. 上级主管部门的有关工程竣工的文件和规定。

3. 业主与承包商签订的工程承包合同（包括合同条款、规范、工程量清单、设计图纸、设计变更、会议纪要等）。

4. 国家现行的施工验收规范。

5. 建筑安装工程统计规定。

6. 凡属从国外引进的新技术或成套设备的工程项目，除上述文件外，还应按照双方签订的合同和国外提供的设计文件进行验收。

三、竣工验收的内容

项目竣工验收的内容包括提交竣工资料、建设单位组织检查和鉴定、进行设备的单体试车设备测试和办理工程交接手续。

（一）提交竣工资料

在竣工验收时，承包单位应向建设单位提供下列资料：

1. 工程项目开工报告；

2. 工程项目竣工报告；

3. 图纸会审和设计交底纪要；

4. 设计变更通知单；

5. 技术变更核实单；

6. 工程质量事故发生后调查和处理资料；

7. 水准点位置、定位测量记录、沉降及位移观测记录；

8. 材料、设备、构件的质量合格证明资料；

9. 材料、设备、构件的试验、检验报告；

10. 隐蔽工程验收记录及施工日志；

11. 设备试车记录；

12. 竣工图；

13. 质量检验评定资料；

14. 未完工程项目一览表（如果有未完工程在交工使用后一段时间内可暂缓交工的项目）。

（二）建设单位组织检查和鉴定

（三）进行设备的单体试车、无负荷联动试车及有负荷联动试车

1. 单体试车就是按规程分别对机器和设备进行单体试车。单体试车由承包单位自行组织。

2. 无负荷联动试车就是在单体试车以后，根据设计要求和试车规则进行的。通过无负荷的联动试车检查仪表、设备以及介质的通路，如油路、水路、气路、电路、仪表等是否畅通，有无问题；在规定的时间内，如果未发生问题，就认为试车合格。无负荷联动试车一般由承包单位组织，建设单位、监理工程师等参加。

3. 有负荷联动试车就是在无负荷联动试车合格后，由建设单位组织承包商等参加；近来又以总包主持、安装单位负责、建设单位参加的形式进行的。不论是由谁主持，这种试车都要达到运转正常，生产出合格产品，参数符合规定，才算负荷联动试车合格。

（四）办理工程交接手续

检查鉴定和负荷联动试车合格后，合同双方签订交接验收证书，逐项办理固定资产移交，根据承包合同的规定办理工程决算手续。除注明承担的保修工作内容外，双方的经济关系和法律责任可予以解除。

四、竣工验收的程序

工程项目竣工验收工作范围较广，涉及的单位、部门和人员多，为了有计划、有步骤

地做好各项工作，保证竣工验收的顺利进行，按照竣工验收工作的特点和规律，应事先制定出竣工验收进度计划。其基本环节包括以下内容：

1. 承包单位进行竣工验收准备工作。主要任务是围绕着工程实物的硬件方面和工程竣工验收资料的软件方面做好准备。

2. 承包单位内部组织自验收或初步验收。

3. 承包单位提出工程竣工验收申请，报告驻场工程师或业主代表。

4. 工程师（或业主代表）对竣工验收申请做出答复前的预验和核查。

5. 正式竣工验收会议。

以上过程如图 8-1 所示。

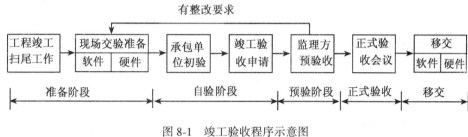

图 8-1 竣工验收程序示意图

五、竣工验收的组织

（一）成立竣工验收委员会或验收组

根据工程规模大小和复杂程度组成验收委员会或验收组，其人员构成应由银行、物资、环保、劳动、统计、消防及其他有关部门的专业技术人员和专家组成。建设主管部门和建设单位（业主）、接管单位、施工单位、勘察设计单位也应参加验收工作。

大、中型和限额以上建设项目及技术改造项目，由国家计委或国家计委委托项目主管部门、地方政府部门组织验收；小型和限额以下建设项目及技术改造项目，由项目主管部门或地方政府部门组织验收。

（二）验收委员会或验收组的职责

验收委员会或验收组的职责包括以下几个方面：

1. 负责审查工程建设的各个环节，听取各有关单位的工作报告。

2. 审阅工程档案资料，实地检验建筑工程和设备安装工程情况。

3. 对工程设计、施工、设备质量、环境保护、安全卫生、消防等方面客观地、实事求是地作出全面的评价。签署验收意见，对遗留问题应提出具体解决方案并限期落实完成。不合格工程不予验收。

第二节　竣工决算

一、竣工决算

(一) 竣工决算的概念

竣工决算是指项目竣工后,由建设单位报告项目建设成果和财务状况的总结性文件,是考核其投资效果的依据,也是办理交付、动用、验收的依据。

建设项目竣工决算包括从筹划到竣工投产全过程的全部实际费用,即包括建筑工程费用、安装工程费用、设备工器具购置费用和工程建设其他费用以及预备费等。

项目竣工时,应编制项目竣工决算财务决算。建设周期长、建设内容多的项目,单项工程竣工,具备交付使用条件的,可编制单项工程竣工财务决算。项目全部竣工后应编制竣工财务总决算。

(二) 竣工决算的作用

项目竣工后要及时编制竣工决算,竣工决算主要有以下几个方面的作用:

1. 有利于节约建设项目投资。及时编制竣工决算,据此办理新增固定资产移交转账手续,是缩短建设周期,节约基建投资的主要方面。如果有些已具备交付条件或已投产使用的项目迟迟不办理移交手续,不仅不能提取固定资产折旧,并且新发生的维修费、更新改造资金以及生产职工的工资、附加工资等都要在基建投资中开支,既扩大了基本建设支出,也不利于生产管理。

2. 有利于对固定资产的管理。工程竣工决算可作为固定资产价值核定与交付使用的依据,也可作为分析和考核固定资产投资效果的依据。

3. 有利于经济核算。竣工决算可使生产企业正确计算已投入使用的固定资产折旧费,保证产品成本的真实性,合理计算生产成本和企业利益,促使企业加强经营管理,增加盈利。

4. 考核竣工项目概 (预) 算与基建计划执行情况以及分析投资效果。因为竣工决算反映了竣工项目的实际建设成本、主要原材料消耗、实际建设工期、新增生产能力、占地面积和完工的主要工程量。通过竣工决算的各项费用与设计概算中的费用指标进行比较,分析节约或超支的原因,加强投资管理。

5. 三算对比的依据。三算对比中的设计概算和施工图预算都是人们在建筑施工前不同建设阶段根据有关资料进行计算,确定拟建工程所需要的费用,属于估算范畴,竣工决算所确定的费用是工程实际支出的费用,反映投资效果。

6. 有利于总结建设经验。通过编制竣工决算,全面清理财务,做到工完账清,便于及时总结建设经验,积累各项技术经济资料,不断改进基本建设管理工作,提高投资效果。

（三）竣工结算与竣工决算的关系

建设项目竣工决算是以工程竣工结算为基础进行编制的，是在整个建设项目竣工结算的基础上，加上从筹建开始到工程全部竣工有关基本建设的其他工程费用支出，便构成了建设项目竣工决算的主体。它们的区别主要表现在以下几个方面：

1. 编制单位不同：竣工结算是由施工单位编制的，竣工决算是由建设单位编制的。

2. 编制范围不同：竣工结算主要是针对单位工程编制的，每个单位工程竣工后，便可以进行编制，而竣工决算是针对建设项目编制的，必须在整个建设项目全部竣工后，才可以进行编制。

3. 编制作用不同：竣工结算是建设单位和施工单位结算工程价款的依据，是核对施工企业生产成果和考核工程成本的依据，是建设单位编制建设项目竣工决算的依据。而竣工决算是建设单位考核基本建设投资效果的依据，是正确确定固定资产价值的依据。

（四）竣工决算编制依据

建设项目竣工决算的编制依据包括以下几个方面：

1. 建设项目计划任务书和有关文件。

2. 建设项目总概算书和单项工程综合概算书。

3. 建设项目图纸及说明，其中包括总平面图、建筑工程施工图、安装工程施工图及有关资料。

4. 设计交底和图纸会审会议记录。

5. 招标、投标的标底，承包合同及工程结算资料。

6. 施工记录或施工签证单及其他施工中发生的费用，例如：索赔报告和记录等。

7. 项目竣工图及各种竣工验收资料。

8. 设备、材料调价文件和调价记录。

9. 历年基建资料、历年财务决算及批复文件。

10. 国家和地方主管部门颁发的有关建设工程竣工决算的文件。

（五）竣工决算编制的程序

项目建设完工后，建设单位应及时按照国家有关规定，编制项目竣工决算。其编制程序一般是：

1. 搜集、整理和分析有关资料

在编制竣工决算文件前，必须准备一套完整齐全的资料，这是准确、迅速编制竣工决算的必要条件，在工程竣工验收阶段，应注意收集资料，系统地整理所有的技术资料、工程结算的经济文件、施工图纸和各种变更与签证资料，并分析它们的准确性。

2. 清理各项账务、债务和结余物资

在搜集、整理和分析有关资料过程中，要特别注意建设项目从筹建到竣工投产的全部费用的各项账务、债务和债权的清理，做到工完账清。对结余的各种材料、工器具和设备要逐项清点核实，妥善管理，并按规定及时处理，收回资金。

3. 分期建设的项目，应根据设计的要求分期办理竣工决算。单项工程竣工后应尽早办理单项工程竣工决算，为建设项目全面竣工决算积累资料。

4. 在实地验收合格的基础上，根据前面所陈述的有关结算的资料写出竣工验收报告，填写有关竣工决算表，编制完成竣工决算。

5. 上报主管部门审批

将决算文件上报主管部门审批，同时抄送有关设计单位。

（六）竣工决算的内容

建设项目竣工决算应包括从筹建到竣工投产全过程的全部实际支出费用，竣工决算由竣工决算报告说明书、竣工决算报表、建设项目竣工图、工程造价比较分析四个部分组成。

1. 竣工财务决算报告说明书

竣工财务决算报告说明书反映竣工项目建设成果和经验，是全面考核工程投资与造价的书面总结文件，是竣工决算报告的重要组成部分，其主要内容包括：

（1）建设项目概况，对工程总的评价

从工程的进度、质量、安全和造价四个方面进行分析说明。对于工程进度主要说明开工和竣工时间、对照合理工期和要求工期是提前还是延期。对于工程质量要根据竣工验收委员会或相当于一级质量监督部门的验收部门的验收评定等级，合格率和优良品率进行说明。对于工程安全要根据劳动工资和施工部门记录，对有无设备和人身事故进行说明。对于工程造价应对照概算造价，说明是节约还是超支，并用金额和百分率进行分析说明。

（2）资金来源及运用等财务分析

主要包括工程价款结算、会计财务的处理、财产物资情况及债权债务的清偿情况。

（3）基本建设收入、投资包干结余、竣工结余资金的上交分配情况

通过对基本建设投资包干情况的分析，说明投资包干数、实际支用数和节约额、投资包干节余的有机构成和包干节余的分配情况。

（4）各项经济技术指标的分析

概算执行情况分析，根据实际投资完成额与概算进行对比分析；新增生产能力分析，说明支付使用财产占总投资额的比例、占支付使用财产的比例，不增加固定资产的造价占投资总额的比例，分析有机构成和成果。

（5）工程建设的经验及项目管理和财务管理工作以及竣工财务决算中有待解决的问题。

（6）决算和概算的差异及原因分析

（7）需要说明的其他事项。

2. 竣工财务决算报表

竣工财务决算报表根据大中型建设项目和小型建设项目分别制定。大中型项目是指经营性项目投资额在 5 000 万元以上、非经营性项目投资额在 3 000 万元以上的建设项目。大中型项目竣工财务决算表包括：建设项目竣工财务决算审批表；大中型建设项目概况；大中型建设项目竣工财务决算表、大中型建设项目交付使用资产总表；建设项目交付使用资产明细表。小型建设项目竣工财务决算报表包括建设项目竣工财务决算审批表、竣工财务决算总表、建设项目交付使用资产明细表等。

大中型建设项目和小型建设项目竣工财务决算报表构成如下：

$$
\text{大中型项目竣工财务决算表组成}
\begin{cases}
\text{建设项目竣工财务决算审批表} \\
\text{大中型项目概况} \\
\text{大中型建设项目竣工财务决算表} \\
\text{大中型建设项目交付使用资产总表} \\
\text{建设项目交付使用财产明细表}
\end{cases}
$$

$$
\text{小型项目财务决算表组成}
\begin{cases}
\text{建设项目竣工财务决算审批表} \\
\text{建设项目竣目财务决算总表} \\
\text{建设项目交付使用财产明细表}
\end{cases}
$$

（1）建设项目竣工财务决算审批表

建设项目竣工财务决算审批表在竣工决算上报有关部门审批时使用，大、中、小型项目均按要求填写此项目。具体见表 8-1 所示。

表 8-1　　　　　　　　　　　　　**建设项目竣工财务决算审批表**

建设项目法人（建设单位）	建设性质
建设项目名称	主管部门
开户银行意见： 盖　章 年　月　日	
专员办审批意见： 盖　章 年　月　日	
主管部门或地方财政部门审批意见： 盖　章 年　月　日	

表中建设性质按新建、扩建、改建、迁建和恢复建设项目等分类填列。主管部门是指建设单位的主管部门。所有建设项目均需先经开户银行签署意见后，按照有关要求进行报批：中央级小型项目由主管部门签署审批意见；中央级大中型项目报所在地财政监察专员办事机构签署意见后，再由主管部门签署意见报财政部审批；地方级项目由同级财政部门签署审批意见。

已具备竣工验收条件的项目，3 个月内应及时填报审批表，如 3 个月内不办理竣工验收和固定资产移交手续的视同项目已正式投产，其费用不得从基本建设投资中支付，所实现的收入作为经营收入，不再作为基本建设收入管理。

（2）大中型建设项目概况表

大中型建设项目概况表是反映建设项目总投资、建设起止时间、建设投资支出、新增生产能力、主要材料消耗和主要技术经济指标等方面的设计或概算数以及实际完成的情况，见表 8-2 所示。

表 8-2 　　　　　　　　　　　　　　　　大中型建设项目概况表

建设项目(单项工程)名称		建设地址		基本建设支出	项目	概算(元)	实际(元)	备注
主要设计单位		主要施工企业			建筑安装工程投资			
					设备、工具、器具			
占地面积	设计 / 实际	总投资(万元)	设计 / 实际		待摊投资			
					其中:建设单位管理费			
新增生产能力	能力(效益)名称	设计	实际		其他投资			
					待核销基建支出			
建设起止时间	设计 从 年 月开工至 年 月竣工				非经营项目转出投资			
	实际 从 年 月开工至 年 月竣工				合计			
设计概算批准文号								

完成主要工程量	建设规模		设备(台、套、吨)	
	设计	实际	设计	实际

收尾工程	工程项目、内容	已完成投资额	尚需投资额	完成时间

具体内容和填写要求如下：

建设项目名称、建设地址、主要设计单位和主要施工单位，应按全称填写。

各项目的设计、概算、计划指标是指经批准的设计文件和概算、计划等确定的指标数据。

表中所列新增生产能力、完成主要工程量、主要材料消耗的实际数据，要根据建设单位统计资料和承包人提供的有关成本核算资料中的数据填列。

基建支出是指建设项目从开工起至竣工发生的全部基建支出，包括形成资产价值的交付使用资产，即固定资产、流动资产、无形资产、递延资产支出，以及不形成资产价值按规定应该核销的非经营性项目的待核销基建支出和转出投资。

表中所列"初步设计和概算批准文号"，按最后经批准的文件号填列。

收尾工程是指全部工程项目验收后还遗留的少量收尾工程。在此表中应明确填写收尾工程内容、完成时间、尚需投资额，可根据具体情况进行并加以说明，完工后不再编制竣工决算。

（3）大中型建设项目竣工财务决算表

大中型建设项目竣工财务决算表反映建设项目的全部资金来源和资金占用情况，是考核和分析投资效果的依据。此表采用平衡表形式，即资金来源合计等于资金支出合计，具体见表8-3。

表8-3　　　　　　　　　　　**建设项目竣工财务决算总表**

建设项目名称：××建设项目　　　　　　　　　　　　　　　　单位：万元

项目资金来源	金额	项目资金占用	金额	补充资料
一、基建拨款		一、基本建设支出		
1. 预算拨款		1. 交付使用资产		1. 基建投资借款期末余额
2. 基建基金拨款		2. 在建工程		
其中：国债专项资金拨款		3. 待核销基建支出		
3. 专项建设资金拨款		4. 非经营性项目转出投资		
4. 进口设备转账拨款		二、应收生产单位投资借款		
5. 器材转账拨款		三、拨付所属投资借款		2. 应收生产单位投资借款期末数
6. 煤代油专用基金拨款		四、器材		
7. 自筹资金拨款		其中：待处理器材损失		
8. 其他拨款		五、货币资金		
二、项目资本金		六、预付及应收款		
1. 国家资本		七、有价证券		3. 基建结余资金
2. 法人资本		八、固定资产		
3. 个人资本		固定资产原值		
三、项目资本公积金		减：累计折旧		
四、基建借款		固定资产净值		
其中：国债转贷		固定资产清理		
五、上级拨入投资借款		待处理固定资产损失		

续表

项目资金来源	金额	项目资金占用	金额	补充资料
六、企业债券资金				
七、待冲基建支出				
八、应付款				
九、未交款				
1. 未交税金				
2. 未交基建收入				
3. 未交基建包干结余				
4. 其他未交款				
十、上级拨入资金				
十一、留成收入				
合　计		合　计		

资金来源包括基建拨款、项目资本金、项目资本公积金、基建借款、上级拨入投资借款、企业债券资金、待冲基建支出、应付款和未交款以及上级拨入资金和企业留成收入等。

资金支出反映建设项目从开工准备到竣工全过程的资金支出的全面情况。具体内容包括建设支出、应收生产单位投资借款、库存器材、货币资金、有价证券、有价证券和预付及应收款以及拨付所属投资借款和库存固定资产等，资金支出总额等于资金来源总额。

基建结余资金是指竣工时的结余资金，应根据竣工财务决算表中有关项目计算填列，基建结余资金计算公式为：

基建结余资金=基建拨款+项目资本+项目资本公积金+基建借款+企业债券资金+待冲基建支出-基本基建支出-应收生产单位投资借款

表中"交付使用资产"、"预算拨款"、"自筹资金拨款"、"其他拨款"、"项目资本"、"基建投资借款"、"其他借款"等项目，是指自开工建设至竣工的累计数，上述有关指标根据历年批复的年度基本建设财务决算和竣工年度的基本建设财务决算中资金平衡表相应项目的数字进行汇总填写。

（4）大、中型建设项目交付使用资产总表

交付使用资产总表是反映建设项目建成后，交付使用新增固定资产、流动资产、无形资产和递延资产的全部情况及价值，作为财产交接、检查投资计划完成情况和分析投资效果的依据，具体见表8-4所示。小型项目不编制"交付使用资产总表"，直接编制"交付使用资产明细表"，大中型项目在编制"交付使用资产总表"的同时，还需编制"交付使用资产明细表"。

表8-4　　　　　　　　　　　　　大、中型建设项目交付使用资产总表

序号	单项工程项目名称	总计	固 定 资 产				流动资产	无形资产	其他资产
			合计	建安工程	设备	其他			
1	2	3	4	5	6	7	8	9	10

交付单位：　　　　　　负责人：　　　　　　接收单位：　　　　　　负责人：

盖章　　　　年 月 日　　　　　　盖章　　　　年 月 日

大中型建设项目交付使用资产总表具体编制方法如下：

①表中各栏目数据应根据交付使用资产明细表中的固定资产、流动资产、资产、递延资产的汇总数分别填写，表中总计栏的总计数应与竣工财务决算表中的交付使用资产的金额一致。

②表中第2、4栏，第8、9、10栏的合计数据应分别与竣工财务决算表交付使用的固定资产、流动资产、无形资产、其他资产的数据相符。

（5）建设项目交付使用资产明细表

大、中型和小型建设项目均要填写此表，该表是交付使用财产总表的具体化，反映交付使用固定资产、流动资产、无形资产和递延资产的详细内容，是使用单位建立资产明细账和登记新增资产价值的依据，见表8-5所示。

表8-5　　　　　　　　　　建设项目交付使用资产明细表

单项工程名称	建筑工程			设备、工具、器具、家具						流动资产		无形资产		其他资产	
	结构	面积（m²）	价值（元）	名称	规格型号	单位	数量	价值（元）	设备安装费（元）	名称	价值（元）	名称	价值（元）	名称	价值（元）
合　计															

表中"建筑工程"项目应按单项工程名称填列其结构、面积和价值，其中"结构"是指项目按钢结构、钢筋混凝土结构、混合结构等结构形式填写；面积则按各项目实际完成面积填列；价值按交付使用资产的实际价值填列。

表中固定资产部分要逐项盘点填列；工具、器具和家具等低值易耗品，可分类填写。

各项合计数应与交付使用资产总表一致。

（6）小型建设项目竣工财务决算总表

小型建设项目竣工财务决算总表是大、中型建设项目概况表与竣工财务决算表合并而成的，主要反映小型建设项目的全部工程和财务情况，具体见表8-6所示，可参照大、中型建设项目概况表指标和大、中型建设项目竣工财务决算的指标口径填列。

3. 建设项目竣工图

建设竣工图是真实地记录各种地上地下建筑物、构筑物等情况的技术文件，是工程项目进行交工验收、维护、改建和扩建的依据，是国家的重要技术档案。国家规定：各项新建、扩建、改建拆基本建设工程，特别是基础、地下建筑、管线、结构、井巷、洞室、桥梁、隧道、港口、水坝以及设备安装等隐蔽部位，都要编制竣工图。为确保竣工图质量，必须在施工过程中（不能在竣工后）及时做好隐蔽工程检查记录，整理好设计变更文件。按图施工没有变动的，由施工单位在原施工图上加盖竣工图标志后即作为竣工图，施工过程中虽有一般性设计变更，但能在原施工图中加以修改补充作为竣工图的可不重新绘制，由施工单位在原施工图上注明修改的部分，附以说明，加盖竣工图标志后，作为竣工图。有重大改变不宜在原施工图上修改补充的，应重新绘制修改后的竣工图，由施工单位在新图上加盖竣工图标志作为竣工图。

4. 工程造价比较分析

在竣工决算报告中必须对控制工程造价所采取的措施、效果以及其动态的变化进行认真的比较分析，总结经验教训。批准的概算是考核建设工程造价的依据，在分析时，可将决算报表中所提供的实际数据和相关资料与批准的概算、预算指标进行对比，以确定竣工项目总造价是节约还是超支，在比较的基础上，总结经验教训，找出原因，以利于改进。

为考核概算执行情况，正确核实建设工程造价，首先财务部门必须积累概算动态变化资料，如材料价差、设备价差、人工价差、费率价差以及对工程造价有重大影响的设计变更资料；其次，考查竣工形成的实际工程造价节约或超支的数额，为了便于进行比较，可先对比整个项目的总概算，之后对比单项工程的综合概算和其他工程费用概算，最后再对比单位工程概算，并分别将建筑安装工程、设备、工器具购置和其他基建费用逐一与项目竣工决算编制的实际工程造价进行对比，找出节约或超支的具体环节，实际工作中，应主要分析以下内容：

（1）主要实物工程量。概预算编制的主要实物工程量的增减必然使工程概预算造价和竣工决算实际工程造价随之增减，因此要认真对比分析和审查建设项目的建设规模、结构、标准、工程范围等是否遵循批准的设计文件规定，其中有关变更是否按照规定的程序办理，它们对造价的影响如何。对实物工程量出入较大的项目，还必须查明原因。

（2）主要材料消耗量。在建筑安装工程投资中，材料费一般占直接工程费70%以上，因此考核材料费的消耗是重点。在考核主要材料消耗量时，要按照竣工决算表中所列三大材料实际超概算的消耗量，查清是在哪一个环节超出量最大，并查明超额消耗的原因。

（3）建设单位管理费、建筑安装工程其他直接费、现场经费和间接费。要根据竣工决算报表中所列的建设单位管理费与概预算所列的建设单位管理费数额进行比较，确定其节约或超支数额，并查明原因。对于建筑安装工程其他直接费、现场经费和间接费的费用

表 8-6

小型建设项目竣工财务决算总表

建设项目名称				建设地址		
初步设计概算批准文号						
占地面积	计划					
	实际					
总投资(万元)	计划	固定资产				
		流动资金				
	实际	固定资产				
		流动资金				
新增生产能力(效益)名称	设计					
	计划					
	实际					
建设起止时间	计划	从 年 月 日开工至 年 月 日竣工				
	实际	从 年 月 日开工至 年 月 日竣工				

基建支出	项目	概算(元)	实际(元)
	建筑安装工程		
	设备 工具 器具		
	待摊投资 其中:建设单位管理费		
	其他投资		
基建支出	待核销基建支出		
	非经营性项目转出投资		
	合 计		

资金来源		资金运用	
项 目	金额(万元)	项 目	金额(万元)
一、基建拨款 其中:预算拨款		一、交付使用资产	
二、项目资本		二、待核销基建支出	
三、项目资本公积		三、非经营项目转出投资	
四、基建借款		四、应收生产单位投资借款	
五、上级拨入借款		五、拨付所属投资借款	
六、企业债券资金		六、器材	
七、待冲基建支出		七、货币资金	
八、应付款 九、未交款 其中:未交基建收入 未交包干收入		八、预付及应收款	
十、上级拨入资金		九、有价证券	
十一、留成收入		十、原有固定资产	
合 计		合 计	

项目的取费标准，国家和各地均有统一的规定，要按照有关规定查明是否多列费用项目，有无重计、漏计、多计的现象以及增减的原因。

以上所列内容是工程造价对比分析的重点，应侧重分析，但对具体项目应进行具体分析，究竟选择哪些内容作为考核、分析重点，应因地制宜，视项目的具体情况而定。

（七）竣工决算的编制

竣工决算编制完成后，在建设单位或委托咨询单位自查的基础上，应及时上报主管部门并抄送有关部门审查，必要时，应经有权机关批准的社会审计机构组织的外部审查。大中型建设项目的竣工决算，必须报该建设项目的批准机关审查，并抄送省、自治区、直辖市市财政厅、局和国家财政部审查。

竣工决算的审查一般从以下几方面进行：

1. 审查竣工决算的文字说明是否实事求是，有无掩盖问题的情况。

2. 审查工程建设的设计概算、年度建设计划执行情况、设计变更情况以及是否有超计划的工程和无计划的档案馆所工程，工程增减有无业主与施工企业的双方签证。

3. 审查各项支出是否符合规章制度，有无乱挤乱摊以及扩大开支范围和铺张浪费等问题。

4. 审查报废工程损失、非常损失等项目是否经有权机关批准。

5. 审查工程建设历年财务收支是否与开户银行账户收支额相符。

6. 审查工程建设拨款、借贷款，交付使用财产应核销投资、转出投资，应核销其他支出等项的金额是否与历年财务决算中有关项目的合计数额相符。

7. 应收、应付的每笔款项是否全部结清。

8. 工程建设应摊销的费用是否已全部摊销。

9. 应退余料是否已清退。

10. 审查工程建设有无结余资金和剩余物资，数额是否真实，处理是否符合有关规定等。

二、新增资产价值的确认

（一）新增资产价值的分类

竣工决算是办理交付使用财产价值的依据。正确核定新增资产价值，不但有利于建设项目交付使用后的财务管理，而且可为建设项目经济后评估提供依据。

根据新的财务制度和企业会计准则，新增资产按资产性质可分为固定资产、流动资产、无形资产、其他资产等，不同资产其确认方式也不同。

（二）新增固定资产价值的确定

固定资产是指使用期限在一年及一年以上，单位价值在规定标准以上，并且在使用过程中保持原有物质形态的资产，包括房屋及建筑物、机电设备、运输设备、工具器具等。

新增固定资产是建设项目竣工投产后所增加的固定资产价值，是以价值形态表示的固定资产投资最终成果的综合性指标。新增固定资产包括已经投入生产或交付使用的建筑安装工程造价、达到固定资产标准的设备工器具的购置费用、增加固定资产价值的其他费用，包括土地征用及迁移补偿费、联合试运转费、勘察设计费、项目可行性研究费、施工机构迁移费、报废工程损失、建设单位管理费等。

新增固定资产价值的计算应以单项工程为对象，单项工程建成经有关部门验收鉴定合格后，正式移交生产或使用，即应计算其新增固定资产价值。一次性交付生产或使用的工程一次计算新增固定资产价值，分期、分批交付生产或使用的工程，应分期、分批计算新增固定资产价值。

计算新增加固定资产价值时应注意以下几种情况：

对于为了提高产品质量、改善劳动条件、节约材料消耗、保护环境而建设的附属辅助工程，只要全部建成，正式验收或交付使用后就要计入新增固定资产价值。

对于单项工程中不构成生产系统，但能独立发挥效益的非生产性工程，如住宅、食堂、医务所、托儿所、生活服务网点等，在建成并交付使用后，也要计算新增固定资产价值。

凡购置达到固定资产标准不需安装的设备、工器具，应在交付使用后计入新增固定资产价值。

属于新增固定资产的其他投资，应随同受益工程交付使用时一并计入。

（三）流动资产价值的确定

流动资产是指可以在一年内或超过一年的一个营业周期内变现或者运用的资产，包括现金及各种存货、应收及预付款项等。

（1）货币资金：即现金、银行存款和其他货币资金（包括在外埠存款、还未收到的在途资金、银行汇票和本票等资金），一律按实际入账价值核定计入流动资产。

（2）应收及预付款项，包括应收票据、应收账款、其他应收款、预付货款和待摊费用。一般情况下，应收及预付款项按企业销售商品、产品或提供劳务时的实际成交金额入账核算。

（3）各种存货应按照取得时的实际成本计价。存货的形成主要有外购和自制两种途径，外购的按照买价加运输费、装卸费、保险费、途中合理损耗、入库前加工、整理及挑选费用以及缴纳的税金等计价；自制的，按照制造过程中的各项实际支出计价。

（4）短期投资包括股票、债券、基金。股票和债券根据是否可以上市流通分别采用市场法和收益法确定其价值。

（四）无形资产价值的确定

无形资产是指企业长期使用但不具有实物形态的资产，包括专利权、商标权、著作权、土地使用权、非专利技术、商誉等。无形资产的计价，原则上应按取得时的实际成本计价。企业取得无形资产的途径不同，所发生的支出不一样，无形资产的计价也不相同。新财务制度按下列原则来确定无形资产的价值：

投资者将无形资产作为资本金或者合作条件投入的，按照评估确认或合同协议约定的金额计价；

购入的无形资产，按照实际支付的价款计价；

企业自创并依法申请取得的，按开发过程中的实际支出计价；

企业接受捐赠的无形资产按照发票账单所写金额或者同类无形资产市场价作价。

由于无形资产很多，不同的无形资产其计价也不同：

（1）专利权的计价。专利权分为自创和外购两类。对于自创专利权，其价值为开发过程中的实际支出，主要包括专利的研究开发费用、专利登记费用、专利年费和法律诉讼费等各项费用；外购专利权的费用主要包括转让价格和手续费，由于专利是具有专有性并能带来超额利润的生产要素，因而其转让价格不按其成本估价，而是依据其所能带来的超额收益来估价。

（2）非专利技术的计价。如果非专利技术是自创的，一般不得作为无形资产入账，自创过程中发生的费用，新财务制度允许作当期费用处理，这是因为非专利技术自创时难以确定是否成功，这样处理符合稳健性原则。购入非专利技术时，应由法定评估机构确认后再进一步估价，往往通过其产生的收益来进行估价，其基本思路同专利权的计价方法。

（3）商标权的计价。如果是自创的，尽管商标设计、制作注册和保护、广告宣传都要花费一定的费用，但它们一般不作为无形资产入账，而直接作为销售费用计入当期损益。只有当企业购入和转让商标时，才需要对商标权计价，商标权的计价一般根据被许可方新增的收益来确定。

（4）土地使用权的计价。根据取得土地使用权的方式，计价有两种情况：一种是建设单位向土地管理部门申请土地使用权并为之支付一笔出让金，在这种情况下，应作为无形资产进行核算；另一种是建设单位获得土地使用权是原先通过行政划拨的，这时就不能作为无形资产核算，只有在将土地使用权有偿转让、出租、抵押、作价入股和投资，按规定补交土地出让价款时，才能作为无形资产核算。

（五）其他资产价值的确定

其他资产是指不能全部计入当年损益，应在以后年度内分期摊销的各项费用，包括开办费、租入固定资产的改良支出等。

1. 开办费的计价

开办费指在筹建期间发生的费用，包括筹建期间人员工资、办公费、培训费、差旅费、印刷费、注册登记费以及不计入固定资产和无形资产购建成本的汇兑损益、利息等支出。根据新财务制度的规定，除了筹建期间不计入资产价值的汇兑净损失外，开办费从企业开始生产经营月份的次月起，按照不短于5年的期限平均摊入管理费用。

2. 以经营租赁方式租入的固定资产改良工程支出的计价

以经营租赁方式租入的固定资产改良工程支出应在租赁有效期限内分期摊入制造费用或管理费用中。

其他资产包括特准储备物资等，主要以实际入账价值核算。

第三节 质量保证金的处理

一、缺陷责任期的概念和期限

（一）缺陷责任期的概念

缺陷责任期是指承包人对已交付使用的合同工程承担合同约定的缺陷修复责任的期

限，其实质就是预留质保金的一个期限，一般由发承包双方在合同中约定。

根据国务院颁布的《建设工程质量管理条例》规定，建设工程承包单位在向建设单位提交工程竣工验收报告时，应向建设单位出具质量保修书，质量保修书中应明确建设工程的保修范围、保修期限和保修责任等。

保修期是发承包双方在工程质量保修书中约定的期限。保修期自实际竣工日期起计算。保修的期限按照保证建筑物合理寿命期内正常使用、维护使用者合法权益的原则确定。

根据《建设工程质量管理条例》，建设工程的保修期限为：

1. 基础设施工程、房屋建筑的地基基础工程和主体结构工程，为设计文件规定的该工程的合理使用年限；

2. 屋面防水工程、有防水要求的卫生间、房间和外墙面的防渗漏，为 5 年；

3. 供热与供冷系统，为 2 个采暖期、供冷期；

4. 电气管线、给排水管道、设备安装和装修工程，为 2 年。

（二）缺陷责任期的期限

缺陷责任期一般为 6 个月、12 个月或 24 个月，具体可由发承包双方在合同中约定。

缺陷责任期从工程通过竣工验收之日起计。由于承包人原因导致工程无法按规定期限进行竣工验收的，缺陷责任期从实际通过竣工验收之日起计。由于发包人原因导致工程无法按规定期限进行竣工验收的，在承包人提交竣工验收报告 90 日后，工程自动进入缺陷责任期。

（三）缺陷责任期内的维修及费用承担

1. 保修责任

缺陷责任期内，属于保修范围、内容的项目，承包人应当在接到保修通知之日起 7 天内派人保修。发生紧急抢修事故的，承包人在接到事故通知后，应当立即到达事故现场抢修。质量保修完成后，由发包人组织验收。

2. 费用承担

由他人及不可抗力原因造成的缺陷，发包人负责维修，承包人不承担费用，且发包人不得从保证金中扣除费用。如发包人委托承包人维修的，发包人应该支付相应的维修费用。

发承包双方就缺陷责任有争议时，可以请有资质的单位进行鉴定，责任方承担鉴定费用并承担维修费用。

缺陷责任期内，由承包人原因造成的缺陷，承包人应负责维修，并承担鉴定及维修费用，如承包人不维修也不承担费用，发包人可按合同约定扣除保留金，并由承包人承担违约责任。承包人维修并承担相应费用后，不免除对工程的一般损失赔偿责任。

二、质量保证金的使用及返还

（一）质量保证金的含义

建设工程质量保证金（以下简称保证金）是指发包人和承包人在建设工程承包合同

中约定，从应付的工程款中预留，用以保证承包人在缺陷责任期（即质量保修期）内对建设工程出现的缺陷进行维修的资金。缺陷是指建设工程质量不符合工程建设强制标准、设计文件以及承包合同的约定。

（二）质量保证金预留及管理

发包人应按照合同约定的质量保证金比例从结算款中扣留质量保证金。全部或部分使用政府投资的建设项目，按工程价款结算总额5%左右的比例预留保证金，社会投资项目采用预留保证金方式的，预留保证金的比例可以参照执行。

缺陷责任期内，实行国库集中支付的政府投资项目，保证金的管理按照国库集中支付的有关规定执行。其他政府投资项目，保证金可以预留在财政部门或发包方。社会投资项目采用预留保证金方式的，发承包双方可以约定将保证金交由金融机构托管；采用工程质量保证担保、工程质量保险等其他方式的，发包人不得再预留保证金，并按照有关规定执行。

承包人未按照合同约定履行属于自身责任的工程缺陷修复义务的，发包人有权从质量保证金中扣留用于缺陷修复的各项支出。

（三）质量保证金的返还

在合同约定的缺陷责任期终止后的14天内，发包人应将剩余的质量保证金返还给承包人。剩余质量保证金的返还，并不能免除承包人按照合同约定应承担的质量保修责任和应履行的质量保修义务。

第四节　建设项目后评价阶段工程造价管理

一、项目后评价的概念和特点

（一）项目后评价的概念

广义的后评价是对过去的活动或现在正在进行的活动进行回顾、审查，是对某项具体决策或一组决策的结果进行评价的活动。后评价包括宏观和微观两个层面。宏观层面是对整个国民经济、某一部门或经济活动中某一方面进行评价，微观层面是对某个项目或一组项目规划进行评价。

项目后评价是微观层面上的概念，它是指在项目建成投产运营一段时间后，对项目的立项决策、建设目标、设计施工、竣工验收、生产经营全过程所进行的系统综合分析及对项目产生的财务、经济、社会和环境等方面的效益和影响及其持续性进行客观全面的再评价。通过项目后评价，全面总结投资项目的决策、实施和运营情况，分析项目的技术、经济、社会、环境影响，考察项目投资决策的正确性以及投资项目达到理想效果的程度，把后评价信息反馈到未来项目中去，为新的项目宏观导向、政策和管理程序反馈信息；同时分析项目在决策、实施、经营中出现的问题，总结经验教训，并提出改进意见与对策，从而达到提高投资效益的目的。

（二）项目后评价特点

项目后评价与前评价相比，一般具有以下特点：

1. 广泛性。任何大中型投资项目一般综合性都比较强，如兴建一个电力企业，其投资领域极其广泛，按工作内容分，包括电力的生产、输送、分配等；按建设性质分，包括基础性建设、公益性建设、竞争性建设等。因此，后评价涉及的内容一般较多，范围较广，评价过程中运用的学科知识和方法也就极其广泛，对后评价人员的素质要求较高。

2. 特殊性。不同的投资项目，后评价的内容也各不相同，具有各自的特殊性。如电力企业以生产电力为主，大量的投资是用于电力工程新建、改造等项目，这类项目投资多、风险大，因而后评价必须有重点有针对地进行，才能起到监控投资决策、提高投资效益的目的。

3. 全面性。项目后评价需要对项目投资全过程和投产运营过程进行全面分析，从项目经济效益、社会效益和环境影响等诸多方面进行全面评价，所需的资料要收集齐全，包括设计任务书、计划任务书、前期论证、概（预）算、计划、项目施工情况的实际资料以及投产运营情况等资料。

4. 反馈性。项目后评价的最主要特点是具有反馈性。通过建立项目管理信息系统，对项目各个阶段的信息进行交流和反馈，为后评价提供资料，同时也把项目后评价的结果反馈到决策部门，作为新项目的立项和评估的基础，以及调整投资规划和政策的依据。

二、项目后评价阶段的工程造价考核指标

项目后评价阶段主要通过一些指标的计算和对比来分析项目实施中的造价偏差，从而衡量项目实际建设效果。

（一）项目前期和实施阶段后评估指标

1. 实际项目决策周期变化率

实际项目决策周期变化率表示实际项目周期与预计项目决策周期相比的变化程度，计算公式为：

$$项目决策周期变化率 = \frac{实际项目决策周期 - 预计项目决策周期}{预计项目决策周期}$$

2. 竣工项目定额周期率

竣工项目定额周期率反映项目实际建设工期与国家统一制定的定额工期或确定计划安排的计划工期的偏离程度，计算公式为：

$$竣工项目定额周期率 = \frac{竣工项目实际工期}{竣工项目计划工期} \times 100\%$$

3. 实际建设成本变化率

实际成本变化率反映项目实际建设成本与批准预算所规定的建设成本的偏离程度，计

算公式为:

$$实际项目成本变化率 = \frac{实际建设成本 - 预计建设成本}{预计建设成本} \times 100\%$$

4. 实际投资总额变化率

实际投资总额变化率反映实际投资总额与项目前评估中预计的投资总额偏差的大小,计算公式为:

$$实际投资总额变化率 = \frac{实际投资总额 - 预计投资总额}{预计投资总额} \times 100\%$$

(二) 项目营运阶段后评估指标

1. 实际单位生产能力投资

实际单位生产能力投资反映竣工项目的实际投资效果,计算公式为:

$$实际单位生产能力投资 = \frac{竣工验收项目实际投资总额}{竣工验收项目实际生产能力}$$

2. 实际投资利润率

实际投资利润率是指项目达到实际生产后的年实际利润总额与项目实际投资的比率,也是反映建设项目投资效果的一个重要指标。

$$实际投资利润率 = \frac{实际投资利润}{实际投资总额} \times 100\%$$

3. 实际投资利润变化率

实际投资利润变化率反映项目实际投资利润率与预测投资利润率的偏差。

$$实际投资利润变化率 = \frac{实际投资利润率 - 预计投资利润率}{预计投资利润率} \times 100\%$$

4. 实际净现值 (RNPV)

实际净现值 (RNPV) 是反映项目生命周期内获利能力的动态评价指标,表示项目投产后在一定基准折现率下的净现值。

$$RNPV = \sum_{t=0}^{n} \frac{RCI - RCO}{(1 + i_k)^t}$$

式中:RNPV——实际净现值;

　　　RCI——项目实际净现金流入;

　　　RCO——项目实际净现金流出;

　　　i_k——根据实际情况确定的折现率;

　　n——项目生命周期。

5. 实际内部收益率 (RIRR)

实际内部收益率 (RIRR) 是根据项目实际发生的净现金流计算的各年净现金流量现值为零的折现率。

$$\sum_{t=0}^{n} \frac{RCI - RCO}{(1 + RIRR)^t} = 0$$

第五节 案例分析①

【案例一】

背景：

某工程项目业主采用工程量清单招标方式确定了承包人，双方签订了工程施工合同，合同工期4个月，开工时间为2011年4月1日。该项目的主要价款信息及合同付款条款如下（均为税前价）：

（1）承包商各月计划完成的分部分项工程费、措施项目费见表8-7。

表8-7 各月计划完成的分部分项工程费、措施项目费 单位：万元

月 份	4月	5月	6月	7月
计划完成分部分项工程费	55	75	90	60
措施项目费	8	3	3	2

（2）措施项目费为160 000元，在开工后的前两个月平均支付。

（3）其他项目清单中包括专业工程暂估价和计日工，其中专业工程暂估价为180 000元；计日工表中包括数量为100个工日的某工种用工，承包商填报的综合单价为120元/工日。

（4）工程预付款为合同价的20%，在开工前支付，在最后两个月平均扣回。

（5）工程价款逐月支付，经确认的变更金额、索赔金额、专业工程暂估价、计日工金额等与工程进度款同期支付。

（6）业主按承包商每次应结算款项的90%支付。

（7）工程竣工验收后结算时，按总造价的5%扣留质量保证金。

（8）规费综合费率为3.55%，综合税率为3.41%。

施工过程中，各月实际完成工程情况如下：

（1）各月均按计划完成计划工程量。

（2）5月业主确认计日工35个工日，6月业主确认计日工40个工日。

（3）6月业主确认原专业工程暂估价款的实际发生分部分项工程费合计为80 000元，7月业主确认原专业工程暂估价款的实际发生分部分项工程费合计为70 000元。

（4）6月由于业主设计变更，新增工程量清单中没有的一个分部分项工程，经业主确

---

① 案例引自历年全国造价执业资格考试培训教材编审委员会编《工程造价案例分析》，局部作了适当调整。

认的人工费、材料费、机械费之和为 100 000 元，措施项目费 10 000 元，参照其他分部分项工程量清单项目确认的管理费费率为 10%（以人工费、材料费、机械费之和为计费基础），利润率为 7%（以人工费、材料费、机械费、管理费之和为计费基础）。

（5）6 月因监理工程师要求对已验收合格的某分项工程再次进行质量检验，造成承包商人员窝工费 5 000 元，机械闲置费 2 000 元，该分项工程持续时间延长 1 天（不影响总工期）。检验表明该分项工程质量合格。为了提高质量，承包商对尚未施工的后续相关工作调整了模板形式，造成模板费用增加 10 000 元。

问题：

1. 该工程预付款是多少？

2. 每月完成的分部分项工程量价款是多少？承包商应得工程价款是多少？

3. 若承发包双方如约履行合同，列式计算 6 月末累计已完成的工程价款和累计已实际支付的工程价款。

4. 填写答题纸上承包商 2011 年 6 月的"工程款支付申请表"（见表 8-8）

（计算过程与结果均以元为单位，结果取整）

分析要点：

（1）根据案例背景材料确定项目的合同价以及工程预付款率，从而求出工程预付款额。

（2）工程量清单中，分部分项工程费、措施项目费以及其他项目费中未包含规费和税金，计算分部分项工程费、措施项目费以及其他项目费应将规费、税金加上。

（3）根据合同规定，保证金要扣留，注意确定扣留基数，预付款需扣回。业主按每月承包商的工程款的 90% 支付进度款。

答案：

问题 1：

（1）分部分项工程费：

550 000+750 000+900 000+600 000＝2 800 000（元）

（2）措施项目费：

8 000+3 000+3 000+2 000＝160 000（元）

（3）其他项目费：

180 000+100×120＝192 000（元）

合同价：（2 800 000+160 000+192 000）×1.035 5×1.034 1＝3 375 195（元）

预付款：3 375 195×20%＝675 039（元）

问题 2：

4 月：

（1）分部分项工程量价款：

550 000×1.035 5×1.034 1＝588 946（元）

（2）应得工程款：

（550 000+80 000）×1.035 5×1.034 1＝674 611（元）

674 611×（1－10%）＝607 150（元）

5月：

（1）分部分项工程量价款：

750 000×1.035 5×1.034 1＝803 108（元）

（2）应得工程款：

（750 000+80 000+35×120）×1.035 5×1.034 1＝893 270（元）

893 270×（1－10%）＝803 943（元）

6月：

（1）分部分项工程量价款：

900 000×1.035 5×1.034 1＝963 729（元）

（2）应得工程款：

①本周期已完成的计工日金额：

40×120×1.035 5×1.034 1＝5 140（元）

②本周期应增加的变更金额：

（100 000×1.1×1.07+10 000）×1.035 5×1.034 1＝136 743（元）

③本周期应增加的索赔金额：

（5 000+2 000）×1.035 5×1.034 1＝7 486（元）

④专业工程暂估价实际发生金额：

80 000×1.035 5×1.034 1＝85 665（元）

小计：963 729+5 140+136 743+7 486＝235 044（元）

（963 729+235 044）×（1－10%）－675 039/2＝741 376（元）

7月：

（1）分部分项工程量价款：

600 000×1.035 5×1.034 1＝642 486（元）

（2）应得工程款：

（600 000+70 000）×1.035 5×1.034 1＝717 443（元）

717 443×（1－10%）－675 039/2＝308 179（元）

问题3：

（1）6月末累计已完成的工程价款：

550 000+750 000+900 000＝2 200 000（元）

80 000+30 000+30 000＝140 000（元）

4 200+219 500＝223 700（元）

（2 200 000+140 000+223 700）×1.035 5×1.034 1＝2 745 237（元）

（2）6月末累计已实际支付的工程价款：

675 039+607 150+803 943＝2 086 132（元）

问题 4：

表 8-8　　　　　　　　　　　　　**工程款支付申请表**

工程名称：　　　　　　　　标段：　　　　　　　　编号：

致：_____（发包人全称）

我方于 2011 年 6 月 1 日至 2011 年 6 月 30 日期间已完成了_____工作，根据施工合同的约定，现申请支付本期的工程款额为（大写）柒拾肆万壹仟叁佰柒拾陆元，（小写）741 376 元，请予以核准。

序号	名　称	金额/元	备注
1	累计已完成的工程价款	2 745 237	
2	累计已实际支付的工程价款	2 086 132	
3	本周期已完成的工程价款	1 230 897	
4	本周期已完成的计日工金额	5 140	
5	本周期应增加的变更金额	136 743	
6	本周期应增加的索赔金额	7 496	
7	本周期应抵扣的预付款	337 520	
8	本周期应扣减的质保金	—	
9	本周期应增加的其他金额	85 665	
10	本周期实际应支付的工程价款	741 376	

【案例二】

背景：

某工程项目由 A、B、C、D 四个分项工程组成，采用工程量清单招标确定中标人，合同工期 5 个月，承包人费用部分数据见表 8-9。

表 8-9　　　　　　　　　　**承包费用部分数据**

分部分项工程名称	计量单位	数量	综合单价
A	m³	5 000	50 元/m³
B	m³	750	400 元/m³
C	t	100	5 000 元/t
D	m²	1 500	350 元/m²
措施项目费	110 000 元		
其中：通用措施项目费用	60 000 元		
专用措施项目费用	50 000 元		
暂列金额	100 000 元		

合同中有关费用支付条款如下：

（1）开工前发包人向承包人支付部分合同价（扣除措施项目费和暂列金）的15%作为材料预付款。预付款从工程开工后的第2个月开始分3个月均摊抵扣。

（2）工程进度款按月结算，发包方每月支付承包方应得工程款的90%。

（3）通用措施项目工程款在开工前和材料预付款同时支付，专用措施项目费在开工后第1个月末支付。

（4）分项工程累计实际完成工程量超过（或减少）计划完成工程量的10%时，该分项工程超出部分的工程量的综合单价调整系数为0.95（或1.05）。

（5）承包人报价管理费率取10%（以人工费、材料费、机械费之和为基数），利润率取7%（以人工费、材料费、机械费和管理费之和为基数）。

（6）规费综合费率为7.5%（以分部分项工程费、措施项目费、其他项目费之和为基数），综合税率为3.35%。

（7）竣工结算时，发包人按总造价的5%扣留质量保证金。

各月计划和实际完成工程量如表8-10所示。

表8-10 各月计划和完成工程量

		第1月	第2月	第3月	第4月	第5月
A	计划	2 500	2 500			
	实际	2 800	2 500			
B	计划		375	375		
	实际		400	450		
C	计划			50	50	
	实际			50	60	
D	计划				750	750
	实际				750	750

施工过程中，4月份发生了如下事件：

（1）发包人确定某项临时工程计日工50工日，综合单价60元/工日；所需某种材料120m²，综合单价100元/m²；

（2）由于设计变更，经发包人确认的人工费、材料费、机械费共计30 000元。

问题：

1. 工程合同价为多少元？

2. 材料预付款、开工前发包人应拨付的措施项目工程款为多少元？

3. 1~4月每月发包人应拨付的工程进度款各为多少？

4. 5月份办理竣工结算，工程实际总造价和竣工结算款各为多少元？

分析要点：

（1）工程量清单中，分部分项工程费、措施项目费以及其他项目费中未包含规费和税金，计算分部分项工程费、措施项目费以及其他项目费应将规费税金加上。

（2）根据合同规定，保证金要扣留，注意确定扣留基数，预付款需扣回。业主按每月承包商的工程款的90%支付进度款。

答案：

问题1：

分部分项工程费用=5 000×50+750×400+100×5 000+1500×350=1 575 000（元）

措施项目费=110 000（元）

暂列金额=100 000（元）

工程合同价=（1 575 000+110 000+100 000）×（1+7.5%）×（1+3.35%）=1 983 157（元）

问题2：

材料预付款=1 575 000×（1+7.5%）×（1+3.35%）×15%=262 477（元）

开工前发包人应拨付的通用措施项目工程款：

60 000×（1+7.5%）×（1+3.35%）×90%=59 995（元）

问题3：

（1）第1个月承包人完成工程款（含专业措施项目工程款）：

（2 800×50+50 000）×（1+7.5%）×（1+3.35%）=211 092（元）

第一个月发包人应拨付的工程款为：211 092×90%=189 983（元）

（2）第二个月A分项工程累计完成工程量：

2 800+2 500=5 300（m³）

（5 300−5 000）÷5 000=6%<10%

承包人完成工程款：（2 500×50+400×400）×（1+7.5%）×（1+3.35%）=316 639（元）

第2个月发包人应拨付的工程款为：

316 639×90%−262 477÷3=197 483（元）

（3）第3个月B分项工程累计完成工程量：

400+450=850（m³）

（850−750）÷750=13.33%>10%

超过10%部分的工程量：850−750×（1+10%）=25（m³）

超过部分的工程量结算综合单价：400×0.95=380（元/m³）

B分项工程款：[25×380+（400−25）×400]×（1+7.5%）×（1+3.35%）=199 427（元）

C分项工程款：50×5 000×（1+7.5%）×（1+3.35%）=277 753（元）

承包人完成工程款：199 427+277 753=477 180（元）

第3个月发包人应拨付的工程款为：

477 180×90%−262 477÷3=341 970（元）

（4）第4个月C分项工程累计完成工程量：

$50+60=110(t)$

$(110-100)÷100=10\%$

承包人完成分项工程款：

$(60×5\,000+750×350)×(1+7.5\%)×(1+3.35\%)=624\,945(元)$

计日工费用：$(60×50+120×100)×(1+7.5\%)×(1+3.35\%)=16\,665(元)$

变更款：$30\,000×(1+10\%)×(1+7\%)×(1+7.5\%)×(1+3.35\%)=39\,230(元)$

承包人完成工程款：$624\,945+16\,665+39\,230=680\,840(元)$

第4个月发包人应拨付的工程款为：

$680\,840×90\%-262\,477÷3=525\,264(元)$

问题4：

(1)第5个月承包人完成工程款：

$750×350×(1+7.5\%)×(1+3.35\%)=291\,641(元)$

(2)工程实际造价：

$60\,000×(1+7.5\%)×(1+3.35\%)+(211\,092+316\,639+477\,180+680\,840+291\,641)=$
$2\,044\,053(元)$

(3)竣工结算款：

$2\,044\,053×(1-5\%)-(262\,477+59\,995+189\,983+197\,483+341\,970+525\,264)=364\,679$
(元)

说明：为了简便计算，案例中计取的是综合税率。实际竣工结算时应按实际发生的增值税计入。

【案例三】

背景：

某建设项目自筹资金为400万元，银行贷款本息460.5万元，中央预算投资78.3万元，地方预算投资50万元，在建设期内完成建筑工程280万元，安装工程80万元，需安装设备360万元，不需要安装设备52.1万元，生产器具18.6万元，其中达到固定资产标准的为8.6万元，其他投资完成：建设单位管理费30万元，土地征用费90万元，勘察设计费25万元，专利费9万元，生产职工培训费5万元，待处理固定资产损失3万元，库存器材33.1万元，货币资金结余3万元。

问题：

1. 建设项目竣工决算的组成内容包括哪些？

2. 试根据已知数据填写该项目竣工财务决算表。

解： 竣工决算的内容包括竣工决算报表、竣工决算报告说明书、竣工图及工程造价比较分析。

根据有关数据，建设项目竣工财务决算总表见表8-11。

表 8-11　　　　　　　　　　　　**建设项目竣工财务决算总表**

建设项目名称：××建设项目　　　　　　　　　　　　　　　　　　　单位：万元

项目资金来源	金额	项目资金占用	金额	补充资料
一、基建拨款	528.3	一、基本建设支出	941.1	
1. 预算拨款	128.3	1. 交付使用资产	941.1	
2. 基建基金拨款		2. 在建工程		1. 基建投资借款期末余额
其中：国债专项资金拨款		3. 待核销基建支出		
3. 专项建设资金拨款		4. 非经营性项目转出投资		
4. 进口设备转账拨款		二、应收生产单位投资借款		
5. 器材转账拨款		三、拨付所属投资借款		2. 应收生产单位投资借款期末数
6. 煤代油专用基金拨款		四、器材	33.1	
7. 自筹资金拨款	400	其中：待处理器材损失		
8. 其他拨款		五、货币资金	3	
二、项目资本金		六、预付及应收款		3. 基建结余资金
1. 国家资本		七、有价证券		
2. 法人资本		八、固定资产	11.6	
3. 个人资本		固定资产原值		
三、项目资本公积金		减：累计折旧		
四、基建借款	460.5	固定资产净值	8.6	
其中：国债转贷		固定资产清理		
五、上级拨入投资借款		待处理固定资产损失	3	
六、企业债券资金				
七、待冲基建支出				
八、应付款				
九、未交款				
1. 未交税金				
2. 未交基建收入				
3. 未交基建包干结余				
4. 其他未交款				
十、上级拨入资金				
十一、留成收入				
合　计	988.8	合　计	988.8	

本章小结

工程项目竣工验收是建设程序的最后一个阶段，是全面检查和考核合同执行情况、检验工程建设质量和投资效益的重要环节。竣工验收包括初步验收和竣工验收两个阶段，初步验收由施工单位自己组织，竣工验收由主管部门或建设单位组织。

竣工结算是指一个单位工程或单项工程完工后，经业主及工程质量监督部门验收合格，在交付使用前由施工单位根据合同价格和实际发生的增加或减少费用的变化等情况进行编制，并经业主或其委托方签认的，以表达该工程最终造价为主要内容，作为结算工程价款依据的经济文件，一般由施工单位编制。在竣工结算中要体现量差和价差。

竣工决算是指项目竣工后，由建设单位报告项目建设成果和财务状况的总结性文件，是考核其投资效果的依据，也是办理交付、动用、验收的依据。竣工结算和竣工决算的编制单位、编制范围、编制作用不同。竣工决算由竣工决算报告说明书、竣工决算报表、竣工工程平面示意图、工程造价比较分析4部分组成。大中型项目与小型项目的决算报表也不同。

因为建设项目在竣工验收后仍可能存在质量缺陷和隐患，在使用过程中才能逐步暴露出来，需要在使用过程中检查观测和维修。保修费用是指对建设工程在保修期限和保修范围内所发生的维修、返工等各项费用支出。由于建设项目情况比较复杂，不像其他商品那样单一，有些问题往往是由于多种原因造成的。因此，在费用的处理上必须根据造成问题的原因以及具体返修内容，按照国家有关规定和合同文件与有关单位共同商定处理办法。

复习思考题

1. 简述竣工验收的基本内容和程序。
2. 简述竣工结算和竣工决算的关系。
3. 竣工结算和竣工决算的依据分别是什么？
4. 大中型建设项目和小型建设项目的竣工决算有何区别？
5. 分析竣工决算的内容和程序。
6. 新增固定资产价值如何确定？
7. 保修费用如何处理？
8. 某施工单位承包某工程项目，甲乙双方签订的关于工程价款合同内容有：

(1) 建筑安装工程造价800万元，主要材料费占施工产值的比重50%；

(2) 预付备料款为建筑安装工程造价的20%；

(3) 工程进度款逐月计算；

(4) 材料价差调整按规定进行(按有关规定上半年材料价差上调10%，在6月份一次调整)。

工程各月实际完成产值见下表所示。

月份	1月	2月	3月	4月	5月	6月
完成产值	60	100	150	240	180	210

问：

(1)通常竣工结算的前提是什么？

(2)该工程的预付备料款、起扣点为多少？

(3)该工程1至6月，每月拨付工程款为多少，累计工程款为多少？

(4)6月份办理工程竣工结算，该工程结算造价为多少？甲方应付工程尾款为多少？

第九章 工程造价管理软件的应用

随着计算机应用技术和信息技术的快速发展，工程造价管理工作也发生了质的飞跃。人们从借助纸笔、计算器和定额编制概预算转变为借助造价软件及网络平台来完成询价、报价等工程造价管理工作。在工程造价管理领域应用计算机，可以大幅度地提高工程造价管理工作效率，提升建筑业信息化水平，帮助企业建立完整的工程资料库，进行各种历史资料的整理与分析，及时发现问题，改进有关的工作程序，从而为造价的科学管理与决策起到良好的促进作用。

第一节 概述

从 20 世纪 60 年代开始，工业发达国家已经开始利用计算机做估价工作，这比我国要早 10 年左右。它们的造价软件一般都重视已完工程数据的利用、价格管理、造价估计和造价控制等方面。由于各国的造价管理具有不同的特点，造价软件也体现出不同的特点，这也说明了应用软件的首要原则应是满足用户的需求。

目前工程造价软件在全国的应用已经比较广泛，并且已经取得了巨大的社会效益和经济效益，随着面向全过程的工程造价管理软件的应用和普及，它必将为企业和全行业带来更大的经济效益，也必将为我国的工程造价管理体制改革起到有力的推动作用。

（一）工程造价软件的发展

我国早期在编制工程预算时，完全靠纸笔、定额册，编制一个工程的预算，单单从工程量计算入手，套定额、工料分析、调价差、计算费用到完成预算书的编制，必须花费多天时间，计算过程繁琐枯燥，工作量大，且预算结果较为固定。

管理软件在我国工程造价管理领域的使用最早可以追溯到 1973 年，当时著名的数学家华罗庚在沈阳就曾试过使用计算机编制工程概预算。随后，全国各地的定额管理机关及教学单位、大型建筑公司也都尝试过开发概预算软件，而且也取得了一定的成果，但多数软件的作用就是完成简单的数学运算和表格打印，故没能形成大规模推广应用。

进入 20 世纪 80 年代后期，随着计算机应用范围的扩大，国内已有不少功能全面的工程造价管理软件，当时计算机价格仍比较昂贵，计算速度慢，操作仍不够方便，有条件使用计算机的企业很少，尚不能得到普及应用，但该技术已显露出其在工程造价管理领域广阔的发展前景；到 20 世纪 90 年代，信息技术的发展使硬件价格迅速下降，企业甚至个人拥有计算机已不是很困难的事，计算机的运算速度也比以前有了突飞猛进的提高，操作更方便、直观，而且可供选择的软件种类增多了，功能和人机界面得到了很大的改善。现在国内大中城市乃至一些边远地区的造价员都能熟练地使用计算机进行工程造价管理工作，从计算工程量到完成造价文件这个过程的工作缩短到 1~2 小时就能完成，大大提高了劳动生产率，而且预算结果的表现形式多种多样，可从不同的角度进行造价的分析和组合，也可以从不同角度反映该工程造价的结果，工程造价管理软件技术的进步对造价行业的影响由此可见一斑。在这个时期，我国工程造价管理的信息技术应用进入了快速发展期，主要表现在以下几个方面：

首先，以计算工程造价为核心目的的软件飞速发展起来，并迅速在全国范围获得推广和深入应用。推广和应用最广泛的就是辅助计算工程量和辅助计算造价的工具软件。

其次，软件的计算机技术含量不断提高，语言从最早的 FOXPRO 等比较初级的语言，到现在的 DELPHI、C++、BUILDER 等，软件结构也从单机版，逐步过渡到局域网网络版（C/S 结构、客户端/服务器结构），近年更向 INTERNET 网络应用逐步发展（B/S 结构；浏览器/服务器结构）。

近期，随着互联网技术的不断发展，我国也出现了为工程造价及其相关管理活动提供信息和服务的网站。同时，随着用户业务需求的扩展，我国部分地区也出现了为行业用户提供的整体解决方案系列的产品，但这些都还处在初级阶段。

（二）工程量清单计价模式下的工程造价管理软件的应用

1. 工程量清单计价实施后给企业造价管理带来的影响

《建设工程工程量清单计价规范》已于 2003 年开始实施，2008 年和 2013 年相继更新。工程量清单计价模式充分体现了市场形成价格的竞争机制，企业必须要有应对的策略和方法，才能在日益激烈的竞争中不断发展和壮大。

《建设工程工程量清单计价规范》实施后企业出现的问题就是在投标报价时如何体现个别成本。该规范规定企业必须根据自己的施工工艺方案、技术水平、企业定额，以体现企业个别成本的价格进行自由组价，没有企业定额的可以参照政府反映社会平均水平的消耗量定额。企业要适应清单下的计价必须要对本企业的基础数据进行积累，形成反映企业施工工艺水平用以快速报价的企业定额库、材料预算价格库，对每次报价能很好进行判断分析，并能快速测算出企业的零利润成本。也就是说，在最短的时间内能测算出本企业对于某一工程项目以多少造价施工才不会发生亏损（不包括风险因素的亏损），必须在投标阶段很好地控制工程项目的可控预算成本，就是在不考虑风险的情况下，利润为零的成本。每个企业如何知道自己的个别成本，是所有企业在实行清单计价后的一大难点。

2. 清单计价后工程造价软件的应用给企业带来的机遇

在实行工程量清单计价后企业如果不形成反映自身施工工艺水平的企业定额，不进行人工、材料、机械台班含量及价格信息的积累，完全依靠政府定额是无法进行竞争的。

在建筑工程中需要积累的信息主要包括各类工程项目的企业报价、历史结算资料的积累、企业真实成本消耗资料积累、价格信息及合格供应商信息的积累、竞争对手资料的积累等。对于造价从业人员，要积累以往工程的经验数据、企业定额、行业指标库和市场信息等数据，能充分利用现代软件工具，并通晓多种能够快速准确的估价、报价的市场渠道以及厂家联络及网站信息等。这一切对管理软件在工程造价中的应用提供了很好的环境及机遇。只有靠计算机的强大储存、自动处理和信息传递功能，才能提高企业的管理水平。企业只有选择满足要求的管理软件和管理人才，才能在激烈的竞争中立于不败之地。

3. 工程量清单计价模式下软件和网络的应用

工程量清单计价方式已经在全国范围内推广，新的计价形式要求造价从业人员和广大企业要迅速地适应新环境所带来的变革，适应新环境下的竞争，并能够快速地在清单计价模式下建立自己的优势。国内一些工程造价软件公司适时推出了工程量清单整体解决方案。该类软件针对清单下的招标文件的编制提供了招标助手工具包，主要包括图形自动算量软件、钢筋抽样软件、工程量清单生成软件、招标文件快速生成软件等。

无论传统的定额计价模式还是现在的工程量清单计价模式，算"量"是核心，各方在招投标结算过程中，往往围绕"量"上做文章。国内造价人员的核心能力和竞争能力也更多地体现在"量"的计算上，而"量"的计算是最为枯燥、繁琐的。目前，一些软件开发公司开发了针对工程量清单计价规范的自动算量软件及钢筋抽样软件，通过软件对图形自动处理，实现建筑工程工程量自动计算，招标人可以直接按计算规则计算出12位编码的工程量，并全面、准确地描述清单项目。该类软件还能按自由组合的工程量清单名称进行工程量分解，达到详细精确地描述清单项目及计算工程量的目的。另外，该类软件还对措施项目清单、其他项目清单等具有满足使用要求的编辑功能。

在工程量清单编制完成后，软件既可以打印，也可以生成导出"电子招标文件"，招标文件包括工程量清单、招标须知、合同条款及评标办法。招标文件以电子文件的形式发放给投标单位，使投标单位编制投标文件时不需要重新编制工程量清单，节省了大量的时间，防止投标单位编制投标文件时可能不符合招标文件的格式要求等而造成的不必要的损失。

(三)工程造价软件的优点

工程造价软件具有以下优点：

1. 速度快、计算准确。广联达公司曾统计过这样一组数据，一根三跨的平面整体表示方法标注的梁，让624人手工计算钢筋，在20分钟能够计算出结果的只有15.224%，结果正确的只有0.32%，而经过软件应用培训后，采用软件在1分钟内能够计算出正确结果的为97.077%。10 000m²的工程，利用软件在一天内准确计算出完整工程量也已司空见惯。由此可以看到电算化给我们工作上带来的方便及普及电算化的必要性。

2. 修改、调整方便。工程造价软件运算速度快，在编制造价文件过程中，由于图纸变更等因素引起的变动，需对造价进行调整时，仅需对其中的一些原始数据进行修改，重新运算一次即可完成造价的调整，而不像手工编制造价文件那样，需对整个计算过程进行调整。

3. 成果项目齐全、完整。应用工程造价软件编制文件，除完成造价文件本身的编制外，还可以获取分层分段工程的工料分析、单位面积各种工料消耗指标、各项费用的组成比例等技术资料，为备料、施工计划和经济核算等提供大量可靠的数据。

4. 人机对话、操作简单，有利于培训新的造价技术人员。要用工程造价软件编制文件，工作人员只要能够熟悉施工图纸、合理地选用计价依据和根据对话框要求输入工程原始数据，就能独立地完成工程造价文件的编制工作。

第二节　常用工程造价管理信息系统软件介绍

20 世纪 90 年代，一些从事软件开发的专业公司开始研制工程造价软件，如武汉海文公司、海口神机公司等。预算软件有很多种，每个地区都有不同的软件，工程预算软件有广联达、鲁班、红利、英特、斯维尔算量三维算量软件、蓝博清单计价软件等，最常用的就是鲁班、三维算量软件和广联达。

一、鲁班软件

（一）鲁班软件简介

鲁班算量软件是国内率先基于 Auto CAD 图形平台开发的工程量自动计算软件，它利用 Auto CAD 强大的图形功能及 Auto CAD 的布尔实体算法，充分地考虑了我国工程造价模式的特点及未来造价模式的发展变化，可得到精确的工程量计算结果，广泛适用于建设方、承包方、审价方工程造价人员工程量的计算。

鲁班算量软件可以提高工程造价人员工作效率，减轻工作量，并支持三维显示工程；可以提供楼层、构件选择，并进行自由组合，以便进行快速检查；可以直接识别设计院电子文档(墙、梁、柱、基础、门窗表、门窗等)，建模效率高；可以对建筑平面为不规则图形设计、结构设计复杂的工程进行建模。

（二）功能介绍

鲁班软件产品包括鲁班算量软件、鲁班钢筋算量软件等产品，分别应用于建筑工程不同专业和不同的建设阶段。

1. 鲁班土建算量软件的特点

（1）技术先进

画图精度及对复杂图形的处理能力非常突出；能转化设计院电子文档；人性化交互结面设计；LBIM 全系列建筑信息模型，包含土建、安装、钢筋、室外总体和钢结构等多个专业。

（2）建模功能强大

强大的图形功能、编辑功能能快速地完成建立算量模型的过程；老虎窗、台阶、坡道及多坡屋面构建布置一键生成。

（3）数据准确

为防止用户输入错误引起的计算结果误差，软件引入了可视化校验的功能，用户每一步操作都可以通过三维立体模型，检查绘图误差或构件的扣减关系；智能检查系统用来智能检查用户可能产生的建模错误。

（4）计算规则灵活

软件内置了全国各地定额的计算规则，可靠、细致；用户还可根据自己的需要，调整各类构件的计算规则；计算规则可存为模板，其他类似工程可直接调用。

(5)计算过程可视

由于软件采用了三维立体建模的方式，工程均可以三维显示，可以最真实地模拟现实情况。例如墙、梁、板、柱、楼梯、阳台、门窗等构件，用户不仅可以看到它们的平面位置，而且可以看到它们的立体形状。具体如图9-1所示。

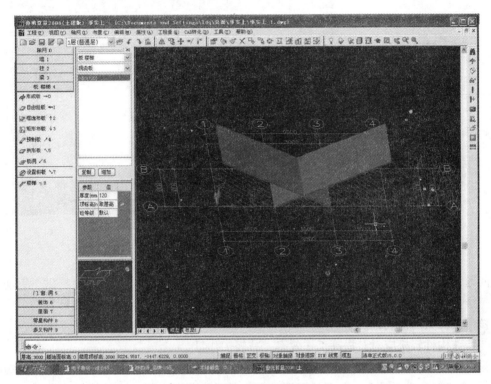

图9-1 某工程的三维显示

(6)报表功能强大

计算结果可以采用图形和表格两种方式输出，既可分门别类地输出与施工图相同的工程量标注图，用于工程量核对或用于指导生产和绘制竣工图，也可以输出工程量汇总表、明细表、计算公式表、建筑面积表等；所有输出表格用户均可以预览，可以调整；具有条件统计功能，可以指导施工生产，编制月进度报表和进行数据分析。

(7)数据结果开放

计算结果可以输出到 Excel、TXT 文件格式，对所有套价软件开放接口。

2. 鲁班钢筋算量软件的特点

①内置钢筋规范，降低用户专业门槛

鲁班钢筋(预算版)软件内置了现行的钢筋相关的规范，对于不熟悉钢筋计算的预算人员来说非常有用，可以通过软件更直观地学习规范，可以直接调整规范设置，适应各类工程情况。具体如图9-2所示。

②强大的钢筋三维显示

鲁班钢筋算量软件独创的图形法建模功能，方便、快速地解决所有构件的建模和整体

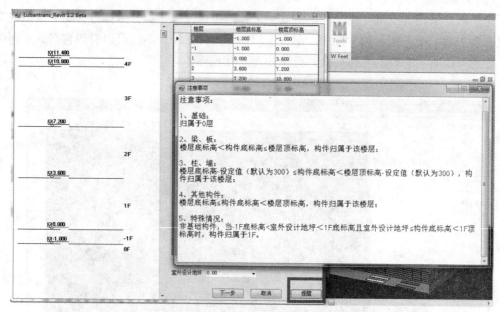

图 9-2　鲁班钢筋软件的钢筋规范设置

翻样问题，可完整显示整个工程的三维模型，查询构件布置是否出错。同时提供了钢筋实体的三维显示，可查看钢筋的复杂节点配筋情况，实现软件虚拟化施工，为计算结果检验及复核带来极大的便利性。

③特殊构件轻松应对，提高工作效率，减轻工作量

只要建好钢筋算量模型，工程量计算速度可成倍甚至数倍提高。特殊节点（集水井、放坡等）手工计算非常繁琐，而且准确度不高，软件提供各种模块，计算特殊构件，只需要按图输入即可。

④CAD 转化用时短

传统的钢筋算量方式：看图→标记→计算并草稿→统计→统计校对→出报表

软件的钢筋算量方式：导入图纸→CAD 转化→计算→出报表（用时仅为传统方式的1/50）

⑤LBIM 数据共享

鲁班各系列软件之间的数据实现完全共享，在钢筋软件中可以直接调入土建算量的模型，给定钢筋参数后即可计算钢筋量。自动进行搭接、弯钩和弯曲系数的计算，并根据钢筋直径得到钢筋重量。整个钢筋的计算过程，用户无需干预，自动计算钢筋的重量和长度。

⑥钢筋工程量计算结果多种分析统计方式，可应用于工程施工的全过程管理

软件的计算结果以数据库方式保存，可以方便的以各种方式对计算结果进行统计分析，如按层、按钢筋级别、按构件、按钢筋直径范围进行统计分析。将成果应用于成本分析、材料管理和施工管理日常工作中。

⑦计算结果核对，简单方便

利用三维显示，可以轻松检查模型的正确性和计算结果正确性。另外建设方、承包方、审价顾问之间核对工程量，只需要核对模型是否有不同之处。

⑧报表功能强大，满足不同需求

鲁班钢筋算量软件含两套报表模式，分别适用于用户对量和按需查看钢筋量，可以自主定义报表格式，有30多种形式报表的统计，且可以按节点(或称目录)形式来统计工程量的功能，完全满足用户需要的任何统计格式。

二、三维算量软件

(一)清华斯维尔三维算量软件简介

三维可视化工程量智能计算软件(注册商标为"三维算量")是国内技术领先的基于完备三维空间模型的工程量计算及钢筋抽样计算软件。经过多年的研究开发，该软件可以精确计算出建筑、结构、装饰工程量一级钢筋用量。其可快速、准确地识别出轴网、柱、梁、墙、门窗洞、人工挖孔桩、预制桩等构件和柱筋、梁筋、墙筋、板筋等钢筋。另外，三维算量支持国标清单算量、定额算量、清单定额算量相结合，可以输出招标方的招标工程量清单，也可以输出投标方报价所需要的根据实际施工要求的定额工程量清单，二者有机结合，充分体现国标清单规范算量报价的优点。

(二)清华斯维尔三维算量软件的主要特点

1. 操作方便。三维算量软件综合考虑了工程算量的特点，所有的操作都以构件作为组织对象，建立工程人员熟悉的工程模型。系统以 Auto CAD 作为图形平台，采用简洁的操作界面，易于操作使用。

2. 自动识别设计单位建筑施工或结构施工电子文档，采用独创的优化设计方案，有效利用电子图档，快速识别出轴网、柱、梁、墙、门窗、柱筋、梁筋、墙筋、板筋，图纸识别率达到95%以上，图纸识别的准确率达到100%。

3. 三维直观，是国内第一个基于"三维建模"的图形算量软件。可以在三维立体可视化的环境中监督整个建模和计算过程，通过系统提供的可视化修改查询工具，对模型的所有细节信息进行监控。强大的检查修改功能可以让使用者放心、方便地使用。

4. 钢筋抽样一体化。很多工程量计算软件没有钢筋计算能力，其钢筋计算是另一个独立的应用程序。该软件工程量计算和钢筋抽样整合于一体，钢筋计算时可从构件几何尺寸中直接读取相关数据，真实捕捉结构设计工程师的全盘配筋设计思路。

5. 精确建模、准确地内置计算规则，自动完成构件之间的相关扣减，自动计算出准确的工程量计算结果。

6. 采用优化算法，自动套用定额，并提供完整的换算信息。导入计价软件后不用换算调整，直接计算出计价结果，实现了三维算量软件和计价软件的无缝连接。

7. 开放的完整的报表系统，给出用户需要的所有报表。报表中的工程量带有详细计算式，便于用户核对。钢筋报表中给出钢筋简图，便于施工。

(三)功能介绍

1. 三维算量软件建筑工程量工作流程

运用三维算量软件计算一栋房屋的工程量大致分为以下几个步骤：

第一步，新建工程项目；

第二步，工程设置；

第三步，建立工程模型；

第四步，挂接做法；

第五步，校核、调整图形与计算规则；

第六步，分析统计；

第七步，输出、打印报表。

其中工程模型的建立又分为手工和识别两种方式。有电子施工图时，可导入电子图文档进行构架识别，目前软件可以识别的构建有轴网、基础、柱(暗柱)、梁、墙与门窗；没有电子施工图或者软件无法进行识别的构建，则通过软件布置功能手工布置构建。

2. 三维算量软件钢筋工程量工作流程

运用三维算量计算一栋房屋的钢筋工程量大致分为以下几个步骤：

第一步，新建工程项目；

第二步，工程设置；

第三步，建立工程模型；

第四步，布置钢筋；

第五步，核对与调整钢筋；

第六步，分析统计；

第七步，输出、打印报表。

其中需要注意的是，计算钢筋工程量必须在【工程设置】中，勾选"计量模式"中应用范围的"钢筋计算"，并在"钢筋标准"中选择相应的钢筋标准。

钢筋的布置分为手工布置和识别布置两种方式。有电子施工图时，可导入电子图文档进行钢筋识别，目前软件可以识别的钢筋有柱筋(柱表)、梁筋(梁表)、梁腰筋(腰筋表)、强筋(墙表)、过梁筋(过梁表)与板筋；没有电子施工图或者软件无法进行识别的钢筋，则应手工布置钢筋，包括基础筋、过梁筋、楼梯钢筋、异性板钢筋、圈梁钢筋等。

3. 三维算量软件清单计价软件

清单计价软件提供二次开发功能，可以自定义计费程序和报表，满足不同地区、不同专业乃至不同项目的招投标报价的需求；同时支持定额计价、综合计价、清单计价等多种计价方法，实现不同计价方法的快速转换；支持多文档、多窗体、多页面操作，能同时操作多个项目文件，不同项目文件之间可以拖曳或"块"操作的方式实现项目数据的交换；为保证数据的安全性，系统具有自动备份机制，可保留最后 8 次备份记录。

为帮助积累清单组价经验数据，系统提供清单做法库，可在造价编制过程中将清单组价经验数据保存到清单做法库，供日后计价快速调用；为提高软件操作效率，系统提供多种数据录入方式，可快速录入，或联想录入关键定额；同时也可以通过查询等操作，从清单库、定额库、清单做法库、工料机库录入数据；提供多种换算操作，可视化记录换算信息和换算标识，可追溯换算过程。

三、广联达软件

(一)广联达软件简介

北京广联达公司先后在 DOS 平台和 Windows 平台上,研制了工程造价的系列软件,工程概预算软件、广联达工程量自动计算软件、广联达钢筋计算软件、广联达施工统计软件、广联达概预算审核软件等。这些产品的应用,基本可以解决目前的概预算编制、概预算审核、工程量计算、统计报表以及施工过程中的预算问题,也使我国的造价软件进入了工程计价的实用阶段。

北京广联达公司的工程造价软件采用的是树状结构的项目管理方式,在建立项目的过程中,该软件明确提出了三级管理的概念,即建设项目、单项工程和单位工程。编制工程造价时,以单位工程为基本单位,各单位工程的概算文件可自动汇总成单项工程综合概算,各单项工程综合概算可自动汇总为建设项目总概算。这种设计层次,有利于大型项目的管理。而且,在一个单位工程内部,还提供了多级的自定义分部功能,即用户可定义自己需要的分部,在一个分部的下面仍然可以定义分层,分层的下面可定义分段和分项等。这种项目的层次划分,为施工企业内部造价管理提供了方便。

广联达软件包括钢筋抽样软件、图形算量软件和计价软件。

(二)功能介绍

1. 钢筋抽样软件

广联达钢筋抽样软件 GGJ10.0 基于国家规范和平法标准图集,采用建模方式,整体考虑构件之间的扣减关系,辅助以表格输入,解决工程造价人员在招投标、施工过程提量和结算阶段钢筋工程量的计算。钢筋软件内置规则极大地方便了用户,建模的方式自动考虑了构件之间的关联关系,使用者只需要完成绘图即可,软件多样化的统计方式和丰富的报表,满足使用者在不同阶段的需求。钢筋抽样软件还可以帮助我们学习和应用平法,降低了钢筋算量的难度,大大提高钢筋算量的工作效率。

钢筋抽样软件目前在全国 32 个省市地区应用,单独使用钢筋软件的人数接近 10 万人,完成的工程数量已经无法统计,小到几百平方米,大到数十万平方米的建筑物都已经实际应用。

钢筋软件通过画图方式建立建筑物的计算模型。软件综合考虑了平法系列图集、结构设计规范、施工验收规范以及常见的钢筋施工工艺,根据内置的计算规则实现自动扣减,能够满足不同构件的钢筋计算要求。不仅能够完整地计算工程的钢筋总量,而且能够根据工程要求按照结构类型的不同、楼层的不同、构件的不同,计算出各自的钢筋明细量。

2. 图形算量软件

广联达图形算量软件基于各地计算规则与全统清单计算规则,采用建模方式,整体考虑各类构件之间的相互关系,以直接输入为补充,软件主要解决工程造价人员在招投标过程中的算量、过程提量、结算阶段构件工程量计算的业务问题,不仅将使用者从繁杂的手工算量工作中解放出来,还能在很大程度上提高算量工作效率和精度。

自 GCL7.0、GCL8.0 推出以来,广联达图形算量软件成功应用于国家大剧院、奥运鸟巢等经典工程，单独使用图形软件的人数接近 10 万人，应用广联达图形算量软件也已经成为工程量计算的主流趋势。2007 年，广联达围绕图形算量软件"准确、简单、专业、实用"这四大核心定位，秉承了 GCL8.0 的优点，推出了全新的工程量计算软件：广联达图形算量软件 GCL2008。GCL2008 基于广联达公司最先进的 GSP 平台进行开发，并采用公司自主研发且国内领先的动态三维技术，从构件绘制到构件显示，再到构件计算，均在 GCL8.0 的基础上有了很大的提升。

图形算量软件能够计算的工程量包括：土石方工程量、砌体工程量、混凝土及模板工程量、屋面工程量、天棚及其楼地面工程量、墙柱面工程量等。

3. 计价软件

广联达计价软件 GBQ4.0 是融招标管理、投标管理、计价于一体的全新计价软件，作为工程造价管理的核心产品，GBQ4.0 以工程量清单计价为基础，全面支持电子招投标应用，帮助工程造价单位和个人提高工作效率，实现招投标业务的一体化解决，使计价更高效、招标更快捷、投标更安全。广联达计价系列产品以专业全面的功能在全国得到了广泛应用，直接使用者达 12 万人，产品覆盖全国 30 个省市区，成功应用于奥运鸟巢、水立方、国家大剧院等典型工程。

本章小结

图形自动算量软件及钢筋抽样软件内置了国家统一工程量清单计算规则，主要通过计算机对图形自动处理，实现建筑工程工程量清单的自动计算。利用软件处理调价的方法通常是允许用户输入或修改每种材料的市场价，工料分析、汇总价差由软件自动完成，更好地处理方式是采用"电子信息盘"。工程造价管理软件的应用将为我国的工程造价管理体制改革起到有力的推动作用。

复习思考题

1. 国内常用的工程造价管理软件有哪些？
2. 鲁班软件有哪些好处？
3. 广联达系列软件的组成部分有哪些？
4. 如何在广联达计价软件中编制工程量清单？

参考文献

1. 肖毓珍．工程量清单计价．武汉：武汉大学出版社，2015.

2. 王俊安．工程造价计价与管理．北京：机械工业出版社，2015.

3. 王凯．建设工程造价案例分析．北京：清华大学出版社，2015.

4. 张国栋．房屋建筑工程清单算量典型实例图解．北京：中国建筑工业出版社，2014.

5. 张建设．工程估价．北京：化学工业出版社，2015.

6. 方俊．土木工程造价．武汉：武汉大学出版社，2014.

7. 马楠．工程造价管理．第2版．北京：机械工业出版社，2014.

8. 全国造价工程师执业资格考试培训教材编审委员会．2013年版建设工程计价．2014年修订版．北京：中国计划出版社，2014.

9. 申琪玉．建设工程造价管理．第2版．广州：华南理工大学出版社，2014.

10. 严玲．工程计价学．第2版．北京：机械工业出版社，2014.

11. 张月明．工程量清单计价范例：依据GB 50500—2013规范编写．北京：中国建筑工业出版社，2014.

12. 张志勇．工程计价．北京：机械工业出版社，2014.

13. 刘镇．建筑工程识图与工程量清单计价．哈尔滨：哈尔滨工业大学出版社，2013.

14. 岳永铭．新旧建设工程工程量清单计价规范对照手册．北京：机械工业出版社，2013.

15. 吴学伟．工程造价案例分析．第2版．北京：中国计划出版社，2012.

16. 全国造价工程师执业资格考试试题分析小组．2012全国造价工程师执业资格考试考点精析与解题，工程造价案例分析．第5版．北京：机械工业出版社，2012.

17. 天津理工大学．工程造价案例分析．第4版．北京：中国建筑工业出版社，2011.